Willi Schultz

Kreuzer Leipzig

Baugeschichte, Einsätze, Schicksal

Willi Schultz

Kreuzer Leipzig

Baugeschichte, Einsätze, Schicksal

Motorbuch Verlag Stuttgart

Einbandgestaltung: Birgit Karrasch, unter Verwendung von Vorlagen des Verfassers.

Abbildungsnachweis

Fotos:

Bach (1), Bandian (2), Bundesarchiv-Militärarchiv, Freiburg (1), Bibliothek für Zeitgeschichte, Stuttgart (8), Dubbert (1), Herzog (3) Historisches Archiv der MAN, Augsburg (3), Hoheisel-Huxmann (1), Imperial War Museum, London (2), Köhler (11), Kramer (3), Kugler (1), Mauter (19), Liebeck (3), Schultz (16), Dr. Wehe (1), Wehrgeschichtliches Ausbildungszentrum, Mürwik (15), Wönne (1), WZ-Bilddienst, Wilhelmshaven (8), Zeitschrift Marine (1)

Schiffsskizzen, Kartografie, Textillustrationen, Tabellen und Dokumente:

Bundesarchiv-Militärarchiv, Freiburg (8), Dr. Hanemann (1), Klopp (4), Kramer (2), Mrva (3 Einzel- u. 4 Detailsk.), Rheinmetall (2), Schultz, Mrva, BA-MA (1), Schultz, Mrva, Reng (2), Simon (1), Wehrgeschichtliches Ausbildungszentrum Mürwik (5)

Die teilweise geminderte Bildqualität ist auf das Alter der Dokumente und die Umstände ihres Entstehens zurückzuführen.

ISBN 3-613-01754-7

Druck: Reichert GmbH, 70806 Kornwestheim
Bindung: E. Riethmüller, 70176 Stuttgart
Printed in Germany

Inhaltsverzeichnis

Vorwort

Mit diesem Buch habe ich den Versuch unternommen, den Lebenslauf des Leichten Kreuzers *Leipzig* nachzuzeichnen. Über 15 Jahre unseres Jahrhunderts, das mit hochrangigen politischen, technischen und militärischen Ereignissen geradezu überladen ist, haben das Schiff und die auf ihm eingesetzten Besatzungen miterlebt.

Er begann in den Jahren der Weimarer Republik unter der Flagge der Reichsmarine und endete im Deutschland der vier Besatzungszonen unter der Flagge »C«, die für die Herrschaft des Alliierten Kontrolrates stand.

Damals regelte und bestimmte dieser von Berlin aus das Geschehen in Deutschland, und zwar noch einschneidender als nach dem verlorenen Ersten Weltkrieg die Bestimmungen des Versailler Vertrages. Dieser erlaubte seinerzeit der Marine der Reichswehr u.a. die Indiensthaltung von sechs Kleinen Kreuzern sowie deren Ersatz nach einer angemessenen Zeit, allerdings mit einem auf 6000 Tonnen beschränktem Deplacement.

Einer der Ersatzbauten, der Neubau »E«, Ersatz für den Kleinen Kreuzer *Amazone*, erhielt bei seinem Stapellauf am 18. Oktober 1929 den traditionsreichen Kreuzernamen *Leipzig*. Dieses, als Leichter Kreuzer bezeichnete Schiff stellte damals einen Höhepunkt in der Entwicklung und im Bau von deutschen Kreuzern dar und war außerdem der erste Einschornstein-Kreuzer in der deutschen Marine.

Seinerzeit war nicht vorauszusehen, daß dieses Schiff einmal der letzte schwimmende Kreuzer unter der Flagge »C« sein würde. Unvorstellbar war auch, daß mit dem durch Sprengung herbeigeführten Untergang der *Leipzig* die Kreuzerepoche in der deutschen Marine enden würde.

In den nachfolgenden Kapiteln habe ich einige Ereignisse aus der Biographie des Schiffes der Vergangenheit entrissen. Neben den wenigen und kurzen Auslandsfahrten sind weitere Schwerpunkte die schiffstechnische und artilleristische Ausrüstung mit den vielfältigen Änderungen, die Einsätze des Schiffes im sogenannten Spanischen Bürgerkrieg und die wenigen, teilweise vom Pech verfolgten Kriegseinsätze. In deren Verlauf konnte das Schiff letztlich nur noch als Ausbildungshulk und »Schwimmende Batterie« genutzt werden. Und gerade in diesen dunkelsten Tagen des Schiffes wurde es stärker gefordert denn je. Es verschoß in den Kämpfen um die Danziger Bucht im Jahre 1945 mehr 15 Zentimeter - Chargierungen als während der gesamten Einsätze in den vergangenen fünf Kriegsjahren.

In dieser Zeit, genau am 3. Januar 1945, kam ich als Kadett (Ing.) zur Ausbildung an Bord des Kreuzers *Leipzig*. Dort habe ich zusammen mit meinen 47 Crewkameraden und der übrigen Besatzung die harte Zeit der letzten Kriegseinsätze des als schwimmende Batterie verwendeten Kreuzers miterlebt, auch die fast einer Odyssee gleichende Fahrt des Schiffes quer über die unter feindlicher Luftherrschaft stehende Ostsee nach dem dänischen Hafen Apenrade.

Zu diesen letzten Kampfeinsätzen des Kreuzers *Leipzig* habe ich umfangreiche Recherchen angestellt, da kaum Archivalien auffindbar waren. Als Leitfaden dienten mir dabei die Logbuchaufzeichnungen meines Crewkameraden Wolfgang Wönne und meine eigenen. Wir retteten sie in die heutige Zeit hinüber.

Viele seinerzeit notierten Ereignisse und Entscheidungen der Schiffsführung waren uns damals nicht verständlich. Deshalb ist es ein besonderer Glücksfall gewesen, daß ich den letzten Kommandanten des Kreuzers *Leipzig*, Herrn Korvettenkapitän a.D. Walter Bach, zu einigen Begebenheiten persönlich befragen konnte und sachkundige Antworten erhielt.

Weitere Informationen und Erlebnisberichte aus der Dienstzeit an Bord des Schiffes steuerten einzelne Angehörige der

Kreuzer *Leipzig*-Gemeinschaft bei, insbesondere deren Obmann, Herr Paul Herzog, der mir bei meinen Nachforschungen sehr behilflich war.

Dank schulde ich auch Herrn Archivdirektor Dr. Meierhöfer vom Bundesarchiv/Militärarchiv in Freiburg für die Unterstützung bei der Auswahl der Archivalien.

Wertvolle Informationen über die letzten Monate der *Leipzig* erhielt ich vom ehemaligen letzten Adjudanten des Schiffes, dem damaligen Leutnant zur See und heutigen Fregattenkapitän a.D. Karl-Ludwig Klopp, der auch das Turmschild des Geschützturmes B mit dem Namen *Leipzig* rettete und der Marineschule in Mürwik übereignete.

Gerettet wurde auch die Schiffsglocke des Kreuzers *Leipzig*. Sie fand schon im Dezember 1946 eine neue Aufgabe und Heimat im Turm einer Barackenkirche. In Telgte/Westfalen läutete sie bis 1963 zum Gebet. Bis 1991 hing sie dann schweigend im Gemeindehaus der Petrus-Pfarrei in Telgte, bis die ehemalige Kreuzerglocke wieder ihre Stimme im neuerbauten Maria-Magdalena-Haus in Westbevern erklingen ließ und nun die Gläubigen zur Andacht ruft. Dabei erinnert die Bronzeglocke auch an den Kreuzer *Leipzig* und an seine auf See gebliebenen oder im Krieg gefallenen Männer, die uns Lebenden Verpflichtung sind, den Frieden unter den Völkern zu bewahren.

Neu-Ulm, im Frühjahr 1996

Willi Schultz

Kreuzerneubau »E« der Reichsmarine

Wilhelmshaven, Marinewerft der Reichsmarine. Der 18. April 1928 war ein gewöhnlicher Arbeitstag wie viele vor- und nachher. Und doch wurde an diesem Tage Schiffsbaugeschichte geschrieben, in Stahl und Eisen. Im Bauhafen der Werft, auf der Helling 1 an der Gökerstraße, wurde für den fünften Kreuzerneubau der Reichsmarine der Kiel gestreckt. Dieser Neubau »E«, Ersatz für den im Jahre 1900 vom Stapel gelaufenen Kleinen Kreuzer *Amazone,* erhielt von der Werft die Bau-Nummer 117 und setzte neue Maßstäbe im Kreuzerbau der immer noch unter den Bedingungen des Versailler Vertrages stehenden Marine der Reichswehr.

Der Amtsentwurf von Entwurfsdezernent Marineoberbaurat Blechschmidt aus dem Jahre 1927, also noch während des Baues der K-Kreuzer entstanden, unterschied sich wesentlich von dem auf der Helling 2 zum Stapellauf bereiten Kreuzer »D«, für den der Name *Köln* vorgesehen war. Erstmals in der deutschen Marinegeschichte wurde mit dem Neubau »E« ein »Einschornstein-Kreuzer« in Auftrag gegeben, dessen Hauptartillerie in drei mittschiffs angeordneten Drillingstürmen aufgestellt wurde und der eine beidseitige Torpedowulst erhalten sollte. Eine nur mit Motoren angetriebene Mittelwelle war ebenfalls ein Novum. Noch standen diese Eckdaten des Neubaues auf dem Papier. Aber unter den Händen bewährter Fach- und Hilfskräfte der Werft würde in den nächsten Wochen und Monaten Spant um Spant der neue Schiffsrumpf auf der Helling emporwachsen. Er würde nach dem jahrzehntelang bewährten Längsspant-Bändersystem gebaut und erstmals zu mehr als 90% geschweißt werden.[1] Die Arbeiten der Werft schritten zügig voran. Noch ehe der Herbst des Jahres 1929 begann, war der schlanke Rumpf mit

---

[1] Die Kreuzer der *Köln*-Klasse, *Köln, Karlsruhe* und *Königsberg* hatten einen zu 80-85% geschweißten Schiffsrumpf und 72% Doppelboden.

Lageplan für den Stapellauf des Kreuzers »E«.
(WGAZ Mürwik)

Reichswehrminister Dr. Groener in Begleitung des Chefs der Marineleitung, Admiral Dr. Raeder, schreitet unter den Klängen des Präsentiermarsches die Front der Ehrenkompanie ab.

Der Taufakt des Leichten Kreuzers *Leipzig* am 18. Oktober 1929, dem
116. Jahrestag der Völkerschlacht bei Leipzig, auf der Marinewerft Wilhelmshaven.

Sicher und leicht gleitet der neueste Kreuzer der Reichsmarine von der
Helling ins Wasser des Bauhafens.

seiner imponierenden Länge von 177 Metern weithin sichtbar und der Tag des Stapellaufes nur noch eine Frage des »geeigneten Zeitpunktes«. Schließlich sollte ja der Tauftag in angemessener Beziehung zum Täufling stehen. Im Reichsmarineamt, am Berliner Tirpitzufer, stand der Name seit einiger Zeit fest. Es würde ein Städtename mit gutem Klang und Tradition in der deutschen Marine sein. Endlich wurde das Geheimnis gelüftet. Der Kreuzerneubau »E« erhielt den Namen *Leipzig,* den vorher bereits drei Schiffe der deutschen Marine getragen hatten.

Als Tauftag wurde der 116. Jahrestag der Völkerschlacht bei Leipzig von 1813, der 18. Oktober 1929, bestimmt. Der Tag der Taufe wurde zu einem Fest für die Werft, die Marine und viele Bürger der Stadt Wilhelmshaven.

Alle Vorbereitungen waren getroffen, die Ehrengäste eingeladen und der »Lageplan« mit allen notwendigen Informationen erstellt (siehe Skizze). Nach Presseberichten hatte die

3. Kompanie der 2. Marine-Artillerie-Abteilung als Ehrenkompanie neben der Helling Aufstellung genommen. Abordnungen der Kriegervereine, der Schiffe und Marinedienststellen, Werftmitarbeiter, Schulen, Presse und zahlreiche Zuschauer harrten auf den zugewiesenen Plätzen auf den Beginn der Feierlichkeiten. Um 11.00 Uhr setzte die Kapelle mit dem Präsentiermarsch ein. Reichswehrminister Groener, Admiral Raeder, Vizeadmiral Franz, die Konteradmirale Tillessen, Eichel und Kinzel, Generalleutnant Föhrenbach und der Oberbürgermeister der Stadt Leipzig, Dr. Rothe, schritten die Front der Ehrenkompanie ab. Anschließend bestieg der Reichswehrminister mit einer Reihe von Ehrengästen, darunter auch die Witwe des in der Seeschlacht bei den Falkland-Inseln am 8. Dezember 1914 gefallenen Kommandanten des Kleinen Kreuzers *Leipzig,* Frau Susanne Haun, und Oberbürgermeister Dr. Rothe die Taufkanzel. Der Leipziger Oberbürgermeister hielt die Taufrede für den neuen Kreuzer

Der neue Kreuzer ist aufgeschwommen.

Der Stapellauf des Kreuzers „Leipzig"

„Leipzig", der 5. deutsche Nachkriegskreuzer.

Der heute vormittag auf der Marinewerft erfolgte Stapellauf des neuen deutschen Kreuzers „Leipzig" darf und soll auch als

ein Ereignis besonderer Bedeutung

gewertet werden. Nicht nur, weil bei uns in Deutschland seit unserem Zusammenbruch der Stapellauf eines Kriegsschiffes zu einem nur selten sich wiederholenden Vorgang geworden ist, nicht nur weil wir den Bestand einer ausreichenden Wehrmacht zur See als erforderlich und wertvoll erkannt haben, und schließlich auch nicht allein deshalb, weil der Stapellauf eines stolzen 6000 Tonnen-Schiffes ein Schauspiel von imponierender Wucht darstellt. Die Taufe und das Zuwasserlassen der neuen „Leipzig" haben ihre tiefere Bedeutung.

Das festliche Ereignis des heutigen Vormittags bildet

einen gewissen Abschluß im Neubauprogramm der Reichsmarine

und fordert so zu einer eingehenderen Betrachtung der fortschrittskündenden Lebensäußerungen unserer Reichsmarine heraus. Das kann freilich nur dann mit der Gewähr einer objektiven Würdigung geschehen, wenn die Pläne und die Neubautätigkeit der Marine in Beziehung gesetzt werden zu den Flottenstärken des Auslandes. Häufig genug wird auch in Kreisen, denen man zutrauen sollte, sich allseitig kritisch informiert zu haben, übersehen, daß die Reste an Schiffsmaterial, das uns die Entente nach dem Kriege belassen hatte, wohl noch zur Not verwendungsbereit war, keineswegs aber auch nur annähernd einen Vergleich mit ihren modernen Artgenossen in den Auslandsflotten aushalten konnten. Tatsächlich verfügte die Reichsmarine,

als sie ihren Ausbau begann, nicht über ein einziges neuzeitliches Schiff.

Hinzu kamen noch die Schwierigkeiten, die die Ausmerzung des aus den Revolutionswirren übernommenen minderwertigen Personals machten. Das allein war schon eine Aufgabe, die vollste Hingabe der Führer der Reichsmarine erforderte. Eine Aufgabe allerdings, die in wahrhaft glänzender Weise gelöst worden ist. Man darf es heute aussprechen, es gibt auf der Welt keinen disziplinierteren und im Durchschnitt geistig regsameren Matrosen als den deutschen.

Daneben aber mußten die jeweiligen Chefs der Marineleitung an den Ausbau des anderen Fundamentes der Reichsmarine denken, und in der Hinsicht ist besonders das Wirken des unlängst ausgeschiedenen Admirals Zenker hervorzuheben. Die Ersetzung des alten und überalterten Schiffsmaterials durch Neubauten, die, wenn auch

durch die Fesseln des Versailler Vertrages

in ihrer Größe und Kampfkraft eingeschränkt, doch modernen Ansprüchen im Rahmen des Möglichen voll entsprachen, war ein Ziel, für das es stets erneute Arbeit zu leisten galt. Ein Ziel, das auch heute noch in ständigem Kampf mit den deutschen Finanznöten und den parlamentarischen Widerständen steht.

Die Art, wie die Marineleitung die Erneuerung des überlebten Schiffsparks anfaßte, ist überwiegend von sachlichen Erwägungen diktiert gewesen. Danach hielt man es für am zweckmäßigsten, zunächst nacheinander die Kreuzer und die erste Hälfte der Torpedobootsstreitkräfte durch Neubauten zu ersetzen. Zwölf moderne Torpedoboote sind in den letzten Jahren neu erbaut und in Dienst gestellt worden. Von der Gattung der leichten Kreuzer darf Deutschland nach dem Versailler Diktat acht Einheiten besitzen, von denen jeweils sechs in Dienst gehalten werden dürfen. Mit der „Leipzig" sind nun

fünf von diesen Kreuzern

teils schon in Dienst gestellt, teils im Ausbau begriffen. Es liefen vom Stapel der Kreuzer „Emden" am 7. Januar 1925, der Kreuzer „Königsberg" am 26. März 1927, der Kreuzer „Karlsruhe" am 20. August 1927, der Kreuzer „Köln" am 23. Mai 1928 und nun heute die neue „Leipzig". Mit Ausnahme des Kreuzers „Karlsruhe", der auf den Deutschen Werken in Kiel die Helling verließ, sind alle deutschen Krigsschiffbauten nach dem Kriege auf der Marinewerft ausgeführt worden. Mit der „Leipzig" als fünftem Schiff dieser Gattung

gilt die Erneuerung des Kreuzerbestandes zunächst als abgeschlossen,

obwohl Deutschland nach Versailles das Recht zustände, noch drei weitere 6000-Tonnen-Kreuzer auf Stapel zu legen. Praktisch liegt die Sache nun so, daß die Reichsmarine bei ihrem kläglich geringen Personalbestand von 15 000 Mann, da sie ja auch neben ihren auf der See liegenden Aufgaben noch den Küstenschutz übernehmen muß, mehr als vier oder fünf dieser Kreuzer garnicht bemannen könnte. Zudem erscheint der

Ersatz der alten und heute völlig unzulänglichen Linienschiffe

dringend geboten. Die zur Verfügung stehenden Mittel müssen also für den Bau derartiger Schiffe verausgabt werden. Mit dem Ersatz der Linienschiffe ist durch den in Angriff genommenen Bau des Panzerschiffes „A" auf den Deutschen Werken in Kiel ja bereits begonnen worden. Es ist damit zu rechnen, daß die Marineleitung im nächsten Etat die Mittel für den Beginn des Panzerschiffes „B", der dann wieder nach Wilhelmshaven fallen würde, anfordern wird.

In schiffbaulicher und waffentechnischer Hinsicht sind die neuen Kreuzer recht bemerkenswert. Man darf ohne Uebertreibung sagen, daß sie unter dem Zwang der Verhältnisse, sagen wir deutlicher

unter dem Zwange von Versailles,

kaum besser hätten gebaut werden können. 6000 Tonnen sind zwar eine Tonnage, mit der man sehr wohl einen vollwertigen Kreuzer konstruieren kann, immerhin aber kommt es auf das Verhältnis zu den modernen Kreuzern des Auslandes an. Die großen Seemächte bauen ihre Kreuzer, entsprechend dem Washingtoner Abkommen, durchweg 8000 oder 10 000 Tonnen groß. Mit einer solchen Tonnage läßt sich natürlich mehr erreichen, besonders was Geschwindigkeit und Armierung anbelangt. Ein ungünstiges Verhältnis ergibt sich für die deutschen Kreuzerneubauten durch die Bestimmung, daß diese

kein größeres Kaliber als 15-cm-Geschütze

an Bord führen dürfen. Die Erfahrungen des Krieges und auch das Beispiel des Auslandes hätte sonst wahrscheinlich dazu verleitet, auf den Kreuzern vielleicht vier bis sechs Geschütze von 21-cm-Kaliber zum Tragen zu bringen, eine Kalibergröße, die sich auch auf Kreuzern minderer Größe bewährt zu haben scheint.

Die fünf neuen deutschen Kreuzer darf man in drei Gruppen gliedern, den Kreuzer „Emden", die drei „K"-Kreuzer „Königsberg", „Karlsruhe" und „Köln" und die neue „Leipzig". Bei gleicher Wasserverdrängung sind doch die „K"-Kreuzer, besonders aber die „Leipzig", dem ersten Nachkriegsbau, der „Emden", beträchtlich überlegen. Durch das neue Schweiß- statt des bisher üblichen Nietverfahrens ist bei den letzten Schiffen

mehr Raum verfügbar geworden,

der zugunsten einer erhöhten Geschwindigkeit und einer verbesserten Armierung ausgenutzt werden konnte. Der Kreuzer „Leipzig" hat eine besondere Form des Schiffsrumpfes erhalten, die in monatelangen Versuchen als die beste erprobt wurde.

Durch seitliche Ausbuchtung der Schiffswände

hofft man noch bessere Geschwindigkeitsergebnisse zu erzielen. Die Ausbuchtungen, die bei kriegsmäßig beladenem Schiff unterhalb der Wasserlinie liegen, sind als Oelzellen (die „Leipzig" heizt, wie auch die drei „K"-Kreuzer, nur mit Oel) eingerichtet, sie bilden damit gewissermaßen eine doppelte Schiffswand. Die Konstruktion des Schiffes ist der der „K"-Kreuzer nicht unähnlich, doch wird das Schiff wahrscheinlich nur einen Schornstein führen. Die Armierung besteht auch hier aus der schon beinahe berühmt gewordenen Aufstellung von neun 15-Zentimeter-Geschützen in drei Triple-Türmen, vier 8,8-Zentimeter-Geschützen (auch als Flak verwendbar) und 12 Torpedorohren in vier Triple-Gruppen. Die Besatzung des Schiffes wird rund 500 Mann betragen.

Der Ausbau der „Leipzig" wird noch ein bis zwei Jahre dauern. Dann aber wird eines Tages der Augenblick da sein, da die Reichskriegsflagge am Stock emporsteigen und das Schiff mit dem großen, berühmten Namen seine Fahrten aufnehmen wird. Ob das Schiff später in der Heimat verbleibt oder ob es draußen im Auslande für deutsches Wesen und deutsche Art werben soll, das steht noch dahin. Wir sind gewiß, daß es in jedem Falle und zu jeder Stunde als

ein starkes und würdiges Werkzeug

in der Hand seiner Führer für des Vaterlandes Wohl sich einzusetzen bereit ist. Herzlichere Wünsche für das Schiff, seine Besatzung und für unser ganzes Volk können, wenn wir des Stapellaufes der „Leipzig" gedenken, weder ausgesprochen noch gefühlt werden.

Wilhelm Fuhrmann.

Der Taufakt und der Stapellauf

Schon lange vor Beginn der Feier hatten sich Tausende von Menschen auf dem Platz um die Helling eingefunden. Stapelläufe sind bei uns selten geworden, ab und zu findet sich auch jemand, der einem solchen Ereignis noch nie beigewohnt hat und nun begeistert die Gelegenheit ergreift, sich dieses emposante Schauspiel anzusehen, aber auch für die vielen Jadestädter ist ein Stapellauf immer wieder ein großes Ereignis. Die riesige Beteiligung an der Taufe der „Leipzig" zeigt auch aufs neue die enge Verbundenheit der jadestädtischen Einwohnerschaft mit der Marine.

Freilich war der Himmel trübe, und ab und zu zogen feuchte, sprühende Schauer durch die Luft, festlich aber war alles gestimmt, was von den winzigen Menschlein zu beiden Seiten des auf der Helling noch schlafenden Schiffsriesen sich drängte. Das Gesumme der tausend Schulkinder erfüllte die Luft, viele Vereine waren erschienen, nicht nur von hier, sondern auch von auswärts, sogar ein solcher aus Sachsen, wie erzählt wurde. Mit klingendem Spiel war die Ehrenkompagnie der 2. Marine-Artillerie-Abteilung herangerückt und hatte am Kopfende der Helling, wo auch die Taufkanzel errichtet worden war, Aufstellung genommen. Die Abordnungen der Marine, die mit den bunten Kleidern der Damen prächtig belebte große Tribüne, das feierliche Schwarz und Blau der Herren, der voll besetzte Platz für die Besitzer von Einlaßkarten für den „Gemeinplatz E", alles sah in heiterer Spannung dem Beginn der Feier entgegen. Die Photographen waren schon eifrig am Werke, Musikvorträge wurden durch einen Lautsprecher weithin getragen, und der Sprecher am Mikrophon der Norag rüstete sich zu einleitenden Worten für die Rundfunkübertragung.

Punkt 11 Uhr setzte die Kapelle mit dem Präsentiermarsch ein. Dann wurde der Reichswehrminister sichtbar, der in Begleitung von Admiral Raeder, dem Chef der Marineleitung, Vizeadmiral Franz, Kontreadmiral Tillessen, Kontreadmiral Eichel, Kontreadmiral Kinzel und Generalleutnant Föhrenbach die Front der präsentierenden Kompagnie abschritt.

Der Reichswehrminister begrüßte insbesondere die erschienenen Ueberlebenden des letzten Kreuzers „Leipzig", der am 8. Dezember mit den Schiffen des Grafen Spee bei den Falklands-Inseln in die Fluten sank: Kapt. z. S. Koehler, Korv.-Kapt. Hans Keilhack, Kaptlt. a. D. Walter Schiwig, Oblt. z. S. d. R. Harald Jensen, Ob.-Steuermann Emil Tantow, Techn. Ob.-Sekr. Nik. Wayand, die Herren Helmut Kiene, Gustav Oegle.

Außer den schon gestern gemeldeten Ehrengästen waren noch anwesend der sächsische Ministerpräsident Dr. Bünger und die beiden Söhne des mit der zweiten „Leipzig" untergegangenen Fregattenkapitäns Haun, von denen der eine in der Reichsmarine als Fähnrich dient.

Eine ganz besondere Freude bereitete der Reichswehrminister dem alten Werftsteuermann Hermann Wehen, der gestern sein 50jähriges Dienstjubiläum feierte und dem der Minister heute morgen gratulierte und ihm eine silberne Uhr mit eingravierter Widmung überreichte.

Das Reglement, wenn man so sagen kann, vollzog sich in althergebrachter Weise und wickelte sich schnell ab. Mit einer Reihe von Ehrengästen bestieg der Minister die Taufkanzel. Nur wenige Minuten, dann ertönte die Stimme des Leipziger Oberbürgermeisters Dr. Rothe, der in markigen Worten folgende Taufrede hielt:

„Am heutigen Tage, wo vor 116 Jahren die große Schlacht bei Leipzig geschlagen und Deutschland von der Herrschaft Napoleons befreit wurde, lassen wir ein Schiff vom Stapel laufen, daß uns erinnern soll an die erste Kreuzerfregatte „Leipzig", die von 1875 bis 1893 im Dienste der Marine stand, und an den kleinen Kreuzer „Leipzig", der 1906 vom Stapel lief und am 8. Dezember 1914 bei den Falklands-Inseln einer starken englischen Uebermacht erlag und mit seinem Kapitän Haun in die Tiefe sank. Das neue Schiff blickt auf eine ruhmvolle Tradition seiner beiden Vorgänger zurück und erinnert daran, wie deutsche Offiziere und Matrosen mit dem Kapitän an der Spitze ihr Leben für ihr Vaterland dahingegeben haben.

Nach den furchtbaren Lehren des Weltkrieges denken wir bei der Taufe eines Kriegsschiffes an die Verbindung der Heimat mit den Deutschen im Ausland, an den Schutz der im Ausland lebenden Deutschen, an den Schutz unseres Außenhandels, den ein sich in allen Häfen der Welt zeigendes Kriegsschiff gewähren soll. Wenn das Schiff in den Häfen des Auslandes anlegt, dann soll es den fremden Völkern, die es sehen, zeigen, was deutsche Technik, deutsches Können und Wissen leisten, wie deutsche Offiziere und Matrosen in Disziplin, aber auch in begründetem Selbstbewußtsein, die deutsche Nation fest und würdig vertreten. Zugleich soll es durch den Namen, den es trägt, Kunde geben von einer deutschen Stadt, die durch ihre internationalen Messen, durch ihren Welthandel Beziehungen pflegt zu allen Ländern und soll diesen Namen weitertragen, wo er noch nicht bekannt sein sollte.

So taufe ich als Oberbürgermeister dieser Stadt dieses stolze Schiff, dieses Wunderwerk deutscher Technik, mit dem Wunsch, daß es alle Stürme des Meeres siegreich überstehen und überall festen Ankergrund finden möge, daß seine Besatzung dem deutschen Vaterland immer Ehre mache, daß das Schiff ein Bote des Friedens zwischen Deutschland und den anderen Völkern stets sein möge, auf den Namen

„Leipzig".

Einige Sekunden der Stille und der Erwartung. Eine Frauenstimme, zart und weiblich, ergriffen klingend von der Weihe der Stunde, zittert über die Versammlung der Zehntausende hin. Frau Kapitän Haun, die Gattin des heldenhaften Kommandanten der zweiten „Leipzig", tauft mit schlichten Worten den vor ihr auf der Helling ruhenden, gigantisch sich aufrichtenden Leib der neuen „Leipzig" ... Klirrend zerschellt die Flasche mit deutschem Schaumwein am Steven des Schiffes ... Unten am Kiel tropfen die Weinperlen herab, und ein süß-prickelnder Geruch wird spürbar. Jetzt ist die Spannung auf den Höhepunkt gestiegen. Wird der Kreuzer nun ebenso glatt wie seine Vorgänger auf dieser Helling ins Wasser hinabgleiten?

Jetzt, da die letzten Stützen beiseite geschlagen sind, das Gebläse wirkt, gerät der monumental wirkende Schiffsrumpf ins Gleiten — und in einer so überraschend glatten Fahrt, wie sie niemand in dieser Präzision und Unvermitteltheit erwartet hatte, gleitet die „Leipzig" vom Helgen, daß die auf den Steven des Schiffes stehenden Arbeiter in ein spontanes Hurra ausbrechen. Freudig, ja, begeistert wird dieser Ruf von den anderen aufgenommen. Die Musik fällt wieder mit dem Präsentiermarsch ein und geht dann in das Deutschland-Lied über. Die Freude der Zuschauer und die Befriedigung der an dem stolzen Werke aktiv Beteiligten zaubert überall froh erregte Gesichter hervor.

Es sieht beinahe wie Spielerei aus, wie das Schiff mit seinen 6000 Tonnen Gewicht, an das so viel Arbeit des Hirns und der Hand verwandt worden ist, sich seinem Elemente vermählt. Tief taucht das Heck in die Flut ein, brodelnd steigt das aufgewühlte Wasser, vermischt mit der durch die Reibung verursachten, in Dampf verwandelten Wärme am Schiffe empor. Dann schwimmt das Schiff, dessen roter Saum, der die Konturen der seitlichen Oeltanks deutlich abzeichnet, weithin leuchtet, fast ruhig auf dem Wasser des Hafenbeckens. Zwei Schlepper liegen bereit, sich des Täuflings anzunehmen. Rasselnd fliegt der Backbordanker der „Leipzig" in den Grund.

Die Zuschauer verfolgen den weiteren Vorgang des Festmachens des neuen Schiffes noch einige Augenblicke mit großer Spannung, dann hat man sich vergewissert, daß die „Leipzig" gut und ruhig im Wasser liegt und daß nunmehr der gefährlichste Augenblick im Bau des neuen Kreuzers glücklich überwunden ist. Das Schauspiel, das auf alle einen wuchtigen und nachhaltigen Eindruck gemacht hat, ist beendet. Einige Zeit verstreicht noch, dann marschieren die Ehrenkompagnie und die Vereine und die Schulen und die vielen anderen Teilnehmer der Feier wieder ab. Das Lied der Arbeit auf der Werft, das für wenige Stunden ausgesetzt hatte, beginnt wieder.

Bei dem anschließenden Essen im „Werftspeisehaus", zu dem 200 Gäste geladen worden waren, hielt der Reichswehrminister eine Ansprache, die wir morgen im Wortlaut veröffentlichen werden.

In das ausgebrachte Hoch stimmten die Anwesenden freudig ein. Der sächsische Ministerpräsident Dr. Bünger dankte anschließend den Herren der Marine herzlich dafür, daß es den Gästen vergönnt gewesen sei, diesem erhebenden Schauspiel, dessen Erinnerung bei ihnen nicht schwinden würde, beigewohnt haben zu können. Er betonte die innige Gemeinschaft Sachsens und Leipzigs mit der Marine, auf deren Wohl er sein Glas leerte.

•

Was man vom Wasserturm aus beobachtete.

Ein besonderer Genuß war es, der Taufe von hoher Warte aus, vom Aussichtsturm an der Gökerstraße zuzuschauen. Hier oben, 82 Meter über der Stadt, hatte man vorzügliche Gelegenheit, den Blick schweifen zu lassen über das gesamte Werftgebiet.

Das mächtige flaggengeschmückte Schiff bot sich in seiner ganzen Erhabenheit den Augen dar. Man sah die Vollziehung der Taufe von dieser Stelle aus in seinen Einzelheiten sah das Kappen der Taue. Und dann glitt das Schiff langsam aber sicher ins Wasser. Zwei Flugzeuge umkreisten den festlichen Schauplatz. Die Hurra-Rufe der dem Stapellauf aus unmittelbarer Nähe beiwohnenden Zuschauer drangen herauf zu uns oben.

•

Ueber den neuen Kreuzer „Leipzig" seien noch folgende Angaben nachgetragen:

Zum Antriebe des Schiffes dienen zwei Turbinensätze mit Rädergetriebe und eine Dieselmotoranlage. Der erforderliche Dampf wird durch reine Oelfeuerung in 6 Doppelender-Oelkesseln erzeugt. Bei Marschgeschwindigkeit von 14,5 Knoten und normalem Brennstoffvorrat beträgt der Fahrbereich mit den Dieselmotoren allein etwa 3800 Seemeilen, mit Motoren und Turbinen zusammen etwa 7000 Seemeilen. Mit einer Maschinenleistung von 72 000 WPS. soll eine Ge-

Zeitungsausrisse zum Stapellauf des Kreuzers *Leipzig.* (WGAZ Mürwik)

der Reichsmarine. Sie endete mit folgendem Satz: »So taufe ich als Oberbürgermeister dieser Stadt dieses stolze Schiff, dieses Wunderwerk deutscher Technik, mit dem Wunsche, daß es alle Stürme des Meeres siegreich überstehen und überall festen Ankergrund finden möge, daß seine Besatzung dem deutschen Vaterland immer Ehre mache, daß das Schiff ein Bote des Friedens zwischen Deutschland und den anderen Völkern stets sein möge, auf den Namen *Leipzig*.«

Danach vollzog Frau Susanne Haun den eigentlichen Taufakt mit den Worten: »Dein Wahrzeichen sei, das Vaterland zu retten! Im Auftrag des Herrn Reichspräsidenten taufe ich dich, stolzes Schiff, auf den Namen *Leipzig*.«

Klirrend zerschnellte die Sektflasche am Bug. Die letzten Stützen am Rumpf des Schiffes wurden weggeschlagen. Unter dem Heulen der Werft- und Schiffssirenen wurde am Bug das Namensschild *Leipzig* enthüllt, und unter den Klängen des Präsentiermarsches und des Deutschlandliedes glitt der Kreuzerrumpf ins Wasser des Bauhafens, um von Schleppern eingefangen zu werden.

Beim anschließenden Essen im Werftspeisehaus hielt Reichswehrminister Groener vor 200 geladenen Gästen eine Ansprache (siehe Zeitungsausriß).

Inzwischen war der Kreuzerrumpf durch den Hafenkanal zum Ausrüstungshafen bugsiert worden. Hier begann der Fertigbau des Kreuzers, der nahezu zwei Jahre beanspruchen sollte.

Wir aber wollen zunächst auf die Kriegsschiffe zurückblicken, die den Namen *Leipzig* vor 1929 und nach dem 2. Weltkrieg führten.

Der Kriegsschiffname *Leipzig*

in den deutschen Marinen

Wenden wir uns zunächst dem Schicksal der früheren drei Namensträger zu. Die erste *Leipzig* gehörte zu einer Schiffsgattung sogenannter »Gedeckter Korvetten« und war ein Quer- und Längsspant-Eisenbau, entstanden in einer Zeit, da der Eisenschiffbau in Deutschland Fuß faßte. Sie hatte mit drei vollgetakelten Masten mit 2600m≈ Tuch eine starke Besegelung, dazu eine liegende 3-Zyl.-Einfachexpansionsmaschine von 4800 PS, und lief damit fast 16kn. Bei einer Länge von 87 m, einer Breite von 14 m und einem Tiefgang von 6,2/6,9 m hatte die am 13.9.1875 auf der Stettiner Vulcanwerft vom Stapel gelaufene *Leipzig* eine Wasserverdrängung von 4226/3980 t. Die Bewaffnung bestand aus zwei 17 cm Ringkanonen L/22, zehn 17 cm Ringkanonen L/20, vier Revolverkanonen und 4 Torpedorohren 50 cm. Die Indienststellung am 1. Juni 1877 erfolgte in Anwesenheit von Generalfeldmarschall Prinz Friedrich Carl von Preußen und des damaligen Leipziger Oberbürgermeisters Dr. Georgi. Das Schiff trat am 17.11.1877 unter dem Kommando von Korvettenkapitän Paschen die erste Auslandsreise an: Mit 39 Offizieren, 386 Unteroffizieren und Mannschaften nebst Kadetten der Crew 1876 ging es zur Süd- und Westküste Mittelamerikas. Später unternahm die seit 1884 als Kreuzerfregatte bezeichnete *Leipzig* mehrere Weltreisen, spielte eine Rolle bei deutschen Kolonialerwerbungen in Westafrika und in den ersten Kämpfen gegen die Araber in Deutsch-Ostafrika als Flaggschiff von Admiral Deinhardt. 1893 stellte die Marine das Schiff außer Dienst. Es lag danach rund 25 Jahre als Wohn- und Maschinenhulk in Wilhelmshaven, bis es dort am 6.11.1919 an der Pier absackte. 1921 wurde die Hulk gehoben, verkauft und abgebrochen. Im Anhang (siehe Seite 177 ff) sind die wichtigsten Ereignisse aus der Dienstzeit des Schiffes chronologisch erfaßt; Skizzen und ein Bild ergänzen die Angaben über die erste *Leipzig*.

Ein zweites, auf den Namen *Leipzig* getauftes Kriegsschiff lief am 21. März 1905 als Kleiner geschützter Kreuzer bei der A.G. Weser in Bremen vom Stapel und stellte am 20.4.1906 in Dienst. Der erste Kommandant dieses Kreuzers *Leipzig* (I) war Fregattenkapitän Hipper, der spätere Führer der Schlachtkreuzer in der Skagerrakschlacht. Der Kreuzer gehörte zu den sieben Schiffen der ersten Städte-Klasse und war mit einer Wasserverdrängung von 3816/3278 t zwar etwas kleiner als sein Namensvorgänger, aber durchaus ein modernes Kampfschiff seiner Klasse. Mit einer Länge von 111,1/110,6 m, einer Breite von 13,3 m und einem Tiefgang von 5,61 m war der Quer- und Längsspant-Stahlbau mit zwei stehenden 3-Zyl.-Dreifach-Expansionsdampfmaschinen ausgerüstet, die ihre Kraft aus zehn Marinekesseln speisten. An den wichtigsten Schiffsteilen war das Schiff gut gepanzert (Deck 020-035/50-80; Kommandoturm 020/100; Schilde 50; alle Maße in mm). Die Bewaffnung bestand aus zehn 10,5 cm Schnellfeuerkanonen L/40, zeitweise zehn Maschinenkanonen und zwei Torpedorohren 45 cm. Die Geschwindigkeit betrug 22 kn. Bei sparsamer Fahrt von 12 kn konnte das Schiff bis zu 4690 sm ohne Kohleergänzung zurücklegen. Der Kreuzer *Leipzig* (I) gehörte von Anbeginn seiner Dienstzeit zum Ostasiengeschwader und fand dort eine vielseitige Verwendung, die im Anhang chronologisch dargestellt ist (siehe Seite 177 ff). Im Mai 1914, während der Revolution in Mexiko, löste *Leipzig* den Kleinen Kreuzer *Nürnberg* an der Westküste Mittelamerikas ab. Dort erfuhr das Kommando erst am 31.7.1914 von der angespannten politischen Lage in Europa. Als sich die *Leipzig* dann im Oktober 1914 mit dem Kreuzergeschwader des Grafen Spee bei den Osterinseln vereinigte, begann sich ihr Schicksalsweg im Weltkrieg zu vollenden. Gemeinsam mit den übrigen Schiffen des Geschwaders nahm die *Leipzig* am Gefecht von Coronel teil, in dem sie gegen den britischen Kreuzer *Glasgow* stand. Dieser gehörte zum Verband des englischen Konteradmirals Cradock mit seinem Flaggschiff, dem Panzerkreuzer *Good Hope*, dem Panzerkreuzer *Monmouth* und dem Hilfskreuzer *Otranto*.

Am späten Nachmittag des 1. November 1914 um 16.17 Uhr sichtete das Geschwader des Grafen Spee drei gegnerische Schiffe, eine Stunde später ein viertes Schiff. Bei schwerer See und Windstärken um 6 eröffnete das deutsche Kreuzergeschwader um 18.34 Uhr das Feuer. Die Panzerkreuzer *Scharnhorst* und *Gneisenau* sowie die Kleinen Kreuzer *Nürnberg*, *Leipzig* und *Dresden* standen zu dieser Zeit 104 hm (10,4 km) vom Gegner ab. Während des laufenden Gefechts erzielte *Leipzig* zwei Treffer auf der *Glasgow*. Darauf stellte das britische Schiff gegen 19.30 Uhr das Feuer ein und lief ab. Inzwischen waren unter dem gezielten Beschuß der übrigen deutschen Schiffe *Good Hope* gesunken und die beschädigte *Monmouth* versuchte zu entkommen. Später stellte der kleine Kreuzer *Nürnberg* das schwer angeschlagene englische Schiff und versenkte es. Als der Kampf zu Ende war, hatte *Leipzig* keinen Treffer erhalten. Die gesamten gegnerischen Verluste betrugen 1400 Mann.

Zusammen mit dem Geschwader lief auch *Leipzig* weiter gen Süden und umrundete Feuerland. Spee wollte den Durchbruch in die Heimat wagen, vorher aber noch auf den Falkland-Inseln die dortigen Funkanlagen und Arsenale zerstören, falls dies möglich wäre. Infolge falscher Informationen wähnte der deutsche Geschwaderchef die Inseln frei von größeren britischen Flotteneinheiten. Kurz vor dem beabsichtigten Zuwasserlassen der Boote für die Landungskorps der *Gneisenau* und *Nürnberg* wurde erkannt, daß doch starke britische Flotteneinheiten die Inseln schützten. Nach Abbruch des Landeunternehmens sammelte das deutsche Geschwader angesichts des heranlaufenden gegnerischen Verbandes. Dieser bestand aus den an Kampfkraft und Geschwindigkeit überlegenen Schlachtkreuzern *Inflexible* und *Invincible*, den Panzerkreuzern *Cornwall*, *Kent* und *Carnarvon* sowie dem Kreuzer *Glasgow*.

Bereits um 12.50 Uhr eröffnete in einem Vorgefecht *Inflexible* das Feuer gegen *Leipzig*. Gegen 13.00 Uhr leitete dann *Invincible* auf 150 hm (15 km) den Beginn der Seeschlacht bei den Falkland-Inseln ein. Um 13.20 Uhr gab Spee das Signal an alle »Kleine Kreuzer entlassen, versuchen zu entkommen« und drehte mit *Scharnhorst* und *Gneisenau* auf den Gegner zu. Der Verlauf der Kämpfe am 8.12.1914 wurde oft beschrieben, so daß hier nur darauf hingewiesen werden soll, daß *Scharnhorst* schwer getroffen wurde und um 16.17 Uhr mit Graf Spee und seinen beiden Söhnen sank. Um 18.02 Uhr sank *Gneisenau*.

Von seiner 764köpfigen Besatzung überlebten nur 187 Mann.

Unterdessen wurden die abgelaufenen Kleinen Kreuzer von den britischen Kreuzern *Glasgow*, *Kent* und *Cornwall* verfolgt. Dabei eröffnete *Glasgow* um 14.55 Uhr das Feuer auf den Kleinen Kreuzer *Leipzig*; später vereinigten auch *Cornwall* und *Kent* ihr Feuer auf die *Leipzig*, die tapfer gegen die überlegenen Gegner kämpfte. Gegen 19.20 Uhr brannte das Schiff von vorn bis achtern, hielt sich aber weiterhin. Um 19.50 Uhr wurde es von seinen Gegnern erneut beschossen. Erst um 21.23 Uhr versank der bis zur letzten Minute kämpfende Kleine Kreuzer mit seinem Kommandanten, Fregattenkapitän Haun, und 315 Männern auf 53°15' s. Br. und 55°53' w. L.. Der Kleine Kreuzer *Nürnberg* erlitt das gleiche Schicksal, nur die *Dresden* konnte entkommen. 2000 Seeleute der Kaiserlichen Marine verloren ihr Leben.

Nur wenige Monate nach der Seeschlacht bei den Falklandinseln wurde auf der Werft der A.G. Weser in Bremen der Ersatzbau *Leipzig* (II) auf Stapel gelegt. Typmäßig gehörte das Schiff zur *Cöln*-Klasse. Wegen Materialmangel und anderer, wichtigerer Bauvorhaben erfolgte der Stapellauf des Kreuzers *Leipzig* (II) erst am 28. Januar 1918 ohne jegliche Feierlichkeiten.

Wie alle Schiffe der *Cöln*-Klasse war auch die neue *Leipzig* nach dem Amtsentwurf von 1914 als Längsspant-Bänder-Stahlbau mit 24 wasserdichten Abteilungen und einem Doppelboden über 45% der Gesamtlänge ausgeführt und mit einer Wasserverdrängung von max. 7486 t projektiert. Die Panzerung aus Kruppstahl betrug je nach Erfordernis zwischen 20 und 100 mm. Die Leistung der drei Turbinensätze war mit 49.428 WPS errechnet. Den Dampf für die Turbinen sollten acht Marine-Kohle- und sechs Marine-Öl-Kessel erzeugen. Über drei Schrauben hätte der Kreuzer eine Geschwindigkeit von über 29 kn erreicht.

Die Bewaffnung sollte aus acht SK (Schnellfeuerkanonen) 15 cm L/45, drei Flak 8,8 cm L/45 und vier Torpedoausstoßrohren 60 cm bestehen, hinzu kam eine Minenlegeeinrichtung für 200 Minen. Die vorgesehene Besatzungsstärke betrug 17 Offiziere und 542 Unteroffiziere und Mannschaften.

Aufgrund des Kriegsausganges und der Waffenstillstandsbedingungen wurde die fast fertige *Leipzig* (II) am 17.11.1919 entmilitarisiert und anschließend zum Abbruch verkauft. 1921 erfolgte der Abbruch in Hamburg. Weitere Einzelheiten siehe Anhang.

Bevor wir uns dem Hauptthema, dem Kreuzer *Leipzig* (III) der Reichsmarine zuwenden, sei der Hinweis gestattet, daß nach 1945 zwei weitere Kriegsschiffe den Namen *Leipzig* führten. Es handelte sich um Minenleg- und Räumschiffe der ehemaligen DDR-Volksmarine.[1] 1956 hatte die Nationale Volksarmee (NVA) eigene Seestreitkräfte aufgestellt, darunter insgesamt zehn Minenleg- und Räumschiffe des »Projekts *Krake*«. Zwei dieser Schiffe mit den Bau-Nummern 3002 bzw. 3010 erhielten nach 1960 den Namen *Leipzig*. Bau-Nr. 3002 trug zuerst den Namen der »Bezirkshauptstadt«, wurde später in *Halle* umbenannt und am 14.10.1972 außer Dienst gestellt. Danach wurde das Schwesterschiff *Gera* als Schulschiff verwendet. Es führte fortan den Namen *Leipzig* bis zur Außerdienststellung am 1.10.1976. Beide Schiffe sind nach der Außerdienststellung abgebrochen worden.

Die 642 t großen Schiffe waren mit einem 85 mm Universalgeschütz und zehn 25 mm Geschützrohren in fünf Doppellafetten sehr gut bewaffnet und konnten mit den 2 Dieselmotoren 16 kn laufen. Weitere Einzelheiten siehe Anhang S. 181

---

[1] Vorläufer der Volksmarine der DDR war die Volkspolizei See, die ihrerseits aus der Seepolizei hervorgegangen war, die nach Gründung der DDR 1949 ins Leben gerufen worden war. Die Seepolizei wurde im Rahmen der kasernierten Volkspolizei, mit Wirkung vom 1. Juli 1952 in Volkspolizei See (VP-See) umbenannt. Nach Aufnahme der DDR in den Warschauer Pakt 1956 wurde die Nationale Volksarmee der DDR gebildet. Eine ihrer Teilstreitkräfte war die NVA-Marine, auch Volksmarine genannt, deren Kader sich aus der VP-See rekrutierten.

Leichter Kreuzer *Leipzig* –

Erster Einschornsteinkreuzer der Marine

Wir schreiben das Jahr 1930. Der Leichte Kreuzer *Leipzig* lag noch an der Ausrüstungspier in Wilhelmshaven. Das emsige Treiben auf der »Baustelle« glich manchmal dem Gewimmel eines Ameisenhaufens. Arbeiter beförderten Material und Ausrüstungsaggregate ins Innere des Schiffes, per Hand oder mit Hilfe großer Portalkräne. Vor dem Schiff, auf der Pier, standen in Kisten verpackte Armaturen. Per Bahn rollten auf Tiefladern die MAN-Dieselmotoren aus Augsburg heran. Werftkräne hievten sie in Millimeterarbeit durch große Decksöffnungen auf die Fundamente oberhalb des Doppelbodens.

Ähnliches geschah mit den zwei Sätzen Marine-Turbinen, die von der Kieler Germaniawerft angeliefert wurden, und den Generatoren für die Stromerzeugung. Nach Montage der sechs Öl-Marine-Doppelenderkessel konnten dann auch deren Rauchgasrohre in den einzigen Schornstein, der einem langgestreckten Oval glich, eingeführt werden – ein Novum im deutschen Kreuzerbau.[1]

Während dieser Arbeiten befand sich das sogenannte Baubelehrungspersonal der Reichsmarine bereits an Bord. Es bestand vorwiegend aus Pumpenmeister-, Zimmermeister- und Maschinenpersonal. Diese »Fachleute« verfolgten so frühzeitig den Bau und Werdegang des Schiffes. Ihre Erkenntnisse wurden später bei der Erstellung der Unterrichts-, Arbeitsbücher und -Hefte mitverwertet.

Während im Schiff schließlich die vielen Kilometer an Licht-, Kraft- und Steuerleitungen verlegt, die Feuerleitanlagen installiert und die Funk- und Fernmeldeanlagen montiert und angeschlossen wurden, hatten andere Werftarbeiter die Rohrleitungen für See-, Wasch-, Trink- und Kesselspeisewasser sowie für die Heizöl- und Treibölversorgung verlegt und die zugehörigen Pumpen und Ventile angeschlossen. Parallel dazu wurden die verschiedenen Räume, wie Messen, Kajüten, Kartenhaus und Wohnräume für Unteroffiziere und Mannschaften eingerichtet. An Oberdeck waren inzwischen die von Rheinmetall-Borsig gelieferten Drillingstürme mit ihren 15 cm Geschützen auf die Drehkränze gesetzt worden, und auch die anderen Waffen hatten ihre geplanten Positionen eingenommen.

Nach annähernd zweijähriger Ausrüstungszeit und zehn Jahre nach dem Abbruch von SMS *Leipzig* (II) in Hamburg nahte der Zeitpunkt der Indienststellung des Leichten Kreuzers *Leipzig*. Tage vor dem Ereignis ging es an der Pier nochmals zu wie in einem Taubenschlag. Teile der vom Linienschiff *Hannover* (a.D. 09. 1931) kommenden Besatzung marschierten heran. Fahrzeuge karrten Kleidersäcke mit den Habseligkeiten des Seemännischen und Technischen Personals der verschiedenen Laufbahnen zum Schiff. Offiziere und Korporäle wiesen die Männer in die Wohndecks und Unterkünfte ein. Noch aber wehte keine Flagge am Stock und kein Wimpel im Topp.

Am 8. Oktober 1931 war es dann soweit. Die Besatzung des Kreuzers war divisionsweise auf der Schanz, dem achteren Steuerbord-Außendeck und dem achteren Aufbaudeck angetreten. Der Bootsmaat der Wache »pfiff Seite«, als der Kom-

---

[1] In der Kaiserlichen Marine sollte der Große Kreuzer »Ersatz *Yorck*«, Amtsentwurf 1915, ebenfalls nur noch einen Schornstein erhalten. Das Schiff wurde jedoch nie gebaut. Somit war der Kreuzer *Leipzig* der erste Einschornstein-Kreuzer in der deutschen Marine.

Der erste Einschornsteinkreuzer in der deutschen Marinegeschichte in der Ausrüstung. Die beiden achteren Geschütztürme B und C sind bereits aufgesetzt.

mandant, Kapitän zur See Stobwasser,[2] über die Stelling an Bord kam und die auf dem Steuerbord-Außendeck angetretene und präsentierende Ehrenwache abschritt. Danach begrüßte er die Offiziere und schritt anschließend die Front der angetretenen Divisionen ab. Begleitet wurde er vom

Am 8. Oktober 1931 wird der neue Kreuzer *Leipzig* feierlich in Dienst gestellt. Hier kommt gerade der erste Kommandant, Kapitän zur See Stobwasser, an Bord.

---

[2] KzS Stobwasser, Hans-Herbert, Crew 04, geb. 8.3.1885; Kmdt. Kreuzer *Leipzig* 10.31 bis 9.33; 1.10.1937 Vizeadmiral und Chef EKK bis 12.39; Leiter der Westwerft der KMW Wilhelmshaven 1.30 bis 8.40; Oberwerftdirektor KMW Lorient 8.40 bis 10.40; Leiter der Westwerft KMW Wilhelmshaven 10.40 bis 11.40; Oberwerftdirektor KMW Brest 12.40 bis 5.43; z. Vfg. gestellt 31.10.43 und verabschiedet. Freitod 10.2.1946. (Lt. Herzog, Leichter Kreuzer *Leipzig* (IV).

Der erste Kommandant des Leichten Kreuzers *Leipzig*, Kapitän zur See Herbert Stobwasser, Crew 04, geboren am 8.3.1885; Freitod am 10.2.1946.

Ersten Offizier (I.O.), Korvettenkapitän Loycke, seinem Stellvertreter und einzigen Disziplinarvorgesetzten der Besatzung des Schiffes. Danach ertönte der Befehl »Alle Mann achteraus«! Vor der versammelten Mannschaft, in Anwesenheit des Leipziger Stadtrates Dr. Leiske, sprach zuerst der Stationspfarrer, dann der Kommandant zur Besatzung (siehe Kasten)

Einer für alle, alle für einen

Ansprache des Kommandanten KzS Stobwasser zur Indienststellung der *Leipzig* am 8.10.1931:
>»Wieder liegt ein neues Schiff vor uns, das heute durch Heißen von Flagge und Wimpel in den Frontdienst der deutschen Reichsmarine gestellt werden soll.
>Tausende deutscher Männer haben mit fleißigen Händen dreieinhalb Jahre gearbeitet, dieses neue Schiff zu bauen. Ihrer aller in dieser Stunde zu gedenken, ist uns eine Ehrenpflicht.«

Nach dem Gedenken an die beiden ersten Kriegsschiffe des Namens *Leipzig* ,die sich »um das Vaterland so verdient gemacht haben«, fährt der Kommandant fort:
>»Mit goldener Schrift steht der Name *Leipzig* auf unserem Mützenband, und golden soll uns der Name voranleuchten, ein Symbol der Vergangenheit, aber auch ein Symbol der Zukunft, das uns daran mahnen soll, die Ehre unseres Schiffes über alles zu stellen und sie stets rein und fleckenlos zu erhalten. Leistungen, wie sie das Kreuzergeschwader vollbracht hat, sind nur möglich, wenn die ganze Besatzung vom Kommandanten bis zum jüngsten Heizer und Matrosen zusammensteht in treuer, kameradschaflicher Pflichterfüllung.
>Einer für alle, alle für einen! – das war die Losung jener Männer von Coronel und Falkland, und das soll auch unser Gelöbnis am heutigen Tag sein! Immer nur ein Ziel vor Augen: Deutschland!«

Reichspräsident Paul von Hindenburg sandte dem Kreuzer und seiner Besatzung folgendes Telegramm:
>»Dem Kreuzer *Leipzig* sende ich am Tage seiner Indienststellung meine besten Wünsche. Möge in der Besatzung der Geist echter Vaterlandsliebe und treuester Pflichterfüllung, der die alte *Leipzig* auf all ihren Fahrten und in den ruhmreichen Kämpfen des Kreuzergeschwaders beseelt hat, fortleben! Allzeit glückliche Fahrt!
>
>v. Hindenburg.«

Quelle: Alfred G. Nagel, Vier Kreuzer *Leipzig*, Marineverlag Ernst Rubien, Berlin-Lichterfelde (ohne Jahresangabe)

Heiß Flagge und Wimpel!

Fortan sollten die drei Geschütztürme mit den Namensschildern der Kleinen Kreuzer *Nürnberg, Leipzig* und *Dresden* an das Kreuzergeschwader erinnern, dessen Tradition der Kreuzer pflegte. Mit dem Kommando »Heiß Flagge und Wimpel!« stieg am Heck die Kriegsflagge hoch, zum Zeichen, daß das bis dahin »tote« Schiff nun Teil der deutschen Reichsmarine geworden war. Der am Gefechtsmasttopp auswehende Kommandowimpel stand zum Zeichen dafür, daß ein Seeoffizier das Kommando über Schiff und Besatzung innehatte.

Damit endete die feierliche Indienststellung.

Die Ausbildung der Besatzung konnte beginnen. Rollenexerzieren und kürzere Fahrten im Hafenbereich wechselten sich ab. Hinzu kamen die Vervollständigung der Ausrüstung, Munitionsübernahme, Krängungsversuche, Kompensierung und Standprobe. Offizieren und Mannschaft war die Aufgabe gestellt, das Schiff in die sogenannte »Seebereitschaft« zu versetzen. Dazu mußte jeder das Schiff, seine Arbeits- und Gefechtsstation und seinen Verantwortungsbereich kennenlernen. Diese nicht gerade leichte Aufgabe wurde »vor Ort«, also auf den einzelnen Stationen, und im Unterricht angepackt. Das erstes Thema hieß für alle »Schiffskunde«.

Schiffskunde

Zur generellen Unterrichtung der Mannschaft gab es die »Schiffskunde Kreuzer *Leipzig*«, mit allgemeinen Angaben, deren Fassung aus dem Jahre 1943/44 als Abbildung auf Seite 21 wiedergegeben ist. Sie ist unvollständig und weicht vom Stand des Jahres 1931 wesentlich ab, so daß folgende Ergänzungen notwendig sind:

Der Schiffsrumpf, ein Längsspant-Bänder-Stahlbau, bis zu 90 % in geschweißter Ausführung, hat einen Doppelboden auf 83 % seiner Gesamtlänge. Die vom Vor- zum Achtersteven durchlaufende Mittelkielplatte besteht aus 30 cm breiten T-Blechen von 18 mm Dicke. Beidseits folgen drei Längsspanten, die durch 48 Längsbänder ergänzt werden. Auf diese ist die Außenhaut aufgeschweißt. Senkrecht zur Mittelkielplatte sind 164 Querspanten angebracht. Durch 15 wasserdichte Querspanten wird das Schiff in 16 wasserdichte Abteilungen unter dem Panzerdeck eingeteilt. Mit Hilfe dieser wasserdichten Unterteilung werden im Schiffsdoppelboden und in den Doppelwänden wasserdichte Zellen gebildet. Sie dienen der Mitnahme von Öl- und Wasservorräten und sind gleichzeitig ein Schutz bei Grundberührung oder Unterwassertreffern. Verstärkt wird der Schutz durch eine entsprechende Panzerung. Das durchlaufende Panzerdeck ist an den Schiffsseiten stark gerundet. Der Seitenpanzer ist schräg gestellt und teilweise durch die wulstförmige Außenhaut abgedeckt. Die Panzerplatten aus Krupp-Nickelstahl sind sowohl in der Außenhaut als im Panzerdeck genietet (siehe Skizze).

Die Aufbauten bestehen aus Brückenhaus, Gefechtsmast mit Leit- und Scheinwerferständen und dem achteren Artillerie-Leitstand, der über dem achteren Aufbaudeck aufgesetzt ist.

Konstruktions-Wasserverdrängung = 6820 t[3]

Größte Wasserverdrängung = 8100 t

Nach im Handelsschiffbau üblichen Meßzahlen entsprach dies 5825 BRT bzw. 1816 NRT.

Die Abmessungen:

Länge über alles = 177,0 m, Länge in der CWL = 165,8 m

Größte Breite = 16,3 m

Tiefgang = 4,75 m, Tiefgang vollausgerüstet = 5,69 m

Seitenhöhe = 9,0 m, Höhe Panzerdeck = 1,96 m über CWL

Höhe Masttop = 43,0 m, Höhe Backsdeck = 7,50 m über CWL

Höhe Mastkorb = 25,1 m über CWL

Einheitstrimm-Moment = 16.057 bzw. 71.619 m/m

Der Kreuzer *Leipzig* war ein gutes Seeschiff mit ruhigen, weichen Bewegungen, manövrierte vorzüglich bei allen Fahrtstufen, war normalerweise leegierig, bei viel Wind und See luvgierig.

Allgemein: Die knapp bemessenen Materialstärken, die vertraglich festgelegten Beschränkungen der Schiffsgröße bei gleichzeitigem Streben nach hoher Kampfkraft führten bei der späteren Verwendung des Schiffes im Atlantik bei starkem Seegang zu Brüchen und Anrissen im Bereich der Schiffsmitte an Decks- und Außenhaut. Daraufhin wurde eine Einschränkung der Verwendung auf Nord- und Ostsee sowie eine Treibstoff-Verbrauchsbeschränkung (680 t) angeordnet. Ein späterer Umbau, wie bei Kreuzer *Karlsruhe* durchgeführt, war für 1940 geplant.[3a]

Dessen ungeachtet erfolgten bis 1945 eine größere Zahl von Umbauten und technisch-artilleristischen Verbesserungen. Diese sind in der Aufstellung »Umbauten« aufgeführt (Seite 168).

Besatzung

Bei Indienststellung waren an Bord:

– 13 Seeoffiziere (einschließlich Kommandant); + [6 Stabsoffiziere]

– 6 Ingenieuroffiziere

– 1 Marine-Nachrichtenoffizier

– 1 Schiffsverwaltungsoffizier

– 1 Marinestabsarzt

– 4 Oberfähnriche

– 508 Unteroffiziere und Mannschaften [+ 20 U-Offiz. u. Mannschaften]

---

[3] Die Typverdrängung wurde im »Washingtoner Abkommen« 1921 mit der engl. Tonne = 1016 kg angegeben. Obwohl Deutschland nicht zu den Unterzeichnern gehörte, machten sich die Marinekonstrukteure diese Festlegung zu eigen. Damit erklärt sich auch die Typverdrängung der *Leipzig*, die mit 6820 t den lt. Versailler Vertrag zugelassenen 6000 jetzt engl. Tonnen entsprach.

[3a] Treibstoffverbrauchsbeschränkung heißt hier, daß ca. 150 t Heizöl in den Bunkern verbleiben mußten und daß die Mittschiffsbunker nicht zuerst entleert werden durften. Dadurch sollten die Schiffsenden nicht zu sehr belastet und die Schiffsmitte nicht nach oben gedrückt werden.

Schiffskunde Kreuzer "Leipzig"
(Allgemeine Angaben)

Der Kreuzer "Leipzig" wurde am 18. April 1928 auf der Marinewerft Wilhelmshaven auf Stapel gelegt. Er lief am 18. Oktober 1929., am Jahrestage der Völkerschlacht bei Leipzig von Stapel und wurde am 8. Oktober 1931 in Dienst gestellt.

Das Schiff ist ein kleiner geschützter Kreuzer mit einem durchlaufendem Panzerdeck, gepanzertem Kommandostand und verstärkter Wasserliniengang.

Die Typverdrängung beträgt 6000 To. d.h., das Schiff hat diese Wasserverdrängung bei kriegsmässiger Ausrüstung, aber ohne Brennstoff und Reservespeisewasser.

Die Artilleriebewaffnung des Kreuzers besteht aus 9 - 15 cm Schnelladekanonen in Drillingstürmen, von denen einer auf dem Vorschiff, zwei auf dem Achterschiff stehen. Zur Flugabwehr stehen auf der Hütte 6 - 8,8 cm Flaks. in Doppellafetten, ferner 8 - 3,7 in Doppellafetten, zwei Vierlinge 2 cm über der Brücke und auf dem achteren Stand und 8 - 2 cm in Einzellafette, davon je zwei auf der Back, auf dem achteren Stand, auf der Hütte und auf der Schanz.

Die Abmessungen des Kreuzers sind:

Länge über alles	:	177,00 m
Größte Breite	:	16,3 m
Konstruktionstiefgang	:	4,75 m

Das Schiff ist nach dem Längsspantensystem erbaut, d.h. seine Beanspruchungen werden in der Hauptsache von den Längsverbänden aufgenommen.

Die Hauptlängsverbände sind die Mittelkielplatte und je vier Längsspanten zu beiden Seiten der Mittelkielplatte.

Zur Herstellung der Querfestigkeit dienen die Querspanten, die in einem Abstand von 1,5 m auf die Aussenhaut aufgeschweißt sind. Die Spantzahlen in den Abteilungen geben die Entfernung in Metern vom Bauspant o'an.

Zur Dämpfung der Schlingerbewegung hat das Schiff auf jeder Seite einen Schlingerkiel.

Die Unterteilung des Schiffes geschieht durch Decks. Es sind dies das Plattformdeck, Zwischendeck, Oberdeck und Aufbaudeck.

Um dem Schiff eine möglichst große Sinksicherheit bei Wassereinbruch zu geben, ist es durch 15 Querschotten in 16 wasserdichte Abteilungen unterteilt, die von achtern nach vorn gezählt werden.

Der Kreuzer hat als Antriebsanlage zwei Turbinensätze von je 30000 PS., die über je ein Getriebe auf die beiden Seitenwellen wirken. Als Marschanlage besitzt das Schiff eine Motorenanlage von 12 000 PS., die über ein Getriebe die Mittelwelle antreibt. Zur Dampferzeugung dienen sechs Doppelender-Marine- Wasserrohrkessel, die in drei Kesselräumen untergebracht sind (Kesselr. I u. II ausgebaut).

Die Gesamtleistung der Maschinenanlage gibt dem Schiff eine Höchstgeschwindigkeit von 22 sm.

Diese Schiffskunde des Kreuzers *Leipzig* erhielten alle neu an Bord kommandierten Besatzungsmitglieder. Diese Fassung stammt aus den Jahren 1943/44 und zeigt, daß der Kreuzer damals u.a. 8 x 2 cm Flak in Einzellafetten an Bord hatte. (Klopp)

Nächste Seite:
Der Schiffsmeßbrief des Kreuzers *Leipzig*. (WGAZ Mürwik)

Für Schiffe mit Deck.   Formular A.

Deutsches Reich.

Schiffsgattung:	Namen des Schiffes:		Unterscheidungs-Signal:	Nationalität:
Kriegsraubenschiff	„*Leipzig*"		*J. J. M. F.* *D. T. L. E.*	*Deutsch*
				Heimatshafen: *Wilhelmshaven*

Schiffs-Meßbrief.

Schiffsbeschreibung.

Erbauer: *Marinewerft*	Anzahl der Decks: *2*	Wegerung *hinten Schnerräume Holz*
	Beschaffenheit des obersten Decks:	
Erbauungsjahr: *1931*	*In einer Flucht*	Form des Bugs: *Überfallend*
Erbauungsort: *Wilhelmshaven*	Anzahl der wasserdichten Querschotte unter und	Form des Hecks: *Spitz*
Baumaterial: *Stahl*	über dem Vermessungsdeck: *15*	Anzahl der Schornsteine: *1*
Bauart: *Längsspanten; Doppelboden*	Anzahl der Wasserballastbehälter mit Ladeluken:	Anzahl der Masten: *1 Standmast*
	Keine	Takelung: *—*

Identitäts-Maße.

1. Die Länge des Schiffes zwischen der hinteren Fläche des Vorderstevens bis zur hinteren Fläche des Hinterstevens (bei Schiffen mit Patentruder bis zur Mitte des Ruderherzens) auf dem obersten festen Deck beträgt . . . . *175,92* m
2. Die größte Breite des Schiffes zwischen den Außenflächen der Außenbordsbekleidungen oder der Berghölzer beträgt . . . . *16,46* m
3. Die Tiefe des Schiffsraumes zwischen der Unterkante des obersten festen Decks und der Oberkante der Bodenwrangen neben dem Kielschwein, bzw. der oberen Fläche des inneren eisernen Doppelbodens, wo ein solcher vorhanden ist, in der Mitte der nach 1 ermittelten Länge beträgt . . . . *8,17* m
4. Die größte Länge des Maschinenraumes einschließlich der etwa vorhandenen festen Kohlenbehälter zwischen den diese Räume begrenzenden von Bord zu Bord reichenden Schotten beträgt . . . . *74,75* m

Vermessungs-Ergebnisse.

Brutto-Raumgehalt	cbm	Abzüge.	cbm
1. Raum unter dem Vermessungsdeck	13702,328	I. Hinsichtlich der Räume für Treibkraft	6287,565
2. Raum zwischen dem Vermessungsdeck und dem darüber befindlichen Deck		II. Mannschafts-, Navigierungsräume usw.:	
3. Raum zwischen dem 1. und 2. Deck über dem Vermessungsdeck		1. Räume für Seeleute, Heizer, Deckoffiziere, Köche, Aufwärter usw.	3478,321
4. Quarterdeck-Kajüte oder Achterdeck-Hütte (Poop) . .		2. Räume für Offiziere, Maschinisten usw.	586,766
5. Back	1120,304	3. Ruderhäuser, Kartenhaus usw.	907,905
6. Räume unter dem Brückendeck *(Lasträume)* . .	309,668	4. Segelraum	
7. Halbdeck		5. Bootsmannsvorräte	10,485
8. Sonstige Räume	1369,975	6. Räume für Wasserballast *(Friedensballast)* .	33,696
9. Der in Anrechnung zu bringende Inhalt der Ladeluken . .		III. Räume für den Schiffsführer	53,169
Brutto-Raumgehalt . . .	16502,275	Summe der Abzüge	11357,907

	cbm	Reg.-Tons.	Schlußergebnis der Vermessung:	cbm	Reg.-Tons.
Brutto-Raumgehalt	6502,278	5825,304			
Abzüge	1357,907	4009,341	Brutto-Raumgehalt	16502,3	5825,30
Netto-Raumgehalt	5144,371	1815,963	Netto-Raumgehalt	5144,4	1815,96

für KWdwal NRT+ 3426,65

Über die vorstehende nach der Schiffsvermessungs-Ordnung vom 1ᵗᵉⁿ März 1895 von der Vermessungsbehörde zu *Wilhelmshaven* am *2ᵗᵉⁿ Oktober* 1931 beendete Vermessung nach dem vollständigen Verfahren wird dieser Meßbrief ausgefertigt.

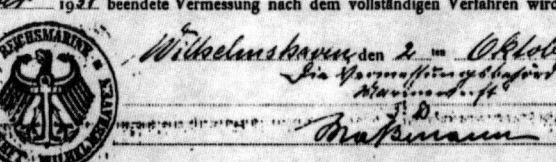

Wilhelmshaven, den 2 ᵗᵉⁿ *Oktober* 1931.
Die Vermessungsbehörde
Marinewerft
J. D.
Matzmann

Lukowski
Insp. Oberlehrer

Bemerkung. Folgende Aufbauten auf bzw. über dem Oberdeck sind als offene Räume angesehen und daher in obigen Brutto- und Netto-Raumgehalt nicht eingemessen worden: *Kommandoturm, Ventilationsschächte, Schornsteinumkleidung, Niedergänge u. Vorstege auf dem Peildeck, Ober- u. Aufbaudeck.*

– 10 Zivilpersonen (Steward, Handwerker) –
[Bei Verwendung als Flaggschiff zusätzlich]
Die Besatzung war in zehn Divisionen aufgeteilt und zum größten Teil im Zwischendeck untergebracht. Kommandant und Offiziere wohnten in Kammern, die sich in den Deckaufbauten über dem Oberdeck hinter der Schiffsmitte befanden. Die Zugehörigkeit der Besatzung zu den Wohn- und Schlafstationen richtete sich nach der Verwendung auf den Arbeits- und Gefechtsstationen. Entsprechend waren die Divisionen gegliedert.

I.-V. Division: Seemännisches- und Artillerie-Personal.

VI. Division: Nachrichtenpersonal

VII.-IX. Division: Technisches Personal

X. Division: Sonderpersonal (Verwaltungs-, Küchen-, Schreibstubenpersonal usw.)

Jede Division wurde von einem Divisionsoffizier (D.O.) befehligt. Dieser war gleichzeitig auch Wachoffizier (W.O.). Alle Vorgesetzten waren möglichst an den gleichen Waffen und Geräten oder Maschinen wie ihre Mannschaften eingesetzt.

Die Besatzung hat sich im Laufe der Indiensthaltung des Kreuzers stärkemäßig verändert. Neue Aufgaben oder Ausrüstungen (Flugzeuge, Funkmeß- und Ortungsgeräte, verstärkte Fla-Bewaffnung), aber auch kriegsbedingte Schäden wirkten sich auf die Besatzungsstärke aus. Bei Kriegsbeginn waren 30 Offiziere und 628 Unteroffiziere und Mannschaften an Bord, 1944 waren es 24 Offiziere und 826 Unteroffiziere und Mannschaften. Bei den Kampfeinsätzen in der Danziger Bucht 1945 waren zehn Offiziere, zwei Oberfähnriche, vier Fähnriche und 378 Unteroffiziere und Mannschaften, einschließlich 48 Ing.-Kadetten, an Bord. Nach dem 31.7.1945 bestand die Restbesatzung aus insgesamt 85 Offizieren, Unteroffizieren und Mannschaften.

Bewaffnung[4]

Die Hauptartillerie

Die neun 15 cm Geschütze waren in drei Drillingstürmen mittschiffs angeordnet: Turm A »Dresden« auf dem Vorschiff, Turm B »Leipzig« auf dem achteren Aufbaudeck und Turm C »Nürnberg« auf dem Achterdeck. Alle drei Türme trugen bis zum Antritt der letzten Fahrt des Schiffes sogenannte Traditionsnamensschilder zur Erinnerung an die gleichnamigen Kleinen Kreuzer des Kreuzergeschwaders des Grafen Spee.

Einzelheiten/Technische Daten:

Drei Drillingstürme, amtlich Drehhaubenlafette C/25 mit je drei SK 15 cm L/60, C/25 (SK = Schnellfeuerkanone, 15 cm = Durchmesser über den Feldern, L/60 = Kaliberlänge = Rohrseelenlänge = 15 cm x 60)

Rohrlänge = 9,450 m   Seelenlänge = 9,000 m

Rohrgewicht = 11.970 t

Rohrleben = 500 Schuß (Zeitdauer bis zum Auswechseln der Seelenrohre wegen Verschleiß)

Rohrerhöhung = - 10° + 40°

max. Schußweite = 257 hm = 25,7 km (bei max. Rohrerhöhung 40°)

v_0 = 960 m/s,   Rückstoßkraft = 52.000 kg

Konstruktion = Rheinmetall-Borsig

Konstruktionsjahr = 1925 (C/25)

max. Feuergeschwindigkeit (Schußfolge oder Kadenz) = 5 Schuß/Min.

Dotierung = 150 Schuß je Rohr

Die Geschütztürme (Drehhaubenlafetten) wurden elektrisch geschwenkt, die Rohre einzeln oder gekuppelt hydraulisch gerichtet (Höhe und Seite). Zur Munitionsförderung waren hydraulische Fahrstühle installiert, in denen sowohl die Granaten als auch die zugehörigen Kartuschen aus den Munitionskammern in die Türme gefördert wurden. In der obersten Stellung erfolgte der Ausstoß von Granate und Kartusche auf zwei Rutschen, die bis neben die Bodenstücke der Geschütze führten. Das Beladen der Rohre erfolgte von Hand. Als Verschluß diente ein sogenannter Fallblockverschluß. Das Gesamtgewicht eines Turms einschl. Panzerung betrug 137 t.

---

[4] Angaben nach Archiv Rheinmetall-Borsig, Gröner: Die Deutschen Kriegsschiffe 1815 bis 1945, BA-MA RM 25/33 und Schiffbuch II Kreuzer *Leipzig* BA-MA TS 297 M3 (PG 57412/MP) Abschnitt II S. 19 und folgende.

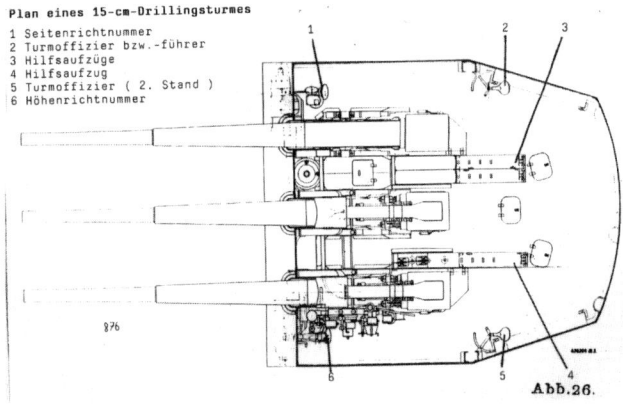

Plan eines 15-cm-Drillingsturmes

1 Seitenrichtnummer
2 Turmoffizier bzw.-führer
3 Hilfsaufzüge
4 Hilfsaufzug
5 Turmoffizier (2. Stand)
6 Höhenrichtnummer

Abb.26.

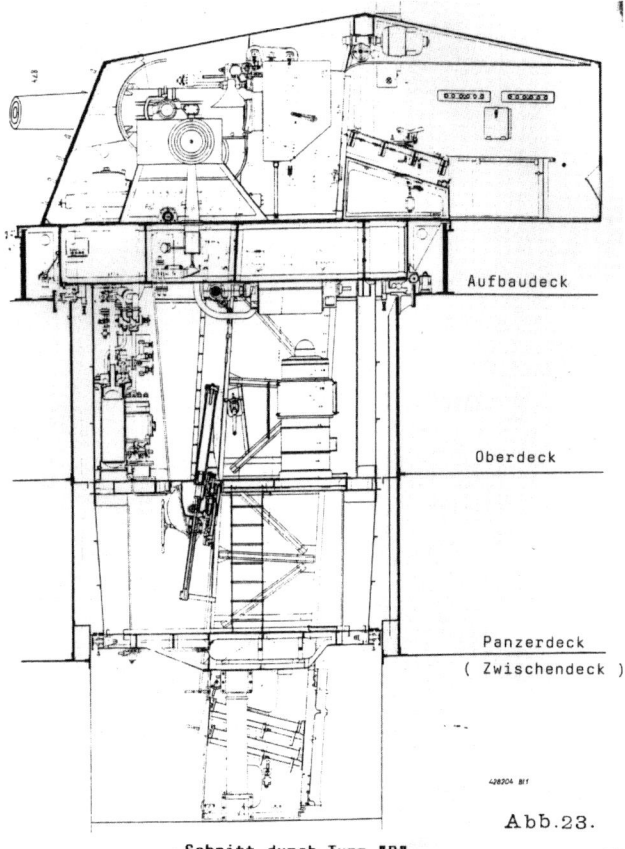

Schnitt durch Turm "B"

Abb.23.

15 cm Drehhaubenlafette C/25 mit 3 x SK 15 cm L/60, C 25.
(Archiv Rheinmetall)

Weitere Geschützturmausrüstungen waren u.a.:

* Handbetriebene Reserveeinrichtung zum Schwenken und Höhenrichten der Geschütze
* Elektrische Hilfsheißvorrichtung für die Munitionsförderung

Anmerkung: Nach der Kollision mit *Prinz Eugen* konnte während der Kampfeinsätze in der Danziger Bucht 1945 nur noch mit dieser Hilfsheißvorrichtung Munition aus den Munitionskammern an die Geschütze gefördert werden.

* Peilfernrohr in der Turmdecke für Rundblick des Turmführers und selbständiges Schießen bei Ausfall der Feuerleitanlagen
* Rauchgasabsaugung hinter den Bodenstücken gegen Pulvergasgefahr
* Auswurföffnung für leere Kartuschhülsen
* Schartenblenden (Schartendichtung)
* Messingmündungsdeckel zum Schutz der Rohrmündungen in Ruhestellung

Die Turmbesatzung bestand aus dem Batterieoffizier (Turmkommandant), drei Geschützführern (Unteroffiziere) und 27 Mannschaften.

Flugzeugabwehrkanonen (Flak)

Die Bewaffnung der Kriegsschiffe mit Flugabwehrkanonen hat während der Dienstzeit des Kreuzers *Leipzig* immer mehr an Bedeutung gewonnen. Entsprechend wurde die Flak-Bewaffnung laufend geändert und ergänzt (siehe Umbauten).

Flak-Bewaffnung bei Indienststellung:

* zwei SK 8,8 cm L/45 C/13 in Mittelpivot-Einzellafette MPL C/13 Aufstellung mittschiffs auf dem achteren Aufbaudeck zwischen Turm B und dem achteren Leitstand, die auch gegen Seeziele eingesetzt werden konnten.

Hinweis: Ab 1934 wurde die Anzahl der 8,8 cm Flak auf vier Geschütze erweitert. Die zusätzlichen Geschütze wurden auf dem Aufbaudeck beidseits des achteren Leitstandes postiert.

Technische Daten:

Rohrlänge = 4,19 m, Seelenlänge = 3,96 m

Rohrgewicht = 1,234 t

Rohrleben = ...

Rohrerhöhung = + 43°

max. Schußweite = 141 hm = 14,1 km

V_0 = 890 m/s,   Rückstoßkraft = 2900 kg

Konstruktion = Krupp AG, Konstruktionsjahr = 1913

max. Feuergeschwindigkeit (Schußfolge) = 10 Schuß/min

Dotierung = 400 Schuß je Rohr

Anmerkung: Die Geschütze stammten noch aus der Zeit der Kaiserlichen Marine und dienten als Übergangslösung, bis die Neukonstruktionen der Firma Rheinmetall-Borsig einsatzfähig waren (siehe Umbauten).

* zwei 3,7 cm SK L/83 C/30 (Flak) in Mittelpivot-Einzellafette C 30. Aufstellung auf Bootsdeck, jeweils an Steuerbord- und Backbord in Höhe achterer Leitstand.

Technische Daten:

Rohrlänge = 3,074 m   Seelenlänge = 2,960 m

Rohrgewicht = 0,243 t

Rohrleben = 7500 Schuß

Rohrerhöhung = - 9° + 85°

max. Schußweite = 85 hm = 8,5 km, max. Schußhöhe = 68 hm; mit Leuchtspur = 48 hm

V_0 = 1000 m/s, Rückstoßkraft – 1000 kg

Konstruktion = Rheinmetall-Borsig; Konstruktionsjahr = 1930

max. Feuergeschwindigkeit = 160 Schuß/min (praktisch 80/min)

Dotierung = 2000 Schuß

Die handbedienten Waffen hatten einen »halbautomatischen Verschluß«, so daß trotz Fehlens von Magazinen eine hohe Schußfolge erreichbar war. Das Richten der Geschütze erfolgte nach Richtwertempfänger aus der Feuerleitanlage für Höhe und Seite.

Anmerkung: Ab 1933 wurden die Einzellafetten durch neue Doppellafetten C/30 ersetzt (siehe Umbauten).

* zwei 2 cm Flak L/65 C/30 (ursprüngl. als M.G. C 30 bezeichnet) in Einzellafette MPL 30, Aufstellung oberhalb Admiralsbrücke/Nachtleitstand seitlich vor dem Röhrenmast. Die Anzahl der 2 cm Flak-Bewaffnung wurde besonders nach Kriegsbeginn stark vermehrt und erreichte 1944 mit 16 Rohren in Einzel- und Vierlingslafetten das Maximum (siehe Umbauten).

Technische Daten:

Rohrlänge = 1,500 m   Seelenlänge = 1,300 m

Rohrgewicht = 0,64 t   Rohrerhöhung = + 85° - 11°

Rohrleben = 20.000 Schuß

max. Schußweite = 48 hm = 4,8km, max. Schußhöhe = 37 hm

V_0 = 835 m/s,   Rückstoßkraft = 290 kg

Konstruktion = Rheinmetall/Borsig; Konstruktionsjahr = 1930

max. Feuergeschwindigkeit = theor. 280 Schuß/min, praktisch 120 bis 180 Schuß/min mit Magazinwechsel.

Dotierung = 2200 Schuß

Kantwinkel = + 15°

Die Einzellafetten wurden mit einer Schulterstütze körpergesteuert. Eine verstellbare Höhenspindel ermöglichte dem Schützen einen Elevationsbereich von - 10° bis + 90°. Die Geschoßpatronen waren in Magazinen zu je 20 Schuß magaziniert.

* 2 Landungskorps-Geschütze in Radlafetten (Bootskanonen) sowie diverse Maschinengewehre und Gewehre.

Torpedowaffe

Bei Indienststellung waren zwölf Torpedorohre 50,0 cm in vier Drillingssätzen an Bord, an jeder Seite des Mitteldecks vorn und achtern je einer. Die Rohrsätze trugen wie die Geschütztürme als Traditionsnamen die Namen ehem. deutschen Kolonien, nämlich Tanga, Togo, Samoa und Kamerun.[5]

[5] *Tanga* = Zur Erinnerung an die Einnahme der Hafenstadt durch das Landungskorps der Kreuzerfregatte *Leipzig* am 10.7.1889, heute Provinzhauptstadt im NO von Tansania

Blick in den Maschinenleitstand des Kreuzers.

Togo = Zur Erinnerung an die Flaggenhissung im späteren Schutzgebiet Togo am 5.9.1884. 1919 Mandat des Völkerbundes und zwischen Frankreich und England geteilt. Franz. Teil als Republik Togo seit 1960 selbständig, brit. Teil zu Ghana.

Samoa = Zur Erinnerung an den Einsatz des Kleinen Kreuzers *Leipzig* am 19.3.1909 vor Apia. Samoa unabh. Republik seit 1962.

Kamerun = Zur Erinnerung an den Aufenthalt der Kreuzerfregatte *Leipzig* in Kamerun 1884. Kamerun ist heute Republik.

Anmerkung: 1934 wurden die 50 cm Lancierrohre gegen moderne 53,3 cm Torpedoausstoßrohre ausgetauscht (siehe Umbauten).

Defensivwaffen

– Sperrgeräte bestehend aus Bugschutzgerät (Spargel) und Ottern
– Nebelanlage mit sogenannten Nebeltöpfen

Maschinenanlage (Abschnitt Maschine)

Der Leichte Kreuzer *Leipzig* hatte, wie alle nach der *Emden* gebauten Leichten Kreuzer der Reichs- und Kriegsmarine, eine kombinierte Maschinenanlage. Diese bestand aus der Hauptmaschinenanlage mit sechs Dampfkesseln und zwei Turbinensätzen, die über Untersetzungsgetriebe auf die Back- und Steuerbordwelle wirkten, und der Marschmotorenanlage mit vier 2-Takt-Dieselmotoren, die über ein zentrales Getriebe auf die Mittelwelle geschaltet waren. Hinzu kamen die Elektro-Anlage mit den Stromerzeugern sowie zahlreiche Hilfsmaschinen und Hilfsaggregate.

Hauptmaschinenanlage

Bei der Indienststellung bestand die Anlage aus:
– 6 Marine-Doppelender-Kesseln in drei Kesselräumen mit je 2 Kesseln, den zugehörigen Heizölbetriebs- und Heizölförderpumpen sowie den Zuluft- und Abluftgebläsen samt Luftvorwärmern.

Heizfläche feuerberührt 1054 m$\approx$, wasserberührt 889 m$\approx$, Wasserraum 14,67 m$\triangle$, Dampfraum 5,37 m$\triangle$, Feuerraum 26,40 m$\triangle$, Dampfspannung 16 atü, Brennerzahl 18 mit je 2,6 mm Bohrung, größte verbrannte Ölmenge etwa 7200 kg/h, größte Dampfmenge etwa 75.000 kg/h, Heizflächenbelastung etwa 6,85 kg Öl/m$\approx$ Heizfläche und etwa 70 kg Dampf/m$\approx$ Heizfläche.

Kesselgewichte:

Kesselkörper 31.070 kg 49,9 v.H.

Ummantelung 16.340 kg 26,2 v.H.

Kesselbefestigung 160 kg 0,3 v.H.

Wasserinhalt bei 0ø C 14.670 kg 23,6 v.H.

Gesamtgewicht 62.240 kg 100 v.H.

Quelle: Kreutzer-Müller-Friedrich, Physik in der Kriegsmarine. Bd. II.

– 2 Turbinensätzen (dreistufig) mit Rädergetriebe, sogenannte Marineturbine Bauart Curtis der Germaniawerft Kiel, in zwei Turbinenräumen und geteiltem Getrieberaum, einschließlich Schmierölkreiselpumpen und Förderpumpen. Jeder Turbinensatz bestand aus einem Hochdruck- und zwei Niederdruckteilen mit Rückwärtsturbine im Niederdruckteil.

Getriebeuntersetzung = 1:7,95

Ausgangsdrehzahlen = 308/400 U/min

Leistung der Anlage = 65.585 PSw/60.000 PSw bei 308/400 U/min

– 2 Hilfskesseln für Hafenbetrieb

Heizfläche = ...?... Dampfdruck = 16 atü, Leistung = ...? t Dampf/h

– 2 Niederdruck-Frischwassererzeugern mit Speisewasservorwärmer und Speisewasserpumpen.

Im Kriegsverlauf wurde die Hauptmaschinenanlage teilweise, später ganz stillgelegt (siehe Umbauten).

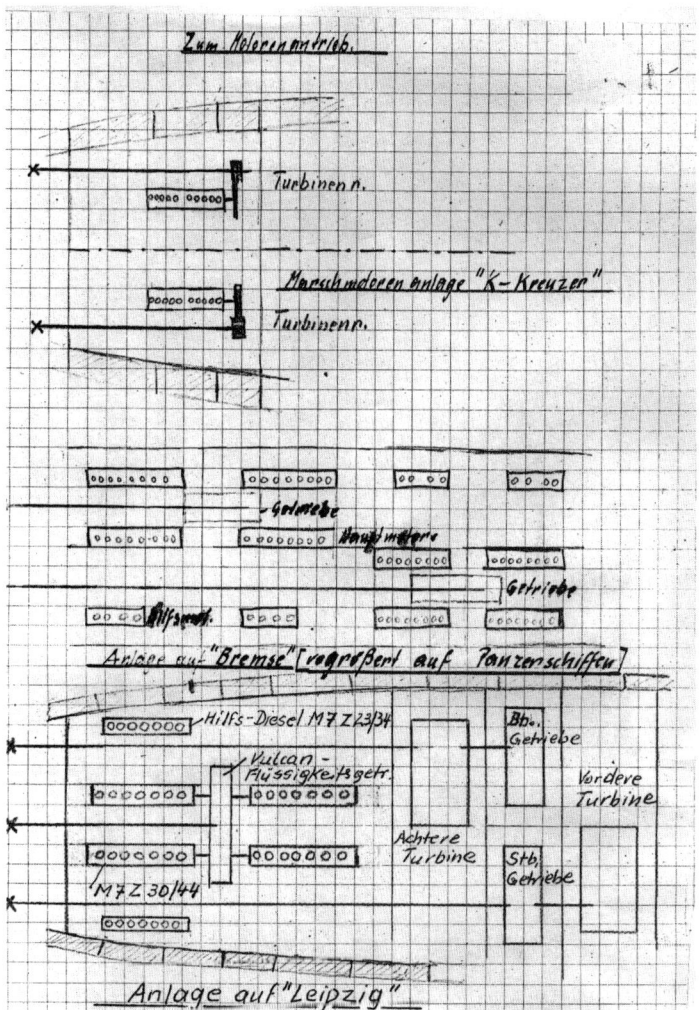

Schema-Skizze der Motorenanlagen verschiedener deutscher Kriegsschiffe aus dem Logbuch des Verfassers. Unten die Motorenanlage der *Leipzig*.

Doppeltwirkender Zweitakt-Dieselmotor für den Kreuzer *Leipzig* in der Montage bei der Maschinenfabrik Augsburg-Nürnberg (MAN).

Marschmotorenanlage

Während der Indiensthaltung des Kreuzers bestand die Anlage aus

– 4 doppeltwirkenden MAN Siebenzylinder-Zweitakt-Dieselmotoren[6] Typ M 7Z 30/44 mit zentralem Vulcan-Flüssigkeitsgetriebe[7] in einem Hauptölmotorenraum.
Motorengesamtleistung = 12.400 PS (3100 PS je Motor)
Motorendrehzahl = 600 U/min,   Getriebedrehzahl = 400 U/min
Zylinderdurchmesser = 300 mm, Hub = 440 mm

---

[6] Motorenanlage *Leipzig* siehe Eberhard Rentsch: *Die Deutschen haben Unmögliches möglich gemacht,* in Schiff und Zeit Nr. 20, Seiten 38-48, insbes. Seite 40.

[7] Vulcan-Getriebe, das durch Ölkupplungen vor dem motorischen Ungleichförmigkeitsgrad geschützt wurde. Technisch gesehen ein hydraulischer Drehzahlwandler, der unter der Bezeichnung »Föttinger-Kupplung« oder »Föttinger-Transformator« bekannt wurde. (Siehe Schiff und Zeit Nr. 20, Seite 40.) Damit wurde die Motorendrehzahl von 600 min auf die Schraubendrehzahl 400 min untersetzt. Die Ölkupplung war seinerzeit ein Novum und gestattete jederzeit während des Betriebes das Zu- und Abschalten von jedem einzelnen Motor sowie ein beliebiges mehrfaches Umsteuern.

– 2 doppeltwirkenden MAN Siebenzylinder-Zweitakt-Dieselmotoren Typ M 7Z 23/34 als Hilfsmotoren für die Hilfsaggregate in je einem Bb. - und Stb.-Hilfsölmotorenraum.
Leistung je Motor = 1500 PS   Motorendrehzahl = 600 U/min
Zylinderdurchmesser = 230 mm, Hub = 340 mm
Hinzu kamen der Kühlwasserkreislauf mit Kühlwasserpumpen, der Treibölkreislauf mit Ölzubringerpumpen und der Schmierölkreislauf mit Schmierölpumpen und Ölseparatoren.
– Schraubenwellen und Schrauben
Die Leistung der beiden Turbinen wurde über Rädergetriebe

Diese Fotomontage der Maschinenfabrik Augsburg-Nürnberg (M.A.N.) zeigt den Größenvergleich zwischen einem 3600 PSe einfachwirkenden Viertakt-Handelsschiff-Dieselmotor und dem doppeltwirkenden Zweitaktdieselmotor für den Leichten Kreuzer *Leipzig* von 3100 PSe, einem schnelllaufenden kompressorlosen Zweitakt-Marinedieselmotor mit MAN-Umkehrspülung und Auspuffdrehschiebern.

Zur Marschmotorenanlage des Leichten Kreuzers *Leipzig* gehörten zwei Hilfsdieselmotoren für Spülluft-, Kühlwasser-, Schmieröl- und Kühlöl-Pumpen. Das Bild zeigt einen der beiden Motoren der Bauart MAN M7Z 23/34, die 1300 PS bei 750 U/min leisteten.

auf die Backbord- und Steuerbordwelle und die darauf befindlichen Schiffsschrauben von 4,25 m Durchmesser übertragen. Die Leistung der vier Dieselmotoren übertrug ein Flüssigkeitsgetriebe (Föttinger-Wandler) auf die Mittelwelle und deren Schiffsschraube von 3 m Durchmesser. Mit dieser Schraubenausrüstung wurden 31,9 Knoten bei Turbinenbetrieb und 16,5 Knoten bei Marschmotorenbetrieb erreicht. Alle drei Wellen hatten Mitdrehvorrichtungen, so daß bei Motorenbetrieb die Bb.- und Stb.-Welle mitdrehte, bei Turbinenbetrieb die Mittelwelle. Die Steigung der Mittelwellenschraube war zusätzlich verstellbar. Schraubenschutz am Heck des Schiffes vervollständigte die Ausrüstung.

Elektrische Anlage (E-Anlage)

Zur Erzeugung der benötigten elektrischen Leistung von 860 KW waren an Bord vorhanden:

– 2 dampfgespeiste Turbogeneratoren von je 250 KW, 220 Volt Gleichstrom

– 4 Dieselgeneratoren von je 90 KW, 220 Volt Gleichstrom, Bauart MWM

– in der Anzahl wechselnde Stromwandler (Umformer) für 60 und 24 Volt Gleichstromanlagen. Diese versorgten über drei Schaltstellen (2 x achtern, 1 x vorn) Scheinwerfer, Telefone, Befehls- und Meldeanlagen usw..

– in der Anzahl wechselnde Wechselstrom-Umformer (Gleichstrom-E-Motor mit Wechselstromgenerator) für Kreiselanlage, Sonar usw..

Jeweils ein Turbogenerator war als E-Werk I und II in getrennten Räumen im Achterschiff, Abtlg. IV, unter Panzerdeck angeordnet. Die vier Dieselgeneratoren befanden sich im E-Werk III im Vorschiff, Abtlg. XII.

Die E-Anlage des Schiffes wurde im Laufe der Indiensthaltung wesentlich verändert. So wurden u.a. die vier 90 KW Dieselgeneratoren noch vor Kriegsbeginn durch drei Dieselgeneratoren mit 180 KW Leistung ersetzt. 1945 wurde ein zusätzliches Hilfs-E-Werk (E-Werk IV) an Oberdeck montiert. Es bestand aus einem LKW-Dieselmotor mit angeflanschtem Generator. Das E-Werk IV war beim Einsatz des Schiffes als Artillerieträger notwendig geworden, um den durch Ausfall von zwei Dieselgeneratoren und den nur mit Hilfskessel möglichen Teillastbetrieb des Stb.-Turbogenerators (E-Werk I) entstandenen Strommangel im Bordnetz zu verbessern. Es diente u.a. auch zur Stromversorgung der Saacke-Brenner des Hilfskessels.

Hilfsmaschinen
und maschinelle Einrichtungen

– 2 Kühlanlagen in Abtlg. III und XIII

– 1 elektrisch betriebene Ruderanlage mit 2 Rudermotoren und einem Handruder in Abtlg. II

– 3 elektrisch betriebene Ankerspill-Anlagen, 2 x Bug- und 1 x Heckspill in Abtlg. XIV, bzw. Abtlg. II

– 1 Druckluftanlage (4-fach Junkers Luftverdichter).

– Wasch- und Trinkwassereinrichtung mit Warmwasserkasten und zugehörigen Pumpen

– Seewassereinrichtung mit Pumpen

– Feuerlöscheinrichtung mit Pumpen und Schaumfeuerlöschanlage

– Lenzeinrichtungen mit Dampf- und E-Lenzpumpen und tragbarer hydraulischer Lenzpumpe

– Lüftungseinrichtung (Luftventilatoren)

– Küchen- und Bäckereimaschinen
– Wäschereimaschinen
– verschiedene Werkstätten und eine Schmiede

Tanks und Zellen

In Tanks waren gebunkert:
1200 t Heizöl, 310 t Treiböl (Dieselkraftstoff) sowie Schmier- und Kühlöle.
In Zellen waren gebunkert: 170 mΔ Kesselspeisewasser, 77 mΔ Wasch- und Brauchwasser, 30 mΔ Trinkwasser

Nachrichtenmittel

Optische Signalmittel

– Signalflaggen
– Winkflaggen
– 2 Signalscheinwerfer auf dem Signaldeck an Bb.- und Stb.-Seite
– Signalpistolen
– Fahrt- und Stoppball
– Wendeflaggen

Akustische Signalmittel

– Dampfpfeifen
– Nebelhörner
– Sirenen und Heuler

Nachrichtentechnische Anlagen und Echolotanlage[8]

Dazu gehörten Funkanlage, Funkpeilanlage, Rundfunkanlage, UT-Anlage, S-Anlage, Horchanlage, Ortungsanlage, Lotanlage, Nachrichtenschreiberanlage, Fernschreiberanlage, Bordwetterdienstanlage und Sondergeräte für neue Verwendungszwecke. Die Geräte waren im Senderaum, Empfangsraum, Umformerraum 1 und 2, der Z-Funkstelle und im Horchraum untergebracht.

[8] Nach BA-MA TS 298 M3 (PG 57 412/MP), Schiffbuch II Kreuzer *Leipzig* Abschnitt II, 5. Nachrichtentechnische Anlagen und Echolotanlage, S. 34 (41) bis 38 (44e).

Folgende Geräte waren installiert:

Funksenderaum (Plattformdeck Abteilung XI)

– 1 Langwellensender 1 KW, Telefunken Spezial 490 S
– 1 Kurzwellensender 1 KW, Telefunken Spezial 486 S
– 1 Langwellenempfänger, 6 Rohr, 6 Kreis, Telefunken Spezial 464 S
– 2 Kurzwellenempfänger, 6 Rohr, 3 Kreis, Telefunken Spezial 516 S
– 1 Kurzwellensender 1 KW, Telefunken Spezial 487 S
– 1 Kurzwellensender 1 KW, Telefunken Spezial 488 S
– 1 Kurzwellensender 0,4 KW, Telefunken Spezial 489 S
– 1 Funksprechgerät, Telefunken Spezial 783 S

Funkempfangsraum (Aufbaudeck, unter achterem Leitstand)

– 2 Langwellenempfänger 1500 – 66,67 kHz, Telefunken Spezial 464 S
– 3 Kurzwellenempfänger 7500 – 1500 kHz, Telefunken Spezial 516 S
– 1 Funkpeiler mit Geniokreuz (Navigatorischer und taktischer Peiler 3000 – 75 kHz, Telefunken Spezial 1144 N
– 1 Rundfunkempfänger Owin L 73 W
– 1 Langwellenempfänger 2300 – 1500 kHz, Telefunken E 381 H

Umformerraum 1 (Stauung Abteilung XIII)

– 1 Hochspannungsumformer GA74/SPG56 Telefunken
– 2 Heiz-Hochspannungsumformer, VGN140/VGN200 Telefunken
– 1 U.K.-Umformer TFG 408/5 Telefunken

Umformerraum 2 (Plattformdeck Abteilung XIII)

– 1 Empfänger-Umformer ZA-G4/ZA-GG4 Telefunken
– 1 Z-Stellen-Umformer TGF 111/3, 412/4 Telefunken
– 2 Hochspannungsumformer GA 74/SPG 56 und VGN 140 Telefunken
– 1 Heiz-Hochspannungs-Umformer VGN 200 Spez. Telefunken
– 1 Hörübungsmaschine GMU 607/30 Telefunken

Z-Funkstelle (Kommandoturm)
– 1 Kurzwellensender Spezial 614 Telefunken
– 1 Kurzwellenempfänger Spezial 600 Telefunken
– 1 Funksprechgerät Spezial 783 S Telefunken

Horchraum (Unteres Plattformdeck Abteilung XIII)
– Nahhorchgeräteempfänger (NHG-Empfänger = Navigationshorchgerät)
– Gruppenhorchgeräteempfänger 22 E (GHG- oder Geräuschhorchgerät)
– NHG- und GHG-Apparate im Kartenhaus

Echo-Lotanlage
– (Flachlot) und Tieflot (5 kVA S-Anlage) und UT-Anlage
+ 2 S/E)befanden sich in der Stauung Abteilung XVI.

Antennen-Anlagen (Sende- und Empfangsantennen)
– Diese wurden im Verlaufe der Indiensthaltung des Schiffes wesentlich verändert und so auf den neuesten Stand der Funktechnik gebracht. Einzelheiten siehe Umbauten.

Feuerleit- und Kommandoanlagen

Für die Artillerieführung und Torpedowaffe waren Feuerleitgeräte, Feuerleitanlagen und Entfernungsmeßgeräte installiert. Der Artillerieoffizier (A.O.) hatte seinen Kommandostand oberhalb der Brücke und war mit der Waffenzentrale (Abtlg. XIII) und den Rechenstellen (Abtlg. XII und Abtl. III) unter dem Panzerdeck verbunden. Ausgerüstet waren die einzelnen Stellen mit el. Rechenanzeigen, Übermittlungsgeräten und Telefonverbindungen zu den Waffenleitern und Waffen.

Folgende Geräte dienten der Artillerieführung:

Entfernungsmeßgeräte (E-Meßgeräte)
– 3 Basisgeräte 6,0 m (Ru-EM-Geräte) auf der Decke des Kommandostandes, auf dem Fockmast und auf dem achteren Leitstand.

– 2 E-Meßgeräte 3 m auf dem Flak-Leitstand am Fockmast.
– 4 tragbare E-Meßgeräte 1 m.

Erst ein Jahr nach der Indienststellung wurde auf dem achteren Leitstand, in Fahrtrichtung vor dem E-Meßgerät, der SL-1 Flak-Leitstand mit einem 3,0 m Entfernungsmeßgerät eingebaut. Dazu gehörten Ermittler für Zielhöhen- und Schußseitenrichtung (siehe Umbauten).

Befehls- und Meldeanlage (BuM-Anlage)
– Kommandoapparate
– Rudertelegraf und
– Hauptmaschinentelegraf. Beide auf der Friedenssteuerstelle Brücke vor dem gepanzerten Kommandostand und parallel in der Steuerstelle des gepanzerten Kommandostandes und in der Kommandozentrale. Im Rudermaschinenraum befand sich noch ein Reservesteuerstand. Die Ruderbetätigung erfolgte elektrisch über drei Druckknopfschalter. Dadurch entfiel das Rudergestänge.
– Lecktelegraf
– E-Telegraf
– Nebenmaschinen-Telegraf
– M- und K-Telegraf (Maschinen- und Kesseltelegraf)

Scheinwerfer
– 5 Parabolspiegel-Scheinwerfer mit folgender Aufstellung:
1 x auf Podest am Fockmast und je 2 x an den Ladepfosten an Bb.- und Stb.-Seite in Höhe des Schornsteines. Die Marine-Einheitsscheinwerfer hatten 110 cm Spiegeldurchmesser und eine vollautomatische Invert-Hochleistungsbogenlampe mit liegend angeordneten Kohlen als Lichtquelle.

Mutterrichtanlage (Kreiselanlage)
In Abtlg. XI mit mehreren Tochterkompassen und achtere Kreiselanlage in Abteilung III, die später mit einem Kreiselumformer für die 3,7 cm-Flak ergänzt wurde.

Flugzeugschleuder (Katapult) und Flugzeuge

Der Versailler Vertrag verbot die Verwendung von Bordflugzeugen. In den Bauplänen des Kreuzers war jedoch vorsorglich Platz für die spätere Montage eines Katapultes vorgesehen worden, auf dem das Bordflugzeug stationiert werden sollte. Der Einbau erfolgte schließlich um die Jahreswende 1934/35, siehe Umbauten.

Mineneinrichtung

Wie alle Leichten Kreuzer der Reichsmarine hatte auch die *Leipzig* Einrichtungen zur Aufnahme von 120 Minen. Diese bestanden aus Oberdeck-Gleisspuren auf dem achteren Steuerbord- und Backbordaußendeck mit Abwurframpen am Heck und wurden nur bei Bedarf an Bord genommen.

Anker und Festmacher-Einrichtungen

– 2 Buganker an Steuerbordseite, 1 Buganker an Backbordseite
– 1 Heckanker
– mehrere Rollentrommeln für Schleppleinen und Festmacher beidseitig auf dem Vor- und Achterschiff.

Beiboote und Kräne

Für den Verkehr vom Schiff zum Land und als Rettungsmittel besaß die *Leipzig* folgende Beiboote (alle mit Dieselmotor-Antrieb):
– 1 Barkasse
– 1 Verkehrsboot
– 1 Kommandantenboot
– 1 Admiralsboot (1936)
– 2 Jollen
– 2 Kutter (zehnriemig)
– 1 Dingi

Anmerkung: Die Boote standen in Bootsklampen auf dem Bootsdeck, die Kutter hingen in Davits.

Zum Aus- und Einsetzen der Boote waren zwei Ladepfosten mit Ausleger an Backbord- und Steuerbordseite in Höhe des Schornsteins auf dem Bootsdeck montiert. Zwei Backspieren dienten zum Festmachen der Boote im Hafen.

Anmerkung: Die Kranausrüstung wurde während der Indiensthaltung des Schiffes mehrmals verändert. Einzelheiten siehe Umbauten.

Munitionsbevorratung

Granaten, Kartuschen, Zünder und Patronen waren in gesonderten Räumen unter Panzerdeck gelagert. Diese sogenannten Granat- und Pulverkammern bzw. Patronenkammern waren in der Nähe der Turmbeladeräume und der Munitionsaufzüge angeordnet.
Im einzelnen konnten eingelagert werden:

15 cm:
Max. 1500 Chargierungen verschiedenartiger Granaten und die zugehörigen Hülsenkartuschen; z. Bsp.:
Sprenggranaten mit Kopfzünder (SprGrKZ)
Sprenggranaten mit Bodenzünder (SprGrBdZ)
Panzersprenggranaten (PSpr)
Leuchtgranaten (LGr)
Gewicht einer Granate = 45,5 kg
Gewicht einer Kartusche = 33,4 kg

8,8 cm:
Max. 800 Chargierungen von Sprenggranat- und Leuchtgranatpatronen. Gewicht einer Granatpatrone = 12,5 kg. Die Granatpatrone wurde auch als Einheitskartusche bezeichnet und bestand aus Granate und Kartusche mit Pulverladung.

3,7 cm:

Max. 8000 Sprenggranat- und Leuchtgranatpatronen.
Gewicht einer Granatpatrone = 1,5 kg

2,0 cm:

Max. 16.000 Leuchtspur-Sprenggranatpatronen und 400 Magazine.
Gewicht einer Geschoßpatrone = 0,32 kg
Gewicht Magazin mit 20 Schuß = 8,0 kg
Hinzu kamen Munition für die Übungs- und Bootskanonen, Abkomm- und Salut-Munition sowie Gewehr- und Maschinengewehrmunition.

Torpedos:

Torpedos 50 cm mit der Bezeichnung G 7v, Gerätbezeichnung 10 bzw. 11, waren in unterschiedlicher Anzahl an Bord.[9]
(Maximal 24 Stück)
Technische Angaben: Durchmesser = 500 mm
Länge mit Gefechtspistole = 7038 mm
Gewicht schußklarer Gefechtstorpedo = 1365 kg
Gewicht schußklarer Übungstorpedo = 1238 kg

Minen:

Minen waren normalerweise nicht an Bord bevorratet, sondern wurden direkt vor dem Einsatz übernommen und an Oberdeck gelagert. (Maximal 120 Minen.)

Der Sanitätsabschnitt

Im einzelnen gehörten dazu:
– Schiffslazarett im Zwischendeck Abtlg. XI mit Behandlungs- und Krankenraum mit Schlingerkojen.
– Operationsraum in Abtlg. XII des Zwischendecks
– Schiffsapotheke in Abtlg. XII
– Hauptgefechtsverbandsplatz unter Panzerdeck in Abtlg. XIII
– Sanitätsausrüstung für Landungskorps mit kompl. Operationsbesteck und Apotheke
Den Sanitätsabschnitt leitete der Schiffsarzt, immer ein Marinestabsarzt. Ihm unterstanden Portepee-Unteroffiziere, Sanitätsmaate und Sanitätsgasten.

Die Panzerung

Der Leichte Kreuzer *Leipzig* war mit Krupp-Nickelstahl gepanzert. Die Panzerstärken waren für die vorgesehenen Einsatzzwecke eben noch ausreichend, jedoch gegenüber den im gleichen Zeitraum gebauten Leichten Kreuzern Frankreichs und Großbritanniens schwächer ausgeführt, wie aus den Flottentaschenbüchern ersichtlich ist.[10] Die ausländischen Schiffe unterlagen allerdings auch nicht dem Versailler Vertrag und hatten somit auch eine höhere Tonnage.

Panzerstärken

Deck = 20 mm, Decksböschung = 25 mm, Deck Munitionskammern = 40 mm
Kommandoturm: Turmdecke = 100 mm, Vorderseite = 50 mm, restliche Seiten = 30 mm, Schacht zur Zentrale – 50 mm.
Wasserlinienpanzer: Von 35 bis 50 mm.
Schotten: 20 mm.
Geschütztürme: Turmdecke und Böschung = 20 mm, Querschild und Barbetten = 30 mm.
Die Panzerplatten auf Außenhaut und Deck waren genietet.
Gewicht der Panzerung (ohne Türme) = 774 t.

---

[9] Der Torpedo G7v war eine Weltkrieg-I-Entwicklung, der schließlich auf allen Schiffen der Kriegsmarine durch den modernen 53,3 cm Torpedo ersetzt wurde. Von den 53,3 cm Torpedos gab es zahlreiche Ausführungen, siehe dazu u.a. Rössler, Eberhard: *Die Torpedos der deutschen U-Boote*, Herford 1984.

[10] Zum Vergleich: *Leander*-Klasse (England): Deck 51, Kommandoturm 102, Wasserlinie 76, Artillerie 25 mm; *La Galissionaire*-Klasse (Frankreich): Deck 68, Kommandoturm 95, Wasserlinie 120, Artillerie 140 mm; diese Schiffe unterlagen allerdings auch nicht den Bedingungen des Versailler Vertrages!

Auf der Skizze des Hauptspantes ist der erstmals bei einem Kreuzerneubau verwendete »schräggestellte Seitenpanzer« und seine teilweise Abdeckung durch die wulstförmige Außenhaut gut erkennbar.

Farbgebung des Schiffes

Schiffsrumpf: Sogenanntes 96er Grau bis Höhe Oberdeck bzw. Backsdeck. Unterwasserschiff rot mit ca. 1 m breiten dunkelgrauen Streifen unterhalb der CWL.
Aufbauten: Hellgrau für Ober- und Backsdeckaufbauten, Türme, Schutzschilde, Schornsteinunterteil und Fockmast. Weiß für Schornstein-Oberteil.
Schwarz für Motorenabgas-Schornsteine und Masten, Sten-gen und Antennenspreizen oberhalb Schornstein.
Decks: Naturholzfarben für holzbeplankte Decks.
Decks der Aufbauten und Brücken, soweit mit Linoleum belegt, rotbraun. Metalldecks aus genopptem Blech in Farbe der entsprechenden Aufbauten.
Bugwappen: Gold für Wappenschild / Schwarz für den Löwen / Dunkelblau für die beiden senkrechten Streifen balken

Baukosten[11]

Gesamtkosten 38 Millionen Reichsmark. Darin enthalten u.a. drei Geschütztürme 15 cm mit je 1.241.082 RM, Summe 3.723.246 RM.

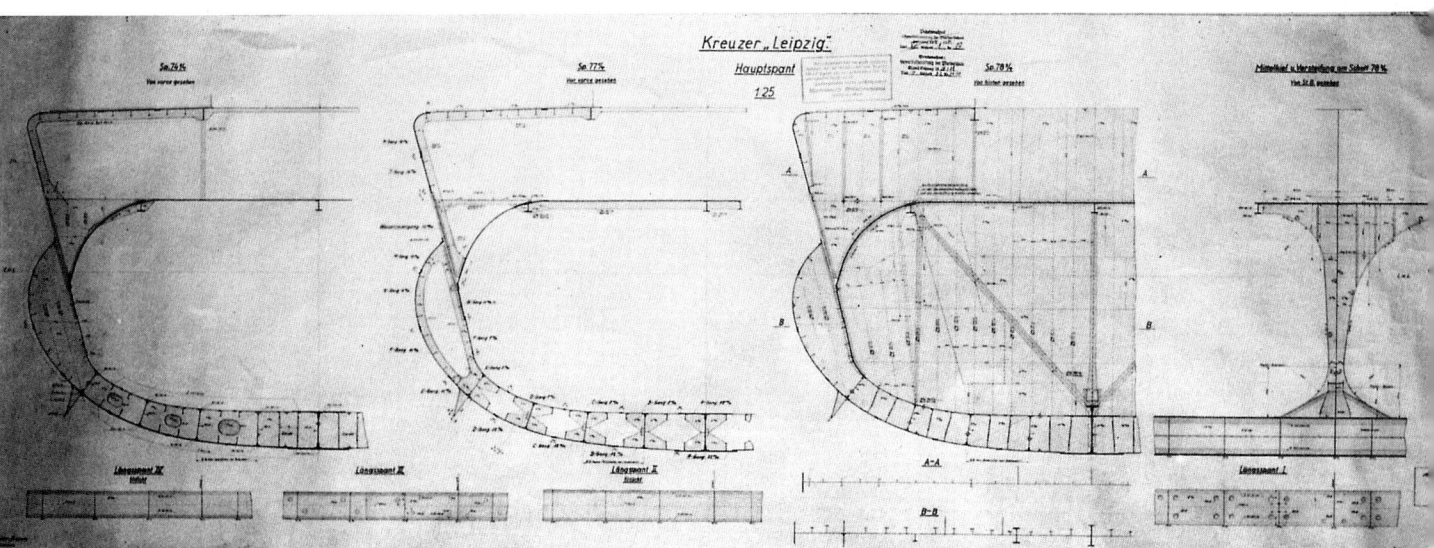

Schnitt durch den Hauptspant des Kreuzers *Leipzig.* Ungewöhnlich war die starke Rundung des Panzerdecks. Neu war auch der schräggestellte Seitenpanzer und seine teilweise Abdeckung durch die wulstförmige Außenhaut.

[11] Siehe dazu Gröner: *Die deutschen Kriegsschiffe 1815-1945,* Bd. I, S. 148, München 1982 und Zeitschrift Soldat und Technik 10/1990, Dipl.-Ing. Friedrich Barthel: *Deutsche Schiffsartillerie 1918-1945,* S. 740-746.

Flottenalltag in der Reichsmarine

Nach diesem »Ausflug« in die Schiffskunde und Schiffstechnik samt artilleristischer Ausrüstung kehren wir in das Alltagsgeschehen an Bord des Kreuzers *Leipzig* zurück. Dort erhielt die Mannschaft auf ihren Gefechts- und Arbeitsstationen das Rüstzeug für die künftigen Aufgaben des Schiffes. Im Einzel-, Gruppen- oder Divisionsunterricht wurde die Kenntnis der vorstehend beschriebenen Hauptdaten mit weiteren Einzelheiten und Vorschriften vertieft. Schließlich mußte »jedermann« praktisch »im Schlaf« auf seiner Station z.B. Ventile, Schnellverschlüsse, Schieber, Vorreiber usw. finden oder an der Waffe alle Verrichtungen, die sogenannten »Nummern«, kennen und können. Es war eine harte Zeit für alle, vom Kommandanten bis zum letzten Matrosen.

.Am 4. November 1931 steuerte die *Leipzig* erstmals jadeabwärts, zur Probefahrt in die Nordsee. Es folgte die erste Fernfahrt um Skagen herum nach Kiel bei zeitweilig starkem Nebel. In der Eckernförder Bucht erfolgte die obligatorische Meilenfahrt. Danach kam der Befehlshaber der Aufklärungsstreitkräfte zur Seeklarbesichtigung an Bord. Nunmehr war die *Leipzig* offiziell befähigt, offene Gewässer zu befahren. Zu diesem Zeitpunkt befand sich das Schiff noch immer im Erprobungsverhältnis und hatte auch noch Mitarbeiter der Werft an Bord.

Neben der nun beginnenden Schiffs- oder Bordroutine mußte der Kreuzer zur Behebung von kleinen Mängeln noch vereinzelt die Werft aufsuchen. Auch Ausrüstungen, die noch fehlten, wie z.B. das Entfernungsmeßgerät für den achteren Artillerieleitstand, kamen erst in dieser Zeit an Bord. Im Dezember 1931 erfolgte das »Anschießen« der Geschütze.

Sehen wir uns doch einmal den »normalen Dienstbetrieb« an Bord etwas näher an. Im Befehlsbuch des Ersten Offiziers (I.O.) war der Tagesdienstplan auf die Minute wie folgt festgelegt: Nach dem Wecken und dem Frühstück der Mannschaft war »Reinschiff« angesagt. Danach fanden täglich »Musterungen« statt, bei denen Befehle und der Dienst angesagt wurde. Meldungen, Gesuche und Beschwerden sollten hier auch vorgebracht werden. Während der Musterung wurden Anzug, Haltung und, wenn befohlen, auch einzelne Uniformstücke bei jedem einzelnen eingehend gemustert. Die Musterung wurde von den Divisionsoffizieren (D.O.) durchgeführt, die danach dem I.O. Meldung erstatteten.

An die Musterung schloß sich der »militärische Dienst« an, es sei denn, daß »Arbeitsdienst« angesagt war.

Zum militärischen Dienst zählte der »Gefechtsdienst«, d.h. die seemännische Besatzung übte an den Waffen, das technische Personal an Maschinen, Kesseln und in der Lecksicherung. Die Signalgasten hatten Brückendienst, Signalisieren, Morsen und Winkern, die Funkgasten übten an ihren Funkgeräten und die Sanitätsgasten wurden unter Leitung des Schiffsarztes in ihre Tätigkeiten eingewiesen.

Ebenfalls als »militärischer Dienst« wurden Bootsdienst, Seemannschaft, Sport und Dienstunterricht bezeichnet. Sonderfall war der »Zeugdienst«, bei dem der Soldat sein Zeug, also Uniformen, Kleidungsstücke usw., reinigte und in Ordnung brachte.

Am Nachmittag stand militärischer Dienst oder Unterricht an, am Abend dann »Backen und Banken«.

Der weitere Verlauf der Ausbildung an Bord entsprach den Vorgaben der Marineleitung für die Schiffe der Reichsmarine.[1]

Danach wurde das erste Jahr nach Übernahme der Rekruten als Ausbildungsjahr bezeichnet. In diesem fanden die Fahr- und Schießübungen statt, die sowohl in der Nord- als auch in der Ostsee abgehalten wurden. In diesem Jahr wurden Schiff

---

1 Siehe Erich Raeder: *Mein Leben* Bd. 1, S. 239, Tübingen 1956.

Aussehen des Kreuzers *Leipzig* wenige Monate nach der Indienststellung, hier am 9.5.1932 in Wilhelmshaven. Noch fehlt der achtere Flak-Leitstand SL-1.

und Besatzung zu einem einheitlichen Ganzen. Im zweiten Jahr, dem Manöverjahr, mußten Schiff und Besatzung dann ihre im Ausbildungsjahr erworbenen Kenntnisse unter erhöhten Anforderungen wie Verbandsübungen, Gefechtsschießen usw. unter Beweis stellen.

Soweit aber war es noch nicht. Der Kreuzer *Leipzig* befand sich 1932 noch im Ausbildungsjahr, und an Bord lief alles in vorgezeichnen Bahnen und Ausbildungsabschnitten – im Unterschied zur politischen und wirtschaftlichen Entwicklung in Deutschland. Es war die Zeit der Notverordnungen unter Reichskanzler Brüning, und das Jahr, in der die Reichskanzler gleich mehrmals wechselten. So regierten 1932 nacheinander die Kanzler Brüning (9.10.31 bis 30.5.32), von Papen (1.6.32 bis 17.11.32) und von Schleicher (3.12.32 bis 29.1.33).[2]

Steigende Arbeitslosigkeit im Land sowie die Reichspräsidentenwahl mit dem Votum für Paul von Hindenburg mit 19,4 Mio. Stimmen gegen 13,4 Mio. für Hitler und Papens »Kabinett der Barone« bildeten den politischen Hintergrund, vor dem die Reichsmarine und mit ihr der neue Kreuzer *Leip-*

zig den Dienst für die Weimarer Republik leisteten, weitgehend unberührt von den geschilderten Ereignissen. Daß dies so war, verdankte die Marine dem seit 1928 amtierenden Reichswehrminister Generaloberst a.D. Groener und dem Chef der Marineleitung Admiral Raeder. Dazu schrieb Rahn[3]:

»Darüber hinaus war Groener nicht irgendein Minister einer kurzlebigen Regierung, sondern die Struktur des Regierungssystems gab ihm als parteilosen Fachminister eine starke Position innerhalb der verschiedenen Kabinette, da er sich bis 1930 auf das besondere Vertrauen des Reichspräsidenten v. Hindenburg abstützen konnte. Die Marine mußte also seine langfristig angelegte sicherheitspolitische Konzeption für die Reichswehr akzeptieren, zumal Groener gerade bei der Liquidierung der Lohmann-Affäre und bei der Durchsetzung des Panzerschiffbaues gezeigt hatte, wie abhängig letztlich die Reichsmarine vom Reichswehrminister war. Dies galt insbesondere auch für die wichtigsten Personalentscheidungen innerhalb der Marine.«

Über den Zeitabschnitt 1932/33 äußerte Raeder[4]

»Nun mußte sich in der unruhevollen Übergangszeit 1932 bis 1933 zeigen, ob die Marine in sich so gefestigt war, daß die innerpolitischen Auseinandersetzungen nicht Eingang in ihre Reihen fanden

---

[2] Siehe Lehmann, Hans: *Die Weimarer Republik, Darstellung und Dokumente*, S. 89, München 1960.
Von Schleicher wurde beim Röhmputsch 1934 liquidiert.

[3] Siehe Werner Rahn: *Die deutsche Flotte im Spannungsfeld der Politik 1848-1985; Kapitel Kriegführung, Politik und Krisen – Die Marine des Deutschen Reiches 1914-1933*, S. 99, Herford 1985
[4] Siehe Erich Raeder: *Mein Leben* Bd. 1, S. 279, Tübingen 1956.

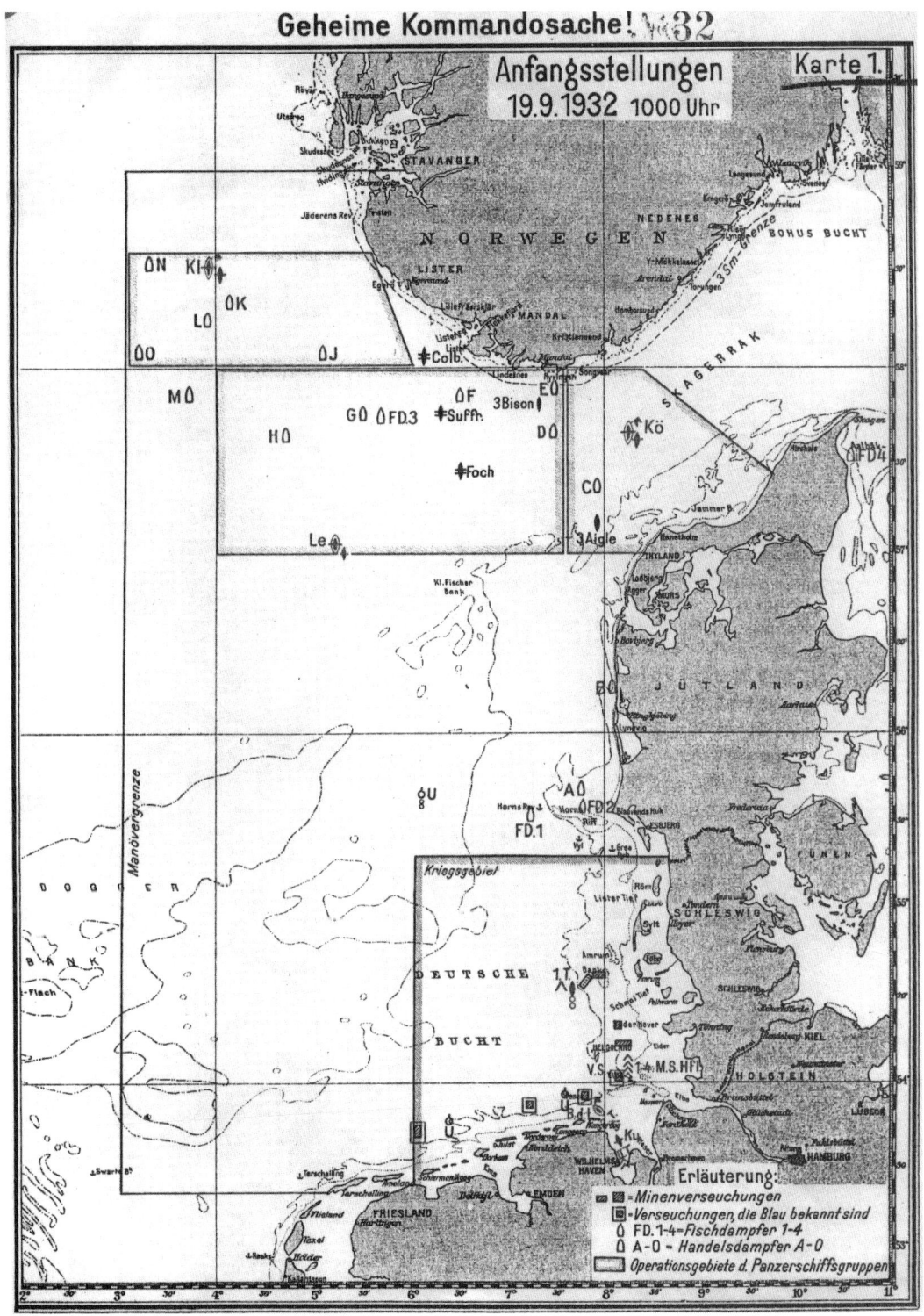

Herbstmanöver 1932,
Anfangsstellung
19.9.1932, 10.00 Uhr.
(BA-MA, RM 20/932)

L. Kräfteverteilung

Blau

Parteiführer zugl. Flottenchef u. Führer d. I. Panzerſch. Gr.

A. Flotte

1. Panzerſchiffsgruppen

		Dargestellt durch:
I. Gruppe:	1 Panzerſchiff und »Köln«	»Köln«
	Führer: Flottenchef.	
II. Gruppe:	1 Panzerſchiff und »Königsberg«	»Königsberg«
	Führer: B. d. A.	
III. Gruppe:	1 Panzerſchiff und »Leipzig«	»Leipzig«
	Führer: Kmdt. »Leipzig«.	

2. Linienſchiffe

B. d. L.: Kommandant »Schleswig-Holſtein«.

»Schleswig-Holſtein«
»Schleſien«

»Schleswig-Holſtein«

3. Torpedobootsſtreitkräfte

F. d. T.: Chef I. Torpedobootsflottille.

»Karlsruhe«			T 196
I. Torp. Flottille	1. Torp. Halbflottille		T 151, 158, 155
	2. » »		T 156, 153
II. »	» 3. » »		»Albatros«, »Falke«, T 23
	4. » »		»Kondor«, »Möwe«

4. Minenſuchſtreitkräfte

F. d. M.: Chef 1. Minenſuchhalbflottille.

1. Minenſuchhalbflottille		M 146, 126, 129
2. » »		M 132, 109, 111
3. » »		»Delphin«, »Nautilus«
4. » »		»Fuchs«, »Frauenlob«
V. S.-Verband der Nordsee		»Weser«

5. Hilfskriegsſchiffe

Minenleger »Roland« und »Preußen«	»Meteor«
»Hanſeſtadt Danzig« und »Cobra«	»Grille«
Fiſchdampfer 1 bis 4	4 Fiſchdampfer

6. Luftſtreitkräfte

Fluggruppenkommandeur I in Liſt mit
    Beobachtungsſtaffel 1 und 2
    Mehrzweckeſtaffel 1.

Fluggruppenkommandeur II in Norderney mit
    Fernaufklärerſtaffel 1
    Sturzbomberſtaffel 1

Fluggruppenkommandeur III in Wilhelmshaven mit 9 Jagdflugzeugen

Ferner je 2 Beobachtungsflugzeuge auf den Panzerſchiffen und Kreuzern
    der K-Klaſſe und »Leipzig«

nicht
dargeſtellt

und sie die ihr zukommende unabhängige Stellung bewahren würde. Dies ist ohne Einschränkung gelungen. Ich habe immer wieder darauf hingewiesen, daß wir allen Anlaß hätten, der politischen Entwicklung im Vertrauen auf unseren obersten Befehlshaber, den Reichspräsidenten von Hindenburg, entgegenzusehen.«

Aus heutiger Sicht irrte sich Raeder. Aber zurück zur *Leipzig*. Im Ausbildungsjahr 1932 fanden folgende besonders erwähnenswerte Ereignisse statt:
– Probefahrten in tiefem Wasser bei Pillau vom 14. bis 18.2.
– Besuch Swinemünde am 26.2.
– Überholungsarbeiten und neue Probefahrten in der Nordsee im März und April
– Motorenerprobungen am 9. und 10. Mai
– Neubauausschuß für Kreuzer (N.A.d.K.) an Bord am 13./14. Juni
Motorendauererprobung (72 Std.) Belt-Skagen-Wilhelmshaven vom 7. bis 10. Juli
– Flottenartillerieschießen vom 2. bis 12.8.1932, einschließlich Kaliberschießen auf Fernlenkzielschiff gemeinsam mit den Linienschiffen *Schleswig-Holstein*, *Schlesien*, *Hessen* und den Leichten Kreuzern *Emden*, *Königsberg* und *Köln*
– Flottentorpedoschießen vom 16. bis 19.8.1932 und vom 22. bis 26.8.1932.
In die genannten Zeiträume fielen auch kurze Werftaufenthalte.

Für das Schiff und seine Mannschaft aber war das herausragendste Ereignis die Übernahme des neuesten Kreuzers der Reichsmarine in den Verband der Aufklärungsstreitkräfte mit Wirkung vom 18. August 1932. Das taktische Rufzeichen für den Kreuzer *Leipzig* hieß fortan LE (Lucie Emil).
Dem Befehlshaber der Aufklärungsstreitkräfte (B.d.A.), Konteradmiral Kolbe, unterstanden damit folgende Schiffe:
* Kreuzer *Königsberg* (Flaggschiff B.d.A.)
(Pflegt die Überlieferung für die I. Aufklärungsgruppe)
Kommandant: Fregattenkapitän v. Schrader; I.O.: Korvettenkapitän Lohmann.

Kräfteverteilung der »Blauen«-Partei
beim Herbstmanöver 1932
(BA-MA RM 20/932)

* Kreuzer *Emden*
(Pflegt die Überlieferung für das Kreuzergeschwader und IV. Geschwader)
Kommandant: Fregattenkapitän Graßmann; I.O.: Korvettenkapitän Wurmbach
* Kreuzer *Leipzig*
(Pflegt die Überlieferung für das Kreuzergeschwader)
Kommandant: Kapitän zur See Stobwasser; I.O.: Korvettenkapitän Loycke.
Die leichten Kreuzer *Karlsruhe* und *Köln* standen unter dem Kommando der Inspektion des Bildungswesens der Marine, Inspekteur: Konteradmiral Schultze.[5]
Die erste Bewährungsprobe der *Leipzig* im Verband der Aufklärungsstreitkräfte brachte das Herbstmanöver 1932 vom 6. bis 22.9.1932 in der Nordsee. Noch vor dessen Beginn besuchte der Leipziger Oberbürgermeister Dr. Goerdeler das Patenschiff und hielt sich vom 3. bis 5.9.[6] 1932 an Bord der *Leipzig* auf. Kaum war der hohe Gast von Bord, machte der Kreuzer klar zum Herbstmanöver. Im Rahmen der gestellten Manöverbedingungen gehörte die *Leipzig* zu »Blau« und bezog bei Beginn des Kernmanövers am 19.9.1932 die vorgesehene Position in der Nordsee vor dem Eingang zum Skagerrak (siehe Kasten und Karte).

---

[5] Angaben entnommen aus Güth, Rolf: *Die Marine des Deutschen Reiches, 1919-1939*, S. 142f., Flottengliederung Ende 1932 auf der Grundlage der Rangliste der Reichsmarine Stand 4.11.1932, München 1972.

Anmerkung: Zur Traditionspflege hatte der Kreuzer an der Vorderkante der Kommandobrücke eine Traditionstafel erhalten mit folgender Aufschrift:

	S.M. Kreuzerfregatte *Leipzig*	
S.M.S. *Leipzig*	1875-1893	S.M.S. *Leipzig*
1.XI.1914	Lüderitzbucht 7.VIII.1884	8.XII.1914
Coronel	Ostafrika 1880	Falkland
	Valparaiso 1890	

---

[6] Dr. Karl Friedrich Goerdeler 31.7.1884-2.2.1945, Politiker; 1930-1937 Oberbürgermeister von Leipzig. Mit Generaloberst Beck geistiger Führer der konservativen Widerstandsbewegung gegen Hitler. Nach dem Attentat vom 20. Juli 1944 verurteilt und hingerichtet.

7.   Blau. Über die Durchführung des Handelsschutzes sagte der von der Seekriegsleitung Blau, dargestellt durch die Manöverleitung, gegebene Operationsbefehl folgendes:

»Die Aufgabe des Schutzes der Schiffahrt ist offensiv zu lösen durch Aufsuchen und Vernichten der feindlichen Handelszerstörer. Beim Eingreifen von feindlichen Linienschiffen ist das Operationsziel die Vernichtung dieser das Rückgrat der feindlichen Kriegführung bildenden Schiffe.«

Außerdem erhielt Blau von der Manöverleitung folgende Anordnung für Gliederung seiner Streitkräfte:

Panzerschiffe und Kreuzer in 3 Gruppen zu je 1 Panzerschiff und 1 Kreuzer, dargestellt durch die Kreuzer »Königsberg«, »Köln« und »Leipzig«, sollen auf die gelben Handelszerstörer operieren. Alle übrigen Seestreitkräfte sowie die Luftstreitkräfte sind dem 2. A. d. N. zuzuteilen, dem die Sicherung der Deutschen Bucht und der die Deutsche Bucht ansteuernden Handelsschiffe, sowie die Luftaufklärung für die Nordseekriegführung obliegen. Zwei als neutral getarnte Fischdampfer sind als Aufklärer in das Seegebiet südlich Norwegen vorzuschieben, zwei weitere Fischdampfer bei Hornsriff zur Empfangnahme einlaufender Handelsschiffe aufzustellen.

12.   Blau. Die Anfangsstellungen der blauen Panzerschiffsgruppen wurden durch die Manöverleitung befohlen. Der Flottenchef hatte jeder Gruppe Tätigkeitsgebiete für Handelsschutz zugewiesen und beabsichtigte, dem O-Befehl entsprechend, bei Eingang von Meldungen über Sichten feindlicher Streitkräfte die Panzerschiffsgruppen zum Eintreffen und zur Vernichtung der gemeldeten Streitkräfte zusammenzuziehen. Er glaubte ferner mit Recht, zur Lösung seiner Aufgabe in erster Linie auf Flugzeugmeldungen angewiesen zu sein, und hatte infolgedessen sowohl seine eigenen Bordflugzeuge als auch die Flugzeuge von List auf das fragliche Seegebiet angesetzt. Die Nähe seiner Flughäfen kam ihm hierbei zugute, da er die Bordflugzeuge, deren Wiederanbordnahme auch für ihn wegen der Wetterlage nicht möglich war, dorthin zurückkehren lassen konnte.

13.   Bei Manöverbeginn fehlen dem blauen Flottenchef zunächst Nachrichten über Standort und Tätigkeit der gelben Handelszerstörer. Gegen Mittag erreicht ihn als erstes Ergebnis der Luftaufklärung ein Funkspruch der Manöverleitung über Standort des Kreuzers »Suffren«, dargestellt durch »Luchs«. Er läßt daraufhin die 3 Panzerschiffsgruppen mit Höchstfahrt gegen die Sichtungsstelle vorstoßen. Nach 1½ Stunden bekommt die Gruppe »Leipzig« den gemeldeten Kreuzer in Sicht, der sofort von der Untersuchung eines Dampfers abläßt und mit Höchstfahrt vor der See nach Osten zu entkommen sucht. Hierbei läuft er der Gruppe »Königsberg« in die Arme und wird nach längerem, auf südöstlichen Kursen geführtem Gefecht durch das konzentrische Feuer der beiden Panzerschiffsgruppen vernichtet.

Die Gruppe »Köln« konnte wegen der von vornherein zu großen Entfernung in die Entscheidung nicht mehr eingreifen.

Das Gefecht gab ein gutes Bild von dem Zusammenwirken zweier aus verschiedenen Richtungen und aus großen Entfernungen operierender Schiffe. Der blaue Erfolg wurde allerdings durch Kriegsglück und Wetterlage wesentlich begünstigt, da »Luchs« seine überlegene Geschwindigkeit als 10 000 t-Kreuzer nicht ausnutzen konnte, ziemlich genau auf der Verbindungslinie der beiden Gruppen stand und, in der Wahl des Ablaufkurses von der See abhängig, dem zweiten Gegner recht in die Arme lief.

16.   Für die Nacht befahl der Parteiführer Blau, daß die Panzerschiffe nach Westen in die freie See abstehen, während die zugeteilten Kreuzer in ihren Tätigkeitsgebieten weiter Handelsschutz ausüben sollten. Dem 2. A. d. N., dem die Leitung der Handelsschiffahrt übertragen war, wurde mitgeteilt, daß der Weg durch das Skagerrak während der Nacht für die Handelsschiffahrt gefährlich sei.

Die Frage, wieweit nachts in einem größeren Seegebiet, wie es schon der Raum zwischen Südnorwegen und Jütland darstellt, überhaupt wirkungsvoll Handelskrieg ausgeübt werden kann, bedarf noch weiterer Klärung. Für entschlossene Dampferführer, die sich nicht scheuen, abgeblendet oder stark verdunkelt zu fahren, wird das Überqueren des Skagerraks in der Nacht kaum gefährlicher sein als am Tage. Ebenso kann es für Dampfer von Schottland in Frage kommen, den Umweg über Norwegen und das Skagerrak zu vermeiden und unmittelbar die jütische Küste anzusteuern, wenn das Skagerrak gefährdet ist. Eine solche Umlegung des Dampferweges wollte der Parteiführer Blau durch seine Mitteilung an den 2. A. d. N. wohl erreichen. Diese Form der negativen Befehlsgebung, die sich darauf beschränkt, vor gefährdeten Seegebieten zu warnen und nicht neue Handelswege zu befehlen, wird bei Weitergabe an die Handelsschiffahrt notwendig, da Funkanweisungen insbesondere an neutrale Schiffe voraussichtlich im offenen Text abgegeben werden müssen und damit dem Feinde ebenfalls bekannt werden.

Auszug
aus den Operationsplänen
für die »Blaue«-Partei
beim Herbstmanöver 1932.
(BA-MA RM 20/932)

Das Manöver sah folgende Ausgangslage vor:
Deutschland (Blau) befindet sich seit zwei Wochen im Krieg mit Polen (Rot) und Frankreich (Gelb). Die Seeherrschaft in der Ostsee liegt fest in der Hand von »Blau«. In der Erkenntnis, daß die Zufuhr über See für »Blau« lebenswichtig ist, führt »Gelb« seit Kriegsbeginn Handelskrieg gegen »Blau« in der Nordsee.

»Blau« hat seinen über die Nordsee kommenden Seeverkehr in die Linie Schottland-Norwegen verlegt, um ihn von den feindlichen Stützpunkten möglichst weit abzusetzen, und hofft außerdem, daß dort die Verwendung der weit überlegenen Luftstreitkräfte von »Gelb« nur beschränkt möglich ist. (Operationspläne siehe.....)

Das Manöver begann am 19. September 1932 um 10.00 Uhr. Die befohlenen Ausgangsstellungen (siehe Karte) konnten aufgrund der Wetterlage zum Teil erst verspätet eingenommen werden. Ein anschauliches Bild von den Ereignissen in der nördlichen Nordsee, soweit sie den Kreuzer *Leipzig* direkt betrafen, vermitteln die Archivalien.

Im Manöver hatte die *Leipzig* bewiesen, daß sie eine der vielen, den Kreuzern der Reichsmarine zugedachten Aufgaben, nämlich »Sichern und Geleiten von Transportern und Handelsschiffen«, durchführen konnte. Zu den weiteren Aufgaben der Kreuzer gehörten aus damaliger Sicht:

Im Flottenverband:
– Vorhut und oder Fühlungshalter, dabei waren Sehen und Melden die Hauptsache, Kampf nebensächlich und nur wenn zur Durchführung der Aufgabe erforderlich.
– Seitensicherung für Linienschiffe.
– Flaggschiff für den Führer der Torpedoboote (F.d.T.), um die Torpedoboote an den Feind heranzuführen und diese mit der größeren Feuerkraft zu unterstützen.
– Sicherung von Minenleg- oder Suchverbänden.

Im Alleinauftrag:
– Handelsstörer, d.h. Handelskrieg führen.
– Handelsschutz, d.h. Geleitaufgaben.

– Flagge zeigen im Ausland.
Bevor diese Aufgaben im Manöverjahr 1933 geübt werden konnten, verzeichnete man an Bord der *Leipzig* gegen Ende 1932 noch folgende Ereignisse:
24.-27.9.: Besuch einer Abordnung in der Patenstadt Leipzig, siehe Zeitungsausriß.
14.-17.11.: Maschinenerprobung und Meilenfahrt vom 21.-23.11..
28.11.-3.12.: Erprobungen des AVKS (Artillerieversuchskommandos), anschl. Abkomm- und Kaliberschießen in der Deutschen Bucht und Aufbau des SL 1-Flak-Leitstandes mit einem 3 m Basis-Gerät (E-Meßgerät) auf dem Achterer Artillerieleitstand. Dieser SL 1-Leitstand ist das erste Glied in der Entwicklung stabilisierter Feuerleit-Anlagen.

Das Jahr 1933 war für den Kreuzer *Leipzig* das sogenannte »Manöverjahr«, in dem viele der vorher genannten Kreuzeraufgaben geübt wurden. Es begann mit der ersten Übungsreise des Schiffes in den Atlantik vom 21.2.-15.3.1933.. Dabei wurden Madeira und Las Palmas angelaufen. Der Flottenverband verließ die Heimat am 30. Januar 1933, dem Tag des Regierungsantritt (die sogenannte *Machtergreifung*) der Koalition aus NSDAP und DNVP.

Für den Kreuzer *Leipzig* standen nach Rückkehr in die Heimat noch weitere Auslandsbesuche, aber auch weitere Ausbildungs- und Manöverteile auf dem Programm:
* 16.3.-18.3.1933: Feierliche Flaggenparade mit neuer Reichskriegsflagge (ohne schwarz-rot-goldene Gösch)
* 22.-23.5.: Reichskanzler Hitler, Vizekanzler v. Papen, Göring, Raeder mit Stab, Reichswehrminister, Goebbels und Flottenchef mit Stab an Bord zu einer Nachtübung.
* 12.-18.6.: Übung in der Nordsee gemeinsam mit den beiden Linienschiffen *Schlesien, Schleswig-Holstein* und *Hessen*. Abkomm- und Kaliberschießen.
* 23.-26.6.: Besuch der finnischen Stadt Hangö. Das Wettrudern gewinnen die Finnen.
* 24.7.-8.8.: Sommerreise nach Dänemark, Schweden und Norwegen im Flottenverband. Dabei war beim Besuch von Aarhus der dänische König Christian X. Gast auf dem Schiff. Er stolperte dabei über die gut verlegten »Schweinsrücken«.

Matroſen in der Stadt

Beſuch der Kreuzerabordnung im „Zoo“

Der Sonntag war ein anstrengender Tag für die Abordnung des Kreuzers „Leipzig“ geweſen. Sie hatte erfahren müſſen, daß es nicht immer ſo leicht iſt, „Patenkind“ zu ſpielen, denn die Leipziger Patenonkels und -tanten waren ſehr neugierig, wollten viel wiſſen von den Marineleuten, und immer ſollten ſie erzählen. Daneben ſollten ſie ſich aber auch am Feſtabend im Zoo den Leipzigerinnen widmen und mußten gar fleißig tanzen. Am Montag war dafür der Dienst weniger anſtrengend. Bei einer Beſichtigung des Stadtgeſchichtlichen Muſeums gab es eine Einführung in die Vergangenheit der Patenstadt. Dann konnten die blauen Jungen nach Wahl durch die Stadt bummeln, wobei ihnen Leipziger Bürger eifrig halfen, Leipzig auch gründlich kennenzulernen. Am Mittag waren ſie zu Gaſt bei ihren Kameraden von der Reichswehr und am Nachmittag ging die Beſatzung mit ihrem Kommandanten nach dem Leipziger Zoo, um vor allen Dingen die berühmte Raubtierzucht Leipzigs kennenzulernen. Mit Muſik wurde die Abordnung des Kreuzers „Leipzig“ empfangen, und ſofort gab es eine rieſige Ueberraſchung.

Oben:
Die Gäſte befreunden sich mit den jungen Leipziger Wappentieren. Im Vordergrund sitz.: Dr. Gebbing.
Links:
Der Kommandant Kapitän z. S. Stobwasser mit dem für den Kreuzer bestimmten Löwen.

Vor dem Dreſſur-Pavillon überreichte, umringt von einer rieſigen Menſchenmenge, Dr. Gebbing den Gäſten das Patengeſchenk des Leipziger Zoos, einen Blumenkorb mit — — einem jungen Berberlöwen.

Kapitän zur See Stobwaſſer nahm das Löwenbaby auf den Arm, der dieſe Uebergabe mit energiſchem Gebrüll quittierte. Der junge Löwe ſoll fortan auf die „Leipzig“ überſiedeln und ihm Schutzpatron darſtellen. wächst er aus den „Kinderſchuhen“ heraus, will ihn Dr. Gebbing durch friſchen Nachwuchs erſetzen. Dann bekam die Mannſchaft je einen jungen Löwen auf den Arm und bewunderte die Dompteuſe, die mit den Raubtieren umging wie mit friedlichen Hausgenoſſen. „Ein mutiges Mädchen“, meinten anerkennend die blauen Jungen und zu rechten Jungen wurden ſie im Tierkindergarten. Offiziere und Mannſchaften waren begeiſtert von dieſem Beſuch im Zoo. Für die Schiffsbücherei wurde noch die Jubiläumsſchrift des Leipziger Zoo überreicht, die ſicherlich oft an den ſchönen Nachmittag erinnern wird.

Am Abend machten die Gäſte im Neuen Theater die Bekanntſchaft der „Banditen“ von Offenbach, die ihre luſtigen Streiche und zeitgemäßen Weisheiten vor den vielen blauen Jungens im feſtlich erleuchteten Hauſe doppelt gern ſpielten. Dabei traf Alfred Schlageter in liebenswürdiger Improviſation genau das, was alle Leipziger der Beſatzung ihres Patenſchiffes zum Abſchied ſagen möchten:

„Ach, wir freu'n uns heut' zu ſehr,
Als Gaſt in dieſem Haus zu ſeh'n
Eine Abordnung vom Meer:
Die Mannſchaft und den Kapitän.
Möge doch bei gutem Wind
Und bei ſtürm'ſchen Wellenritten
Denken Leipzigs Patenkind
Gern zurück an die „Banditen“ . . .
Gott, wie machen wir es doch,
Ihr Verehrten und Famoſen,
Daß uns bleibe noch und noch
Treu „die Liebe der Matroſen“? —
Augenblick, wir wollen ſchnell mal überlegen,
Augenblick, Sie haben doch wohl nichts dagegen,
Augenblick, man ſoll ſich nicht umſonſt erregen,
Augenblick . . .
Mein Gott, was ſoll ich mir das Hirn verrenken,
Ihr werdet irgendwie doch immer an uns denken,
Denn irgendwie ſteht Eurem Herzen immer nah'
Eure ſchöne Patenstadt, die Lipſia!“

Heute, Dienstagmorgen, 6.47 Uhr, reiſt die Abordnung des Kreuzers „Leipzig“ wieder nach Hamburg.

Besuch der Kreuzer-*Leipzig*-Abordnung im Zoo der Patenstadt am 26. September 1932.
(WGAZ Mürwik)

Die angetretenen Divisionen »grinsten verhalten«, so berichtet ein Teilnehmer.

* 14.-20.8.: Flotten-Torpedoschießen vor Wismar, gemeinsam mit den Linienschiffen *Schleswig-Holstein, Schlesien, Hessen* und dem Kreuzer *Königsberg* sowie der I. und II. Torpedobootsflottille.

* 11.-22.9.: Herbstmanöver. Hier hatte der Chef der Marineleitung, Admiral Raeder, seine Flagge auf der *Leipzig* gesetzt.

* 22.9.: Teilnahme an der Abschiedsparade für den scheidenden Flottenchef Vizeadmiral Gladisch zusammen mit den Linienschiffen *Schleswig-Holstein, Schlesien, Hessen*, dem Kreuzer *Königsberg* sowie der I. und II. T-Flottille.[7]

Nach Kommandantenwechsel und Übungen in der Ostsee ging das Schiff in die Marinewerft Wilhelmshaven und erfuhr dort auch folgende Modernisierungen:

– Austausch der 2 x 3,7 cm Einzel-Flak gegen 8 x 3,7 cm L/80 C/30 in Doppellafette C/30, dem ersten dreiachsigen Geschütz in der Reichsmarine.

Der Kreuzer *Leipzig* veränderte dadurch seine Silhouette und zeigt sich so erstmals im Ausland beim Besuch von Kristiansand am 26.4.1934. Als weiterer ausländischer Hafen wurde am 21.6.1934 Stavanger angelaufen, bevor die *Leipzig* gemeinsam mit der *Königsberg* zum Besuch des britischen Kriegshafens Portsmouth auslief. Es handelte sich um den ersten Besuch eines englischen Hafens durch deutsche Kriegsschiffe nach dem I. Weltkrieg. Die beiden Schiffe standen unter dem Kommando des B.d.A. (Befehlshaber der Aufklärungsstreitkräfte), Konteradmiral Kolbe. Der Besuch wurde für Deutsche und Briten zu einem nachhaltigen Erlebnis. Dies beweist u.a. die Tatsache, daß Jahrzehnte später (die *Leipzig* lag längst auf dem Meeresgrund) englische Familien an die Kreuzer-*Leipzig*-Gemeinschaft schrieben und nach Freunden aus der damaligen Zeit forschten.[8]

Weitere Ereignisse des Jahres 1934 waren:

* 7.-16.5.: Verbandsübung in der Ostsee mit den Linienschiffen *Schleswig-Holstein, Schlesien, Hessen*, dem Panzerschiff *Deutschland*, den Kreuzern *Köln* und *Königsberg* zusammen mit der I. und II. T-Flottille.

* 26.-29.7.: Besuch von Reykjavik. Bei Landausflügen wur-

Der neueste Kreuzer der Reichsmarine bei der Flottenschau in Swinemünde 1933. Mit dabei das Maskottchen des Schiffes, das Löwenjunge »Simba«, welches dem Schiff beim Besuch einer Abordnung 1932 in Leipzig vom dortigen Zoo geschenkt worden war.

---

[7] Vizeadmiral Walter Gladisch, Crew 98, formte die Reichsmarine von einer Küsten- zur Hochseemarine und mußte im Herbst 1933 aufgrund von Äußerungen über Nationalsozialisten auf Wunsch von Admiral Raeder gehen. Verstorben am 23.3.1954. Weitere Einzelheiten siehe Witthöft, Hans-Jügen: *Lexikon zur deutschen Marinegeschichte*, Bd. 1, S. 112, Herford 1977.

[8] Kreuzer-*Leipzig*-Gemeinschaft, Obmann Karl-Heinz Wittneben, vorher Paul Herzog. An letzteren schrieb 1983 Mrs. G. R. Brown aus Gosport in Hampshire u.a.: »*Ich suche das ehem. Leipzig-Besatzungsmitglied Maximilian Schmid, das während des Besuches 1934 Gast unserer Familie war...*«

Aussehen des Kreuzers *Leipzig* Ende 1933. Gut zu erkennen der neue Flak-Leitstand SL-1, auch Wackeltopf genannt.

den die mitgenommenen Konservendosen (Erbsen und Boh-nen) in den heißen Quellen aufgewärmt, wie ein Teilnehmer berichtete.

* 2.8.: Tod des Reichspräsidenten Paul von Hindenburg und Übernahme des Oberbefehls über die Reichswehr durch Hit-ler.

Damit wurde Hitler mit einer uneingeschränkten Machtfülle ausgestattet. Er war nunmehr Staatsoberhaupt und Oberbe-fehlshaber der Reichswehr, die nur wenige Stunden nach Hindenburgs Tod folgenden neuen Eid leistete:

> »Ich schwöre bei Gott diesen heiligen Eid, daß ich dem Führer des deutschen Reiches und Volkes, Adolf Hitler, dem Oberbefehlshaber der Wehrmacht, unbedingten Gehorsam leisten und als tapferer Sol-dat bereit sein will, jederzeit für diesen Eid mein Leben einzuset-zen.«

Vorausgegangen war eine »Säuberungswelle« innerhalb der SA, bekannt geworden als Röhm-Putsch am 30.6.1934.

Dabei wurde auch der frühere General Schleicher, Verfech-ter des Umbauplanes der Marine, liquidiert.

Weitere Ereignisse an Bord der *Leipzig:*

* 6.-8.8.1934: Flottenübung mit Torpedo- und Artillerie-schießübungen, gemeinsam mit den Linienschiffen *Schles-wig-Holstein, Schlesien, Hessen* sowie den Kreuzern *Königsberg* und *Köln.*

* 28.8.: Nachmittags Flottenparade in folgender Reihenfolge:

Kreuzer *Königsberg*

Leipzig

Köln

T-Boote I. Flottille

Linienschiffe *Schlesien*

Hessen

Schleswig-Holstein

* 28.8.: Abends Flottenvorführung vor den Handelsschiffen »Monte Olivia«

»Monta Pascal« und
»Der Deutsche«.
* 29.8.: Flottenwettrudern
* 16.-19.9.:Verbandsübung gemeinsam mit den Linienschiffen
Schleswig-Holstein
Schlesien
Hessen und den Kreuzern
Königsberg
Köln
unter Beteiligung von Minensuch- und Torpedobooten sowie erstmals auch Schnellbooten.

Ende 1934 ging der Kreuzer erneut in die Werft. Diesmal zu einem Modernisierungsumbau, der bei den Deutschen Werken in Kiel erfolgte. Dort war inzwischen ein Flugzeug-Preßluftkatapult entwickelt, erprobt und zur Einbaureife gebracht geworden. Das Katapult FL 22, Schwenkbereich 360 Grad, war zum Starten von Schwimmerflugzeugen gedacht und wurde zwischen Schornstein und Brückeninsel auf dem Oberdeck aufgestellt. Zur Anbordnahme von Flugzeugen wurde der backbordseitige Ladepfosten durch einen stabilen Ausleger-Bootskran mit kastenförmigem Querschnitt ersetzt, wobei der Kranmast – wie bisher – die zwei Scheinwerferplattformen trug.[9]

Außerdem wurden die bisherigen 50 cm-Torpedorohre gegen moderne 53,3 cm-Rohre ausgetauscht.

Auch der Unterbau des achteren Leitstandes wurde verlängert und so verändert, daß fortan ausreichend Raum für einen Admiral samt zugehörigem Stab zur Verfügung stand. Schließlich wurden die veralteten 4 x 8,8 cm Einzel-Flak C 13 gegen sechs moderne 8,8 cm S.K. L/76 C/32 in 8,8 cm Doppellafette C/32 ausgetauscht, die wie folgt aufgestellt wurden: 1 x auf dem Aufbaudeck hinter dem achteren Leitstand und 2 x seitlich davon. Zusätzlich erhielt der Kreuzer eine Übungskanone, die ebenfalls auf dem achteren Aufbaudeck vor den beiden Diesel-Abgasschächten aufgestellt wurde.[10]

Auf der Brücke wurde Raum für Admiral und Stab geschaffen, die sogenannte Admiralsbrücke.

Die Modernisierung des Kreuzers war abgeschlossen, als Reichskanzler Hitler am 16. März 1935 die Einführung der Allgemeinen Wehrpflicht verkündete und damit Deutschland der »Fesseln des Versailler Diktats« entledigte. Etwa zur gleichen Zeit begannen mit Großbritannien die Verhandlungen über einen deutsch-britischen Flottenvertrag. Der Abschluß erfolgte am 18.6.1935. Andere politische Entscheidungen im ersten Halbjahr 1935 waren die Wiedereingliederung des Saargebietes in das Deutsche Reich und die Umbenennung der Reichsmarine in Kriegsmarine am 2. Mai 1935.

Die *Leipzig* war im gleichen Bauzustand wie das am 8.12.1934 in Dienst gestellte Schwesterschiff *Nürnberg*, von dem sie sich äußerlich nur in Details unterschied. Erneut begann der Ausbildungsdienst, vor allem an den neuen Waffen und Geräten, zu denen auch zwei Flugzeuge vom Typ Heinkel HE 60 zählten.

Eine Bewährungsprobe für Schiff und Besatzung brachte das Artillerie- und Torpedoschießen der Flotte vom 18. bis zum 29. August 1935. Dazu hatte sich auch der »Führer und Reichskanzler« Adolf Hitler angesagt. Während der Schießübungen schiffte sich Hitler u.a. auf dem Kreuzer *Leipzig* und dem Flottenflaggschiff ein, dem alten Linienschiff *Schleswig-Holstein*. Beim Übungsschießen und den Verbandsübungen evolutionierten auch die neuen Panzerschiffe *Deutschland* und *Admiral Scheer* zeitweilig mit den beteiligten Kreuzern und Linienschiffen. Auch der B.d.A., Konteradmiral Boehm, schiffte sich auf dem Kreuzer *Leipzig* ein, und so wehte erstmals eine Admiralsflagge im Kreuztopp.

---

[9] Der Modernisierungsumbau stand im Zusammenhang mit der Negierung der Versailler Vertragsbedingungen einerseits und der vorgesehenen Verwendung des Kreuzers *Leipzig* als Flaggschiff des B.d.A. andererseits.

[10] Die 8,8 cm Doppellafetten waren eine Neuentwicklung von Rheinmetall-Borsig. Bereits 1925 hatte die Reichsmarine dort eine 8,8 cm Doppellafette bauen lassen und diese erstmals auf dem Kreuzer *Köln* eingesetzt. Diese Konstruktion mit ihren weit auseinanderstehenden Rohren hatte sich jedoch nicht bewährt. So kam es zur Neuentwicklung, die auf der *Leipzig* bis Kriegsende im Einsatz war.

Dieses vor dem Flaggenwechsel 1935 aufgenommene Bild zeigt den Leichten Kreuzer nach dem Einbau der neuen 8,8 cm Doppelflak, des Katapultes mit Flugzeugkran und des zusätzlichen Podestes am Hauptgefechtsmast in Höhe des Scheinwerfer-Podestes.

Während der Herbstübung vom 16.-19. September 1935 war die *Leipzig* Flaggschiff des B.d.A.

Ende September erfolgte ein weiterer Kommandantenwechsel. Kapitän zur See Hormel übergab das Kommando an Fregattenkapitän Schenk. Mit ihm erlebten Schiff und Besatzung am 6. November 1935 den Flaggenwechsel. Die Flagge der Reichsmarine, unter der der Kreuzer fünf Jahre zur See fuhr,

wurde niedergeholt und die neue Reichskriegsflagge mit Hakenkreuz – ein Entwurf, der sich an der alten kaiserlichen Reichskriegsflagge orientierte – aufgezogen.[11] Außerdem erhielt der Kreuzer als Heckzier den Reichsadler mit Eichenlaub.[12]

Die *Leipzig* wurde ab 1.1.1936 der Marinestation Ostsee zugeteilt. Neuer Heimathafen war Kiel.

---

[11] Flaggenwechsel: Der schwarz-rot-goldene Gösch entfiel 1933. Die neue Reichskriegsflagge zeigte im Prinzip die gleiche Aufteilung wie die alte kaiserliche Reichskriegsflagge, jedoch war die Grundfarbe rot. Den Reichsadler in der Mitte ersetzte das Hakenkreuz; die scharz-weiß-rote Gösch entfiel, das Eiserne Kreuz blieb.

[12] Die Heckzier trugen fortan alle großen Schiffe der Kriegsmarine. Sie wurde erst nach Kriegsbeginn 1939 Zug um Zug entfernt.

Unter der Flagge der Kriegsmarine

Anfang 1936, genauer in den Tagen vom 19. Januar bis 3. Februar, setzte der B.d.A., Vizeadmiral Boehm, erneut seine Flagge auf dem Leichten Kreuzer *Leipzig* und nutzte damit zum letzten Mal den Kreuzer als Flaggschiff. Danach war der neueste Kreuzer der Kriegsmarine, der Leichte Kreuzer *Nürnberg*, das Flaggschiff des B.d.A.

Vom 15.4.-8.5.1936 beteiligte sich der Kreuzer *Leipzig* gemeinsam mit den Kreuzern *Köln* und *Nürnberg* an einer Übungsreise, die durch den Ärmelkanal hinein in die Biscaya und weiter in den Atlantik führte. Den Neulingen an Bord wuchsen richtige Seebeine, und der Gefechtsdienst sorgte für genügend Abwechslung im Seealltag. »Klar Schiff zur Übung« ertönte es aus dem Bordlautsprecher. Kriegsmarsch-Verschlußzustand wurde hergestellt, d.h. der Zustand, in dem der Kreuzer im Kriegsfalle zur See fahren würde; Klar zum sofortigen Einsatz aller Waffen bei Insichtkommen eines Gegners (die halbe seemännische Besatzung steht an den Waffen, die andere ruht in der Nähe der Gefechtsstelle angezogen). Im Kriegswachleitstand hatte sich der A.O. mit seinen Helfern postiert. Befehle für die Artillerie wurden gegeben, ein in Sicht kommender Dampfer war das angenommene Ziel. Das Richtungsweiserperiskop faßte das Ziel auf. Sämtli-

Vom 25. bis 28. Juni 1936 besuchte der Kreuzer *Leipzig* die Freie und Hansestadt Danzig, die damals unter dem Mandat des Völkerbundes stand. »Klar zum Anlegen« in Danzig-Neufahrwasser.

che Geschütze der Türme waren auf den Richtungsweiser (R.W.) geschaltet. In den Türmen bewegten sich die Zeiger der Folgezeigeanlagen, so wie sich oben im Stand der R.W. bewegte. Damit waren die neun Rohre der 15 cm-Drillingstürme genau auf das Ziel gerichtet. An den Geschützen warteten die Bedienungsmannschaften auf die Angabe der Schußentfernung bzw. der zu richtenden Höhe. Noch war alles nur Übung, genauso wie die ganze Reise als »Übungsreise« bezeichnet wurde. Auf ihr wechselten sich Artillerieübungen, Scharfschießen unter den erschwerten Bedingungen des Atlantik und normaler Tagesborddienst ab. Willkommene Abwechslung boten der Besuch von Las Palmas vom 23. bis 26.4. und von Lagos vom 29.4. bis 3.5.1936. Dort kenterte bei Startübungen das Bordflugzeug, eine He 60 mit der Kennung V 85 G (V = Versuch).

In die Heimat zurückgekehrt, wurde der Ausbildungsdienst nach Plan fortgesetzt, u.a. mit Flak-Schießen vor Rügen und der Teilnahme an der Flottenparade vor dem *Führer* am 29. Mai. Eine willkommene Abwechslung brachte der Besuch der Freien Stadt Danzig vom 25. bis 28.6.1936.[1]

Der Kreuzer wurde schon beim Einlaufen in Danzig-Neufahrwasser von einer begeisterten Menschenmenge begrüßt. Das Schiff legte schließlich im Freihafen an. Damals, so berichtete Frau Dr. Hildegard Wehe dem Verfasser, »wurde in der Stadt ganz groß gefeiert, mit Umzügen der Schiffsbesatzung unter Vorantritt der Bordkapelle, mit Feuerwerk usw.«

Diesen ereignisreichen Tagen folgte der Flottenalltag, und dazu gehörte als einer der Höhepunkte das Flotten-Artillerieschießen. Es begann am 23. und endete am 30. Juli. Beteiligt waren u.a. das Linienschiff *Schleswig-Holstein*, die Panzerschiffe *Deutschland* und *Admiral Scheer* sowie der Kreuzer *Nürnberg*.

---

[1] Hierzu liegt dem Verfasser ein Brief mit verschiedenen Fotos von Frau Dr. Hildegard Wehe vor, die den Besuch der *Leipzig* als junges Mädchen miterlebte.

Die ehemalige Hansestadt Danzig wurde durch den Versailler Vertrag ein selbständiger Stadtstaat als »Freie Stadt Danzig«, um Polen einen Seehafen zu verschaffen. Polen erhielt die außenpolitische Vertretung, Handels- und Zivilprivilegien. Die oberste Gewalt hatte der Hohe politische Kommissar des Völkerbundes, bei dem u.a. auch deutsche Kriegsschiffbesuche angemeldet werden mußten. Danzig wurde am 1.9.1939 dem Deutschen Reich wieder eingegliedert.

Spanien ruft – Einsätze im Spanischen Bürgerkrieg

In Wilhelmshaven liegend wurde das Schiff zur Überraschung aller kriegsmäßig ausgerüstet. Die Munitionskammern wurden aufgefüllt, ebenso die Vorräte an Heiz- und Treiböl sowie die Verpflegungslasten. In Spanien herrschte Bürgerkrieg. Offiziell zum Schutz der dort wohnenden deutschen Staatsangehörigen und deren evtl. notwendig werden-

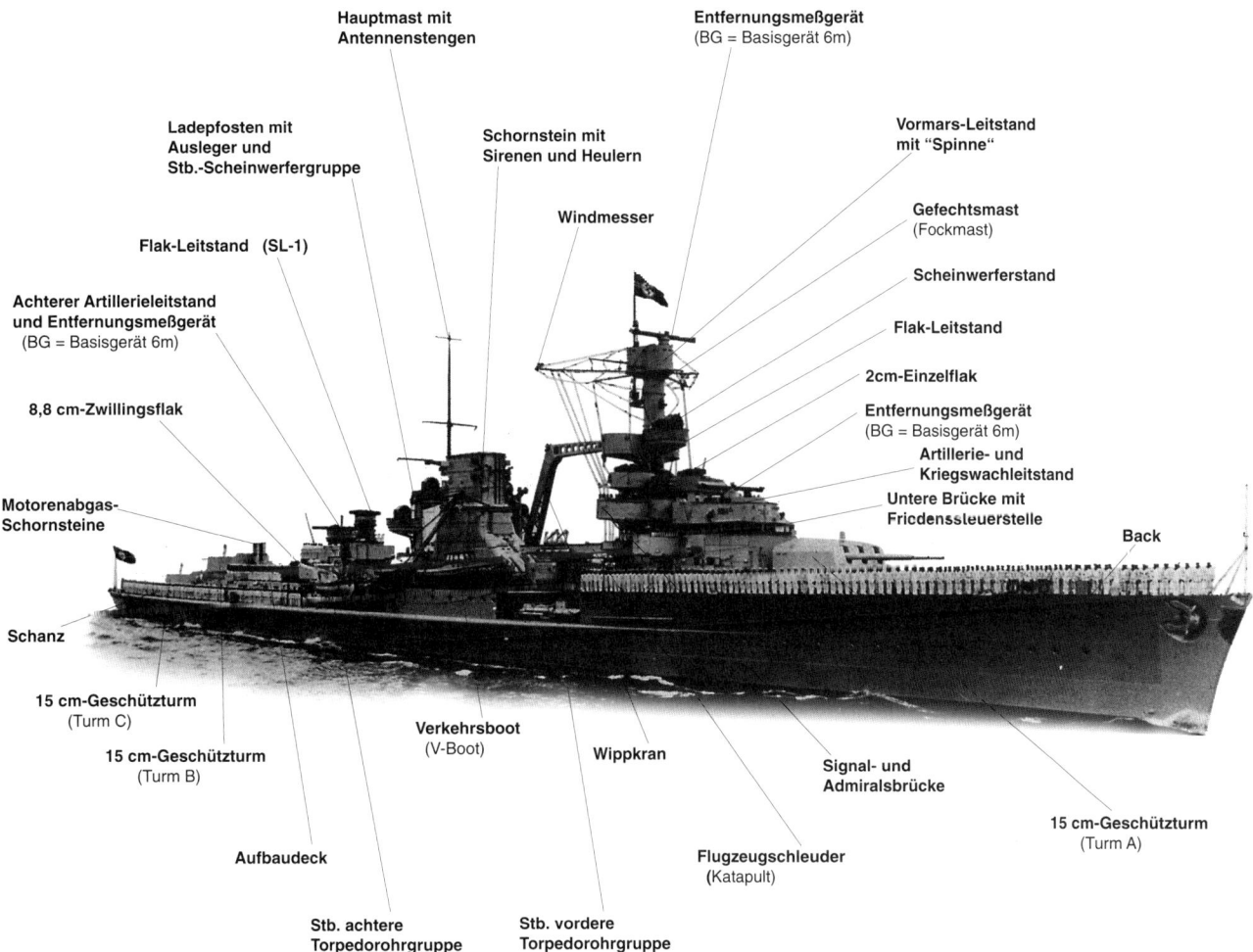

Hauptmast mit Antennenstengen

Entfernungsmeßgerät (BG = Basisgerät 6m)

Ladepfosten mit Ausleger und Stb.-Scheinwerfergruppe

Schornstein mit Sirenen und Heulern

Vormars-Leitstand mit "Spinne"

Windmesser

Gefechtsmast (Fockmast)

Flak-Leitstand (SL-1)

Scheinwerferstand

Achterer Artillerieleitstand und Entfernungsmeßgerät (BG = Basisgerät 6m)

Flak-Leitstand

2cm-Einzelflak

8,8 cm-Zwillingsflak

Entfernungsmeßgerät (BG = Basisgerät 6m)

Artillerie- und Kriegswachleitstand

Motorenabgas-Schornsteine

Untere Brücke mit Friedenssteuerstelle

Back

Schanz

15 cm-Geschützturm (Turm C)

Verkehrsboot (V-Boot)

Wippkran

Signal- und Admiralsbrücke

15 cm-Geschützturm (Turm B)

15 cm-Geschützturm (Turm A)

Aufbaudeck

Flugzeugschleuder (Katapult)

Stb. achtere Torpedorohrgruppe

Stb. vordere Torpedorohrgruppe

Der Leichte Kreuzer *Leipzig* 1936 mit seiner in Paradeaufstellung angetretenen Besatzung, vermutlich nach Rückkehr vom ersten Spanien-Einsatz.

den Evakuierung entsandte die Reichsregierung, wie auch andere ausländische Mächte, Kriegsschiffe in spanische Gewässer.[1]

Der Kreuzer *Leipzig* sollte den bereits in Spanien eingesetzten Kreuzer *Köln* ablösen. Dazu verließ das Schiff am 20. August 1936 Wilhelmshaven mit Kurs Biscaya-Spanische Nordküste. Es traf am 23.8. in Portugalete ein, einer Hafenstadt in der Nähe von Bilbao. Dort erfolgte das Ablösungszeremoniell mit der *Köln,* die nach Deutschland zurückkehrte. Am 24.8.1936 unterzeichneten Vertreter der deutschen und niederländischen Regierungen das von Frankreich initiierte Nichteinmischungsabkommen, das bis dahin bereits von Frankreich, Großbritannien, Italien, Schweden, Belgien, Dänemark und der Tschechoslowakei unterzeichnet worden war. Ein »Nichteinmischungsausschuß« (NIC = Non-Invention Committe) sollte fortan »die Regelung und Vereinheitlichung der zur Beibehaltung der Nichteinmischung erforderlichen Maßnahmen« übernehmen.

Die im NIC zusammenarbeitenden Seestreitkräfte erhielten strikten Befehl zur militärischen Nichteinmischung.[2] Im Unterschied zur offiziellen Vereinbarung unterstützten die meisten Unterzeichner jedoch die eine oder andere spanische Seite. Bekannt wurden vor allem die kämpfenden Einheiten der »Legion Condor«.Δ

Die humanitären Bemühungen und der Schutz der Handelsschiffahrt vor Spaniens Küsten funktionierte, dank der im NIC zusammenwirkenden Seestreitkräfte, nahezu reibungslos.

Dem Oberkommando der Kriegsmarine war inzwischen bewußt, daß der sich ausweitende Spanienkonflikt noch Jahre dauern würde. Der Schutz der Handelsschiffahrt erforderte den ständigen Einsatz deutscher Kriegsschiffe in spanischen Gewässern. Damit spielte sich zwangsläufig ein fester Ablösungsrythmus der Befehlshaber und der Schiffe ein.

Der damalige Oberbefehlshaber der Kriegsmarine, Generaladmiral Erich Raeder, schrieb dazu:[4]

> »Die Wirksamkeit dieser Überwachung ließ sehr viel zu wünschen übrig und litt unter derselben Parteilichkeit, die sie zu vermeiden suchte.«

Der erste Einsatz vor Spanien, Kontrollfahrten im Küstengebiet der spanischen Nordküste mit Abstecher in den Atlantik, endete für den Kreuzer *Leipzig* mit der Übergabe der Überwachungsaufgaben an den Kreuzer *Köln* am 8.10.1936 in La Coruna. Von dort trat das Schiff die Rückreise nach Wilhelmshaven an, wo es am 10.10.1936 eintraf und anschließend die Werft aufsuchte. Die Durchführung der planmäßigen Werftliegezeit in Wilhelmshaven dauerte bis zum 3.2.1937 an.

Anfang 1937 erhielt die *Leipzig* erneut den Auftrag, an Überwachungsmaßnahmen vor Spanien teilzunehmen. Das unter dem Kommando von Kapitän zur See Schenk stehende Schiff mußte sich diesmal nach den neuen Vorschriften des NIC richten, die ab 20.2. 1937 Gültigkeit hatten. Danach waren u.a. Kontrollzonen für die Seeüberwachung der Atlantik- und

---

[1] Spanischer Bürgerkrieg 1936-1939 zwischen den Nationalen Gruppierungen unter General Franco und der Volksfrontregierung. Aufstände in Asturien und die Bildung einer Volksfrontregierung der Linksparteien (1936) führten zur Militärrevolte in Spanisch-Marokko, die unter Führung General Francos auf das Festland übergriff, durch ausländische Hilfe (u.a. Sowjetunion, Deutschland, Italien) an Boden gewann und zum Bürgerkrieg führte. Die spanische Regierung wurde unterstützt durch die »Internationalen Brigaden«. Am Ende siegte General Franco.

[2] Am 28. August 1936 signierte das Deutsche Reich in London gemeinsam mit den Niederlanden das auf französisches Betreiben hin zustande gekommene Nichteinmischungsabkommen, zu dessen Unterzeichner zu diesem Zeitpunkt bereits Frankreich, Großbritannien, Italien, Schweden, Belgien, Dänemark und die Tschechoslowakei gehören. Aufgabe des Nichteinmischungsausschusses (NIC = Non-Invention-Committee) sollte fortan »die Regelung und Vereinheitlichung der zur Beibehaltung der Nichteinmischung erforderlichen Maßnahmen« sein. Alle im NIC zusammenarbeitenden Seestreitkräfte erhielten strikten Befehl zur militärischen Nichteinmischung. Die im NIC-Rahmen eingesetzten Kriegsschiffe sind also keinesfalls mit den kämpfenden Einheiten der »Legion Condor« u.a. zu verwechseln. Siehe auch H. G. Prager in *Panzerschiff Deutschland – Schwerer Kreuzer Lützow,* S. 102, Heyne-Buch Nr. 01/6269, München 1981.

[3] In der Legion Condor waren deutsche Luftwaffen- und Heeresverbände zusammengefaßt, die als Freiwillige auf Seiten Francos im spanischen Bürgerkrieg kämpften. Im Mai 1939 wurde die Legion Condor auf Schiffen der KdF-Flotte nach Deutschland zurückgebracht.

[4] Fundstelle bei H. G. Prager, siehe Anmerkung 2, S. 102 Fußnote, zitiert aus Erich Raeder: *Mein Leben,* Bd. 2.

Mittelmeerküsten von Spanien und Spanisch-Marokko festgelegt. Der deutschen Kriegsmarine war dabei das Seegebiet zwischen Kap Gata und Kap Oropesa an der spanischen Mittelmeerküste zugeteilt worden (siehe Skizze).

Der Kreuzer *Leipzig* lief zum zweiten Spanien-Einsatz am 9. März 1937 aus Wilhelmshaven aus und erreichte am 12.3. El Ferrol. Dort wartete bereits der Kreuzer *Köln* auf seine Ablösung. Gemäß den neuen Festlegungen des NIC führte die *Leipzig*, wie alle an der Überwachung beteiligten Schiffe, die »Nichteinmischungsflagge«: Zwei schwarze Kugeln auf weißem Grund. Diese Flagge mußte nachts ständig durch Scheinwerfer angeleuchtet werden.

Zunächst hielt sich der Kreuzer einige Tage vor der spanischen Nordküste auf, bevor er Kurs auf das Mittelmeer nahm. Über den Einsatzzeitraum vom 12.3.37 bis 26.3.37 gibt das im Bundesarchiv-Militärarchiv Freiburg vorhandene Kriegstagebuch (KTB)[5] genaue Auskunft. Es ist überschrieben mit:

Kriegstagebuch des Kreuzers *Leipzig*

Kommandant: Kapitän z. See Schenck
12.3.37-26.3.37
29.4.37-15.5.37

und enthält u.a. folgende Eintragungen:

12.3.37   21.00 Uhr El Ferrol geankert. Es liegen im Hafen: Kreuzer *Köln*, Kreuzer *Canarias*, Minenleger *Jupiter*, Hilfskreuzer »Valencia« und »Luitad de Palma«, Tankdampfer »Wollin«. Position an der span. Nordküste von *Köln* übernommen.

13.3.37   7.00 Uhr Kreuzer *Köln* zur Heimreise ausgelaufen. Besuch K. Kreuzer *Leipzig* beim Stationschef, Militärgouverneur und Bürgermeister.
An BdP, OKM, Flotte, BdA abgegebene Meldung: Reparatur folgender Seeschäden in Angriff genommen: Risse Oberdeck Abtlg. VI, VII. Bb-Längsspant angerissen. Halterung Flugzeugkran beschädigt. Rep. mit Bordmitteln möglich, Dauer 3-4 Tage.

17.3.37   18.50 Uhr Zur Kontrollfahrt nach Osten ausgelaufen.
23.00 Uhr In der Bucht von Barquera geankert.

HMS *Brillant* (H84) und *Beagle* (H30)

18.3.37   7.00 Uhr Ankerauf zur Fortsetzung Kontrollfahrt.
21.00 Uhr Auf Höhe Passajes kehrtgemacht zum Marsch nach Westen.

19.3.37   11.20 Uhr Spanisches Linienschiff *Espana* in 33° 40' mit Parallelkurs in Sicht.
17.00 Uhr El Ferrol geankert.

21.3.37   7.00 Uhr *Espana* eingelaufen El Ferrol.
13.50 Uhr Panzerschiff *Admiral Graf Spee* eingelaufen. Nach Übergabe Nordabschnitt an ASp.
17.00 Uhr El Ferrol ausgel. und Marsch nach Algeciras angetreten.

25.3.37   In See (Südküste Portugal, Wind NO 3, Klar, heiter, Seegang 2, sehr gute Sicht.
05.48 Uhr Panzerschiff *Admiral Scheer* passiert. Eigener Standort 35° 57' N 6° 1' W
07.10 Uhr Holl. Dampf. »H. Hendrik« in Straße von Gibraltar gesichtet.
08.05 Uhr Französischer Zerstörer 32 kreuzt die Straße von Gibraltar.
08.10 Uhr Im Hafen von Gibraltar liegen 1 engl. Schlachtschiff, 2 Zerstörer.
08.55 Uhr Tankdampfer »Max Albrecht« und »Neptun« liegen vor Algeciras. Im Hafen Dampfer »Bianca«.
09.19 Uhr Im Hafen von Algeciras eingelaufen.
17.30 Uhr Englischer Flugzeugträger *Furious* gesichtet, ankert Reede Gibraltar.
18.40 Uhr Englischer Zerstörer H 50 Reede Gibraltar gesichtet.
20.20 Uhr Tanker »Max Albrecht« ausgelaufen.

26.3.37   06.50 Uhr *Admiral Scheer* ausgelaufen Algeciras.
13.01 Uhr BdA auf LE eingeschifft.

Anschließend Fahrt nach Ceuta und von dort aus Kontrollfahrten, die u.a. auch Palma de Mallorca, Cadiz, Tanger, Malaga und Melilla zum Ziel hatten.

Hier weitere Auszüge aus dem KTB vom 29.4.37 bis 15.5.37.[6]

29.4.37   16.37 Uhr BdA mit Stab auf *Nürnberg* übergestiegen. Punkt A 04, bewölkt, Seeg. 3, mäßige Sicht, diesig.
20.00 Uhr Kontrollpunkt A vor Cartagena an *Nürnberg* übergeben, anschließend Marsch nach Kontrollpunkt C vor Valencia angetreten.
21.30 Uhr Dän. Dampfer »Dorrid« von Cartagena nach Valencia, Kurs NO.

[5] KTB Kreuzer *Leipzig*, BA-MA RM 92/5069 Bd. 1 12.3.-20.3.1937

[6] KTB Kreuzer *Leipzig*, BA-MA RM 92/5069 Bd. 2 29.4.-15.5.1937

22.35 Uhr Engl. Dampfer »Cervantes«/London von Palermo nach Gibraltar, Kurs SW.

30.4.37 01.45 Uhr In See. Dän. Dampfer »Maerski« von Marseille auf Gegenkurs passiert.

05.20 Uhr Übergabe Kontrollpunkt C vor Valencia durch *Admiral Graf Spee* an LE.

07.00 Uhr *Spee* Marsch in die Heimat angetreten.

07.15 Uhr Dän. D. »Dorrid« Kurs N passiert. Eigener Standort Kap Ifach.

09.15 Uhr Im Hafen Denia nichts festgestellt.

10.15 Uhr Im Hafen Gandia 1 Frachter gesichtet.
5 sm östlich von Gandia Leichter »Villeroi« aus Marseille treibend, ohne Besatzung, gesichtet. Franz. Flagge gesetzt, Schiffspapiere nicht gefunden.

11.30 Uhr Dän. D. »Edith« aus Esbjerg untersucht. Keine Ausstellungen. Entlassen zur Weiterfahrt.

13.00 Uhr Im Hafen Cullera 2 Dampfer gesichtet.

15.00 Uhr Position Punkt C, Valencia-Reede. Engl. Zerstörermutterschiff *Woolwich* und franz. Zerstörer Nr. 7 (*Tempete*). Im Hafen etwa 20 Handelsschiffe.

16.20 Uhr Franz. D. »Imerethie II« aus Marseille aus Valencia ausgelaufen, untersucht. Im Kielwasser franz. Zerstörer *Tempete*. Nach Untersuchung Morsespruch an *Tempete:* Franz. Leichter »Villeroy«/Marseille treibt vor 5 sm östl. Gandia. Besatzung nicht an Bord.

1.5.37 4.45 Uhr D. »Harrid«/Esbjerg angehalten.

8.15 Uhr Kontrollpunkt C, Seegebiet Valencia.
Großer sp. Frachter mit Flagge rote Regierung aus Valencia ausgelaufen.

8.35 Uhr Kreuzer *Arethusa* in Sicht.

8.40 Uhr Engl. Frachter »Luimneach«/Limerick untersucht.

9.15 Uhr *Arethusa* ankert Valencia-Reede.

13.50 Uhr Bordflugzeug gestartet zu Kreuzer *Nürnberg* nach Cartagena.

21.45 Uhr Dän. D. »Randi«, Reederei Lauritz/Esbjerg angehalten und untersucht.

22.45 Uhr Franz. Schlepper »Pilot Niviere«/Marseille untersucht.

23.25 Uhr *Arethusa* ankerauf, geht südlichen Kurs.

2.5.37 0.30 Uhr Kontrollpunkt C, N1. *Arethusa* macht kehrt, steuert wechselnde Kurse.

01.45 Uhr Franz. D. »Haulois« angehalten. Kontrollbeamter an Bord.

05.30 Uhr Engl. D. »Syrie« untersucht. Kohlen und Kleidungsstücke für Valencia. Kein Kontrollattest.

Daraufhin telegr. Mitteilung an brit. Regierung.

06.25 Uhr
bis 06.55 Uhr Rotspanisches Flugzeug kreist über LE und angehaltenen Dampfer.

07.20 Uhr Engl. Dampfer »Joyce« angehalten.

07.40 Uhr Rotsp. Flugzeug über LE.

08.05 Uhr Aus Valencia rotsp. Passagierdampfer 4000 t nach Süden ausgelaufen. Möglicherweise Hilfskreuzer.

08.55 Uhr Rotsp. Flugzeug aus SW.

12.42 Uhr Geschützfeuer in Valencia.

12.45 Uhr Rotsp. Flugboot landet in Valencia.

17.00 Uhr D. »Stanemor«/London und D. »Neath Abby«/Cardiff angehalten.

3.5.37 Im Kontrollgebiet C. Franz. Kreuzer *Jean de Vienne* in Sicht.

4.5.37 12.45 Uhr Im Kontrollgebiet C. Bordflugzeug von *Nürnberg* kommend eingesetzt.

14.30 Uhr Bordflugzeug ausgesetzt zum Rückflug.

14.50 Uhr Bordflugzeug wegen Wetterlage von BdA zurückgerufen.

4.5.37 19.45 Uhr Engl. D. »Springave«/London kontrolliert.

5.5.37 07.00 Uhr Engl. D. »Lanahrone« kontrolliert.

08.00 Uhr Schwed. D. »Masilia«/Göteborg kontrolliert.

09.15 Uhr Bordflugzeug zu *Nürnberg* entlassen.

09.55 Uhr Engl. D. »Lesto« angehalten.

13.40 Uhr Zum Ankerplatz Cullera zur Ölübernahme gesteuert.

15.15 Uhr Vor Cullera geankert.

16.00 Uhr Tankdampfer »Neptun« bei LE geankert.

16.45 Uhr Ölübernahme begonnen.

21.45 Uhr Ölübernahme beendet.

22.30 Uhr Marsch ins Kontrollgebiet.

6.5.37 05.00 Uhr Kontrollgebiet C. Engl. D. »Syrie« passiert.

12.50 Uhr Engl. D. »Pinta« kontrolliert.

14.50 Uhr Bordflugzeug von *Nürnberg* eingesetzt.

15.30 Uhr Bordflugzeug *Nürnberg* entlassen.

15.40 Uhr Marsch zum Ankerplatz südlich Cap Oropesa zur Übergabe Kontrollpunkt C an T-Boot *Luchs*.

18.40 Uhr Südlich Cap Oropesa geankert.

7.5.37 00.45 Uhr T-Boot *Luchs* eingelaufen, zur Wasserübernahme längsseits. Übergabe Punkt C.

02.00 Uhr T-Boot *Luchs* Marsch in Kontrollgebiet C.

02.10 Uhr Marsch nach Palma de Mallorca angetreten.

10.15 Uhr Palma de Mallorca Boje fest. Wind SW 2, Wetter heiter, Seeg. 1, sehr gute Sicht. Im Hafen: ital. Zerstörer *Daniele Manin, Aquila, Alvise, da Mosto*, Kreuzer

Datum und Uhrzeit	Angabe des Ortes, Wind, Wetter, Seegang, Beleuchtung, Sichtigkeit der Luft, Mondschein usw.	Vorkommnisse
	Ausbaggerung Liegeplätze beendet. Unterkünfte, Torpedoregelraum, Bootskammern im Rohbau fertig. Bombensicherer Tunnel für Lagerung Torpedos im Bau. Wird in Fels gesprengt.	
	2.) Bisher zwei U.-Boote italienischer Herkunft von etwa 800 t vorhanden. Beide Boote bei Tauch- und Artillerieschießübungen beobachtet.	

"Leipzig"

[Unterschrift]

Kapitän zur See .

Datum und Uhrzeit	Angabe des Ortes...	Vorkommnisse
10.5.37	In See, N.O. 1, heiter Seegang 0, sehr gute Sicht.	
0430h		Vor Alicante Treffen mit U 25 zur Abgabe von Nachschub. Anschließend Marsch nach Punkt A im Kontrollgebiet vor Cartagena angetreten.
0520h		Im Kontrollstreifen vor Alicante innerhalb der Hoheitsgewässer fran. Zerstörer 32 gesichtet.
0650h		Bei Einsichtnahme von Torrevieja ein Dampfer und mehrere Segler festgestellt.
0700h		Über dem Flugplatz von Mar Menor reger Flugbetrieb. 5 Flugzeuge in der Luft.
0830h		In der Porman-Bucht rotes spanisches Torpedoboot T 14 gesichtet.
0845h		2 sm östl. Porman-Bucht ein kleinerer grauer Dampfer dicht unter d-er Küste mit östlichem Kurs gesichtet.
1000h	Im Kontrollgebiet Punkt A vor Cartagena	Kontrollgebiet A vor Cartagena von Kreuzer "Nürnberg" übernommen.
1130h		Kreuzer "Nürnberg" Marsch nach Süden angetreten.
1630h		Rote spanische Flotte in Cartagena macht Dampf auf.
1800h		Rote spanische Flotte läuft aus Cartagena aus.
1840h		5 Zerstörer, Kreuzer "Libertad", Kreuzer "Mendez Nunez" südwestlicher Kurs.
2000 Uhr		Angehalten und kontrolliert:
		1.) Franzose "Frédéric Philoméne" Arzew /Algerien mit Stückgut und Gemüse von Cartagena nach Oran. Weder Kontrollbeamter noch Attest. Angeblich schon seit 17.4. in Cartagena. Kapitän wurde gem.§ 38 verwarnt.
		2.) Engländer "Seste" mit Apfelsinen von Cartagena nach London. Attest vom 27.4. aus Oran für Ladung Kohlen nach Valencia. Dampfer wurde bereits von Kreuzer "Leipzig" vor Valencia kontrolliert.

[Unterschrift]

Kapitän zur See .

Zu beziehen vom Amtlichen Vordrucklager der Kriegsmarine z. Z. Augustin in Glückstadt
Auslieferungsstellen: Für Ostseebereich: in Kiel. Für Nordseebereich: in Wilhelmshaven   B. 36.   Kriegstagebuch.   Din A 3

Auszug aus dem Kriegstagebuch des Kreuzers *Leipzig* während eines Spanien-Einsatzes 1937. (BA-MA RM 92/5069)

Quarto, Hilfskreuzer *Barletta,* franz. Zerstörer *Simoun,* Kanonenboot *Granit* und *Meuliere,* span. D. »Cormulato«; dt. D. »Lipari«/Sloman-Linie.

7.5.37	10.20 Uhr Ital. Begrüßungsoffizier von *Quarto* an Bord.
	11.00 Uhr Franz. Begrüßungsoffizier von *Simoun* an Bord.
	11.00 Uhr Anläßlich Unfall Zeppelin »Hindenburg« Flagge halbstocks. Sämtliche im Hafen liegenden Kriegsschiffe, Dampfer und öffentliche Gebäude ebenfalls.
	11.45 Uhr Begrüßungsoffizier *Leipzig* zu Quartiermeister und Hafenkapitän; Anschließend zu *Quarto* und *Simoun.*
8.5.37	11.00 Uhr Ital. Admiral von *Quarto* an Bord *Leipzig.* Liegeplatz Palma de Mallorca.
9.5.37	08.00 Uhr Großer Flaggenschmuck, dazu italienische und französische Flagge im Vortopp wegen: 1. Einjährige Wiederkehr Verkündigung Italienisches Imperium. 2. Feier zu Ehren von Jeanne d'Arc. An Bord: Deutscher Konsul; Spanischer Admiral und italienischer Admiral. 18.30 Uhr Von der Boje losgemacht und Marsch nach Kontrollpunkt B bei Alicante. Zum Treffpunkt mit U 25 gesteuert. Funkspruch an BdA. Lagebericht und Sammelmeldung über Kriegsschiffbewegungen. Die KTB-Eintragungen vom 10.5.1937 sind dem abgebildeten Original zu entnehmen.
11.5.37	06.40 Uhr Engl. D. »Theres« kontrolliert. 18.30 Uhr Schwedischer D. »Gallia« kontrolliert. 18.40 Uhr Rotspanische Flotte östlich Cartagena in Sicht. 2 Kreuzer, 5 Zerstörer, 2 Schnellboote begleiten Passagierdampfer 12.000 t. 23.40 Uhr An Stb. 2 abgeblendete Zerstörer in Sicht, die sich vor dem Bug des Schiffes vorbei nach Bb. ziehen, auf gleichen Kurs aufdrehen, eine kurze Zeit mitlaufen und dann erneut vor dem Bug vorbei nach Stb. auf Gegenkurs passierend ablaufen. (Querabstand 30 hm). Behalten bis zum Hellwerden Fühlung. Als mir die Absicht des Fühlungshaltens klar ist, gehe ich von der »großen FLA-Bereitschaft« zum »Klar Schiff zum Gefecht« über und manövriere die Zerstörer so lange aus, bis die Gefechtsbereitschaft voll hergestellt ist.
12.5.37	Gegen 02.00 Uhr schließen die Boote achtern bis auf 10 hm auf. (*Leipzig* Kurs 270°, Fahrt 10 sm). ... Entschließe mich und drehe über Süd auf Gegenkurs, um die Zerstörer auf den Steven zu nehmen... Die Zerstörer sind sichtlich überrascht... gehen sofort mit der Fahrt

hoch... laufen ab... in einem respektvollen Abstand (ca. 30 hm) auf gleichem Kurs gleiche Fahrt laufend. Gegen 05.30 Uhr laufen sie nach Cartagena ein. 05.15 Uhr Auf Ostkurs rechts voraus ein aufgetauchtes rotes U-Boot der C-Klasse etwa 80 hm ab gesichtet. LE fuhr während der ganzen Nacht mit gesetzten Laternen und beleuchteten Kriegsflaggen...

12.5.37	15.00 Uhr Kontrollgebiet Cartagena. Engl. D. »Sring«
13.5.37	00.00 Uhr Kriegswachwechsel. Bb. Kriegswache auf Station. 01.30 Uhr Engl. D. »Cid« angehalten. 02.45 Uhr Tankdampfer »Neptun« in Sicht. 03.00 Uhr T-Boote *Seeadler* und *Albatros* in Sicht. 04.00 Uhr Kriegswache geht ein, Postaustausch mit *Seeadler.* 04.50 Uhr *Seeadler* und *Albatros* außer Sicht. 05.40 Uhr Beginn Ölübernahme Tankd. »Neptun«. 07.45 Uhr Ölübernahme beendet. 13.30 Uhr U 25 gesichtet. 14.25 Uhr U 25 außer Sicht. 20.00 Uhr Bb. Kriegswache auf Station.
14.5.37	00.00 Uhr Stb. Kriegswache auf Station. Kontrollgebiet Cartagena. Wind SW 2, heiter, Seegang 1, gute Sicht. 06.20 Uhr Engl. D. »Lilbum«/West Hartlepool kontrolliert. 06.30 Uhr Engl. D. »Spero«/Newcastle kontrolliert. 06.35 Uhr Schlepper mit Scheiben aus Cartagena ausgelaufen. 07.15 Uhr 3 Zerstörer ausgelaufen. 08.20 Uhr 3 Zerstörer Kaliberschießen. 10.30 Uhr Vierter Zerstörer ausgelaufen. 11.10 Uhr Alle Zerstörer in Cartagena eingelaufen. 19.45 Uhr Engl. D. »Gordonia«/Newcastle angehalten.
15.5.37	00.10 Uhr Kontrollgebiet Cartagena. Wind SW 2, Seegang 2, heiter, gute Sicht. Panzerschiff *Admiral Scheer* in Sicht.
15.5.37	00.30 Uhr bis 01.30 Uhr Übergabe Kontrollgebiet A an *Admiral Scheer.* 01.32 Uhr Heimreise nach Kiel angetreten.

In Kiel wurde der Kreuzer Leipzig nach einigen notwendig gewordenen Überholungsarbeiten sofort wieder seeklar gemacht und voll ausgerüstet. Der nächste Einsatz vor den Küsten Spaniens war schon beschlossene Sache. Am 1.6.1937 verließ der Kreuzer von Kiel aus die Heimat und

Einzelpreis 15 Pf.

Essener Allgemeine Zeitung

Ausgabe **B** 1mal täglich

Essener General-Anzeiger — Essener Neueste Nachrichten

Die Wochenschau — Westdeutsche Sport-Zeitung

12. Jahrgang   Sonntag, den 20. Juni 1937   Nr. 168

Torpedoangriffe auf Kreuzer „Leipzig"

Eine neue ungeheuerliche Provokation der spanischen Bolschewisten — Der Kreuzer unversehrt
Botschafterberatung der vier Mächte in London

Berlin, 19. Juni. (Drahtb.)

Bilbao eingenommen

San Sebastian, 19. Juni. (Drahtb.)

Wie Bilbao erobert wurde

San Sebastian, 19. Juni. (Drahtb.)

Jubel im nationalen Spanien

San Sebastian, 19. Juni. (Drahtb.)

Bolschewistische Brennkolonnen

Vitoria, 19. Juni. (Drahtb.)

Paris zu dem „Leipzig"-Zwischenfall

Drahtbericht unseres Berichters

Paris, 19. Juni.

Botschafterbesprechung in London

Wiederzusammentritt nicht später als Montag

London, 19. Juni. (Drahtb.)

Stärkste Beachtung in London

London, 19. Juni. (Drahtb.)

Bilbao

Kreuzer „Leipzig"

Archiv Essener Allgemeine Zeitung

Während eines Spanien-Einsatzes wurde der Kreuzer *Leipzig* von einem »Rotspanischen U-Boot« angegriffen. (WGAZ Mürwik)

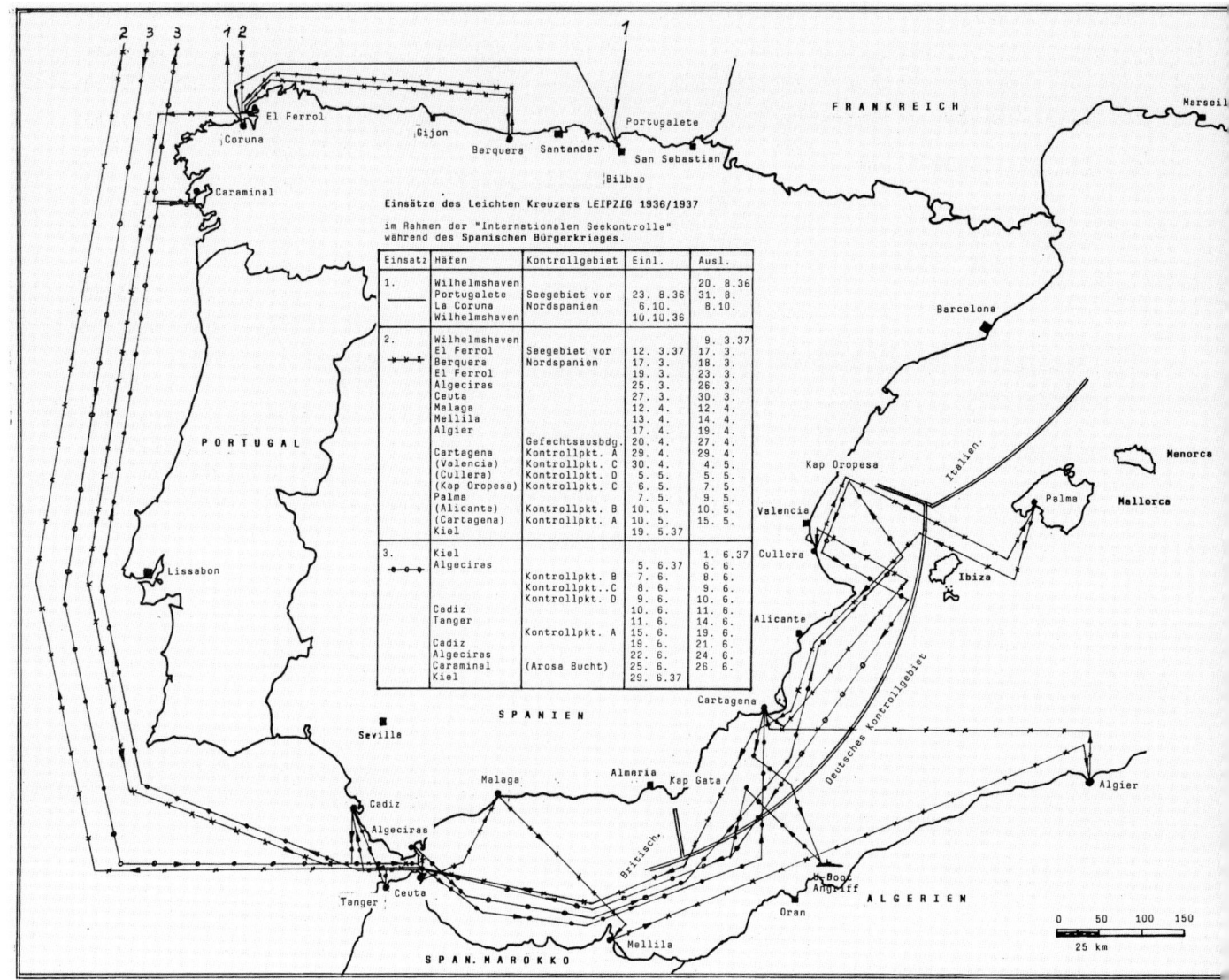

Die Spanien-Einsätze des Leichten Kreuzers *Leipzig* 1936/37.
(Schultz)

marschierte auf bekannten Kursen erneut in das deutsche Kontrollgebiet im westlichen Mittelmeer. Inzwischen hatte sich vor Ibiza ein schwerwiegender Vorfall ereignet. Am 29. Mai 1937 wurde das Panzerschiff *Deutschland* von rotspanischen Flugzeugen angegriffen und durch Bombentreffer erheblich beschädigt.[7] Daraufhin beschoß *Admiral Scheer* Almeria, den Liegeplatz der rotspanischen Flotte.

Die Kreuzer *Leipzig* verhielt sich deshalb nach Erreichen des Kontrollgebietes besonders vorsichtig und noch aufmerksamer als bisher. Und das war gut so. Denn am 15. Juni 1937

---

[7] Einzelheiten siehe Hans-Georg Prager: *Panzerschiff Deutschland – Schwerer Kreuzer Lützow,* Heyne, Buch Nr. 01/6269 München/Herford 1981. Seiten 111-135.

– der Kreuzer war nach einem Besuch in Tanger vom 11. bis 14. Juni auf dem Weg ins Kontrollgebiet – erfolgte auf die *Leipzig* ein erster U-Boot-Angriff und am 18. Juni ein weiterer. Dazu vermerkt das KTB:[8]

15.6.37 09.25 Uhr In See bei Cap Tres Forcas.
Horchstelle meldet Torpedogeräusch in 30 Grad
Quadrat 2535 r.u. (rechts unten)

18.6.37 15.37 Uhr Quadrat 2677 l.u. (linkunten), U-Boot Alarm.
Schrb. an BdP, nachr. OKM, Flotte, BdA: Quadrat 2677 l.u.
Torpedoschuß auf *Leipzig*. Horchanlage meldet Durch
gang vorn, Ausstoßschwall gesichtet, keine Blasenbahn.
(Schwall wird überlaufen) vermutlich 2 U-Boote. Nach
Einlaufen Cadiz Taucheruntersuchung. Ergebnis: Abtlg. V
hinter Bb.-Getrieberaum unterhalb Wulst, Druckstellen
von 15 cm Durchm. 4 mm tief.
(Aussage Heizerstabsgefreiter Schröter: Es war ein hartes,
anschlagendes Geräusch, ähnlich wie ein Hammer
schlag.)

Der Kreuzer *Leipzig* stand auf Position 36° 6' Nord und 0° 23' West. Über die Herkunft der Einbeulung gab es verschiedene Versionen. So könnte ein nicht detonierter Torpedo das Schiff in einem sehr spitzen Winkel getroffen haben und dann am Rumpf abgeglitten sein, oder die *Leipzig* hatte Aufbauten des U-Bootes gestreift. Aber das waren und blieben Vermutungen.

Aufgrund der Zwischenfälle und Angriffe auf das Panzerschiff *Deutschland* und den Kreuzer *Leipzig* trat Deutschland aus der Internationalen Überwachungskommission aus.

Am 24. Juni schiffte sich der BdP, Konteradmiral von Fischel, zugleich auch BdSp (Befehlshaber der in Spanien eingesetzten Schiffe), auf der *Leipzig* ein. Er führte die in Spanien eingesetzten Einheiten der Kriegsmarine zurück in die Heimat. In Kiel ging der Kreuzer am 29. Juni 1937 ins Dock VI der Deutschen Werke Kiel und verblieb bis zum 4. August 1937 in der Werft.

[8] KTB Kreuzer *Leipzig*, BA-MA RM 92/5070 Bd. 3.

Alarmbereitschaft – Anschluß Österreichs

und des Sudetenlandes

Nach der Werftliegezeit mit anschließender Probefahrt und Schießübungen aller Waffen nahm der Kreuzer *Leipzig* vom 6.9.-15.9. am Herbstmanöver in der Nordsee teil. Danach diente er während der Wehrmachtsmanöver in der Ostsee vom 17.9.-24.9. als Flaggschiff des Befehlshabers »Blau«, Konteradmiral Densch.

Am 1.10.1937 übergab Kapitän zur See Schenck das Kommando an Kapitän zur See Werner Löwisch.

Danach verblieb das Schiff zur weiteren Ausbildung in der Ostsee und besuchte u.a. auf einer Fahrt ins Baltikum die alte Hansestadt Reval vom 19.-23.11.1937. Im Heimathafen Kiel liegend, erlebte das Schiff den Jahreswechsel. Das Jahr 1938 sollte für den Kreuzer *Leipzig* wieder ein normales Dienstjahr werden, so jedenfalls sahen es die Ausbildungspläne vor. Doch bereits im März wurde der Kreuzer, wie alle Schiffe der Kriegsmarine und alle Wehrmachtsteile, in erhöhte Alarmbereitschaft versetzt.

Am 13. März 1938 vollzog Hitler den Anschluß Österreichs an das Deutsche Reich. Die Wehrmacht marschierte ein. Dieser »Blumenfeldzug« wurde von den ausländischen Mächten genauso hingenommen, wie zuvor die Einführung der allgemeinen Wehrpflicht und die Aufhebung der Rheinland-Entmilitarisierung.

Auf der *Leipzig* führte der Alarmzustand schließlich zu einer »Übungsfahrt« nach Norwegen. Dazu verließ das Schiff am 10.3.1938 Kiel. Die Fahrt ging durch den Großen Belt, eine gute Übung für die Schiffsführung und das Steuermannspersonal, denn steinige Stellen, Untiefen und Riffe erforderten größte Aufmerksamkeit. Hinzu kam der Flutstrom, der durch die Nordsee hereinkommt und der Ebbstrom, der bis ins Kattegat hinein spürbar bleibt. Am Vormittag wurde Skagen bei Sonnenschein passiert. An Deck Gefechtsdienst – Geschützexerzieren, Feuerleitübungen.

Am Abend steuerte die *Leipzig* in weitem Abstand von der norwegischen Küste mit Kurs West. Nachtklarschiff zur Übung war befohlen. Der am Tage durchgeführte Gefechtsdienst wurde zu einem Nachtgefecht auf einen fiktiven Gegner erweitert. Am nächsten Morgen nahm das Schiff vor Skudesnäs den Lotsen an Bord, bevor die Fahrt in die norwegischen Schären begann: Karm-Sund, Bömmel-Fjord, Hardangerfjord. Fast eine KdF-Reise, so meinten die Lords, denn die Fahrtroute glich jener der »Kraft durch Freude-Schiffe«. Aber an Deck war Divisionsdienst mit den jeweiligen Divisionsoffizieren angesagt, und der verlangte von den Männern volle Aufmerksamkeit. Bis zur Insel Varalds Ö ging die Fahrt in den Hardangerfjord. Angesichts des Folgefondgletschers drehte das Schiff und fuhr zurück in die Nordsee. Dort traf es mit dem von einer Auslandsreise heimkehrenden Kreuzer *Köln* zusammen, dessen Sicherung die *Leipzig* übernahm. Gemeinsam fuhren die beiden Schiffe durch das Skagerrak, das Kattegat und den Sund nach Kiel zurück. Die *Leipzig* lief am 13.3. weiter nach Pillau, mit Zwischenstop in Swinemünde.

Ein weiteres, besonderes Ereignis war der Stapellauf des Schweren Kreuzers *Prinz Eugen* in Kiel am 22.8.1938 und die anschließende Flottenparade vor Hitler und seinem Staatsgast, dem ungarischen Reichsverweser Admiral von Horthy. Nach dem Stapellauf des Kreuzers fuhren Hitler und Horthy zum Schlachtschiff *Gneisenau*. Hitler benutzte ein Chefboot, von Horthy die Stationsjacht *Nixe*.

1939 erhält die *Leipzig* einen neuen Auslegerkran (Gitterkran). Außerdem wurde das erst 1935/36 angebrachte Podest am Gefechtsmast wieder entfernt.

Wenige Tage später lief die *Leipzig* zur Herbst-Flottenübung in die Nordsee aus. Der Übung lag die Annahme zu Grunde, Blau-Land führt Krieg gegen Rot-Land. Dabei bildeten die Linienschiffe *Schleswig-Holstein* und *Schlesien* sowie die Kreuzer *Leipzig, Nürnberg* und *Köln* gemeinsam mit Torpedo- und Schnellbooten die Seestreitkräfte von Blau-Land. Zu Rot-Land gehörten die Panzerschiffe *Deutschland, Admiral Scheer, Admiral Graf Spee* und »Kreuzer«, die von Zerstörern dargestellt wurden. Hinzu kamen U-Boote und Luftstreitkräfte. Mit in die Übung einbezogen wurden die KdF-Schiffe »Wilhelm Gustloff«, »Der Deutsche« und »Berlin«, die von einer Norwegenreise zurückkamen. Die am 25.8.1938 um 13.00 Uhr beginnende Übung endete vorzeitig am 29.8. wegen Schlechtwetter. Die beteiligten Schiffe suchten Schutz vor Helgoland.

Nach Kiel zurückkehrend bereitete sich der Kreuzer auf den »Tag der Wehrmacht« vor, an dem Hitler die Tschechoslowakei[1] vor weiteren Ausschreitungen gegen Volksdeutsche warnte. Die »politischen Zeichen« standen auf Sturm. Gegen Ende September wurde die Wehrmacht erneut in Alarmbereitschaft versetzt... (Fall »Grün«).[2] Auch der Kreuzer *Leip-*

zig war davon betroffen. Inzwischen forderte Hitler die Ausgliederung des Sudetenlandes[3] aus dem Tschechoslowakischen Staatsverband und die Eingliederung in das Großdeutsche Reich. Es kam zu einer außenpolitischen Krise, in deren Verlauf Verhandlungen zwischen Deutschland und den Garantiemächten der Tschechoslowakei, England und Frankreich, geführt wurden. Diese endeten mit dem Münchener Abkommen vom 29.9.1938, in dem der Anschluß des Sudetenlandes an Deutschland beschlossen wurde. Die Verhandlungen mit Chamberlain, Daladier und Mussolini waren ein weiterer außenpolitischer Erfolg Hitlers, der die drohende Kriegsgefahr zunächst beseitigte. Die Hoffnung auf einen dauerhaften Frieden sollte sich jedoch als falsch erweisen.

Mit dem Einmarsch deutscher Truppen in das Sudetenland endete die Krise, und auf der *Leipzig* kehrte der normale Dienstbetrieb ein. Gefechtsdienst, Abkommschießen, Kaliberschießen, Torpedoschießübungen, Nachtübungen folgten in vorausbestimmtem Rhythmus. Vom 17.13.1938 bis zum 15.3.1939 folgte eine Werftliegezeit bei den Deutschen Werken in Kiel.

Noch einmal spitzte sich die politische Lage zu, als Anfang

[1] Tschechoslowakei 28.10.1918 gegründet. Außenpolitische Anlehnung an Frankreich, innenpolitisch Unterdrückung der deutschen, karpato-ukrainischen und ungarischen Minderheiten.

[2] Fall Grün = Unter diesem Decknamen liefen die Planungen und die Durchführung des Einmarsches ins Sudetenland.

[3] Sudetenland ist die zusammenfassende Bezeichnung für die bis zur Vertreibung 1945 von der deutschen Bevölkerung bewohnten Randgebiete von Böhmen und Mähren und des ehem. Österreichisch-Schlesien. Angliederung ans Deutsche Reich am 29.9.1938.

1939 deutsche Truppen in die Tschechoslowakei einmarschierten und nach Verselbständigung der Slowakei Böhmen und Mähren als Reichsprotektorat geschaffen wurde. Die bereits im Alarmzustand befindlichen Wehrmachtsteile konnten Mitte März 1939 den normalen Dienstbetrieb wieder aufnehmen. Das galt nicht für den Kreuzer *Leipzig,* der aufgrund seines Werftaufenthaltes von den Alarmmaßnahmen nicht betroffen war. Bei den Deutschen Werken wurde u.a. der bisherige Flugzeugkran durch einen Gitterkran ersetzt.

Am 22. März 1939 rüstete sich die *Leipzig* für einen neuen Einsatz. Das Schiff war zusammen mit anderen Einheiten der Kriegsmarine zur »Wiedereingliederung« des Memellandes vorgesehen. Dazu bestieg Hitler in Swinemünde das Panzerschiff *Deutschland,* das den Flottenverband anführte. An Bord der *Leipzig* befand sich Generaladmiral Raeder. Folgende Einheiten waren an der Aktion beteiligt:

Panzerschiffe	*Deutschland*
	Admiral Scheer
	Admiral Graf Spee
Kreuzer	*Leipzig*
	Nürnberg
	Köln

sowie zahlreiche Zerstörer, Torpedo- und Minensuchboote.

Am 23. März 1939 lief der Verband Kurs Ost um das Memelgebiet, 1924 von Litauen annektiert, »heim ins Reich« zu holen – was unter dem Jubel der Memelländer auch geschah.

Wie kritisch die politische Lage durch die Schaffung des Protektorates Böhmen und Mähren und durch die Wiedereingliederung des Memellandes geworden war, zeigte die am 31. März 1939 vom britischen Premierminister Sir Neville Chamberlain gegebene französisch-englische Garantieerklärung für Polen. Sie war zugleich das Ende der Friedens- und Ausgleichspolitik Chamberlains und eine Warnung an Deutschland. Eine weitere Warnung war die Forderung des amerikanischen Präsidenten Roosevelt, Hitler solle allen europäischen Staaten und darüber hinaus den arabischen Staaten Syrien, Ägypten, Iran, Palästina sowie der Türkei und dem Irak ihre Unverletzlichkeit garantieren.[4]

In dieser politisch hochbrisanten Zeit erhielt der Kreuzer *Leipzig* am 1.4.1939 einen neuen Kommandanten, Kapitän zur See Nordmann. Am selben Tage wurde der Oberbefehlshaber der Kriegsmarine, Generaladmiral Raeder, zum Großadmiral befördert, anläßlich des Stapellaufes des Schlachtschiffes *Tirpitz* in Wilhelmshaven. Die *Leipzig* lag an diesem Tag in der Werft in Kiel. Am 15.4. schiffte sich der BdA, Vizeadmiral Densch, auf dem Kreuzer ein, der am 17.4. zu einer Auslands-Ausbildungsreise in See ging.

---

[4] Dazu schrieb Professor Michael Salewski im *Handbuch zur deutschen Militärgeschichte 1939-1948,* Teil VII.: *»Eine schallende diplomatische Ohrfeige, die Hitler aufs äußerste empörte. An einer anti-deutschen und pro-englischen amerikanischen Politik konnte seither nicht der geringste Zweifel sein...«*

Auslands-Ausbildungsreise nach Tanger

Am 17.4.1939 stand am »Schwarzen Brett«: »11.30 Uhr Seeklar!«

Die Besatzung war auf der Back, der Schanz und auf dem Bootsdeck angetreten. Die Bordkapelle spielte »Muß i denn, muß i denn...« und danach brausten »drei Hurras« vom Schiff an Land. Die *Leipzig* verließ Kiel und steuerte durch den Nord-Ostsee-Kanal zur Elbe. Wegen Sturm ließ der Kommandant, Kapitän zur See Nordmann, vor Helgoland ankern. Auch die Kreuzer *Nürnberg* und *Köln* sowie einige Zerstörer ankerten dort während der Nacht. Am nächsten Tag lief der Verband in die Nordsee zu ersten Gefechtsübungen, danach wurde die Reise fortgesetzt. Im Ärmelkanal begegnete der Schnelldampfer »Bremen« dem Flottenverband. In der Biscaya herrschte ruhige See mit langer Dünung. Dies war eine gute Gelegenheit, um an allen Waffen und Geräten zu exerzieren. Für die Turmbesatzung der 15 cm-Drillingstürme bedeutete dies bei südlicher Sonneneinstrahlung eine recht ungewohnte Belastung, und das vormittags und nachmittags! Dazu kam der übliche Rollendienst, »Rollenschwoof« genannt, mit den Manövern »Mann über Bord«, »Feuer im Schiff«, »Alle Mann aus dem Schiff« und die Verschlußrolle. Die Fahrtroute des Verbandes führte an Kap Finisterre vorbei, entlang den spanischen und portugiesischen Küsten und in einem Bogen hinaus in den Atlantik zu Übungen im Verband. Es war wie ein »Kriegsspiel« mit Tag-, Dämmerungs- und Nachtgefechten gegen einen imaginären Gegner. Hinzu kamen Aufklärungs- und Sicherungsübungen, eine Fülle von Aufgaben, die in den wenigen zur Verfügung stehenden Tagen und Nächten gelöst werden mußten. Nach den Übungen stand Divisionsdienst an, mit dem nunmehr wichtigsten Thema: »Benehmen des deutschen Soldaten im Ausland«. Denn schon kam die nordafrikanische Küste in Sicht. An Bord begann ein großes »Reinschiff«.

Knapp drei Stunden vor dem Einlaufen in Tanger überzeugte sich der I.O., Fregattenkapitän Hans-Joachim Hachtmann, vom tadellosen Zustand des Schiffes. Der Ruf des Bootsmannsmaaten »Ehrenwache auf der Schanz antreten« war das Signal für das bevorstehende Einlaufen.

Die *Leipzig*-Besatzung war in Paradeaufstellung an Deck angetreten, als das Schiff in langsamer Fahrt, an fremden Kriegsschiffen vorbeimanövrierend, in den Hafen von Tanger steuerte. Es folgte das übliche internationale Zeremoniell mit Nationalhymnen und Flaggendippen. Dann endlich fiel der Anker, und die offiziellen Empfänge an Bord begannen. Der B.d.A., Konteradmiral Densch, und der Kommandant, Kapitän zur See Heinz Nordmann (Crew 11), empfingen u.a. den holländischen Generalkonsul von Tanger, der die Interessen der *Leipzig* vertrat.[1] Danach ging der Komplimentieroffizier (Begrüßungsoffizier) in Paradeuniform von Bord und stattete den französischen und britischen Schiffen Höflichkeitsbesuche ab. Erst danach, es war inzwischen 14.00 Uhr, legte das erste Urlauberboot ab, das Verkehrsboot. Außer Landurlaub standen einige Besichtigungen auf dem Programm, so z.B. der Besuch der Hercules-Grotten und des Leuchtturms auf Kap Spartel.

Am 2. Mai 1939 besuchte der Kommandant des französischen Leichten Kreuzers *Emile Bertin* die *Leipzig*, und deren Kommandant erwiderte den Besuch.

Am 3. Mai, 09.00 Uhr, lichtete die *Leipzig* die Anker. Die Fahrt

---

[1] Tanger, Hauptstadt und Hafen des bis 1956 neutralen, entmilitarisierten und nach internationalem Statut verwalteten Teilgebietes von Marokko (der größte Teil Marokkos stand unter französischer und spanischer Kolonialherrschaft). Da das Deutsche Reich nicht mehr Mitglied des Völkerbundes war, nahmen die Niederlande die Interessen der deutschen Regierung wahr.

ging Kurs Ost, hinein in die Straße von Gibraltar, Richtung Algeciras. Im Hafen von Algeciras erwartete der Kreuzer *Köln* den B.d.A. und die *Leipzig*. Nach kurzem Aufenthalt liefen beide Kreuzer vorbei am Felsen von Gibraltar in Richtung Atlantik aus. Dort fand das schon längst erwartete Kaliberschießen statt. Danach steuerte der Verband Kurs Nord zum Hafen von Pontevedra. Die Besatzungen wurden von Franco-Anhängern jubelnd begrüßt. Der Andrang der Bevölkerung an Bord war am letzten Aufenthaltstag einfach unbeschreiblich und das Bordfest ein voller Erfolg.

Schließlich hieß es am 11. Mai »14.30 Uhr seeklar«! Mit zunächst »Kleiner Fahrt« und später »Halber Fahrt« verließ die *Leipzig* Pontevedra und trat die Heimreise an, die mit der Gefechtsbesichtigung mitten in der Nordsee und Ankern auf Schillig-Reede ihr Ende fand. Elbmündung, Brunsbütteler Schleusen, Nord-Ostsee-Kanal waren die letzten Stationen vor der Ankunft im Heimathafen Kiel. Dort machte die *Leipzig* an der Blücherbrücke fest. Keiner der Beteiligten ahnte, daß dies die letzte große Auslandsreise des Leichten Kreuzers sein würde, obwohl während des Auslandsaufenthalts schon recht merkwürdige Nachrichten zu hören waren.

So die Reichstagsrede Hitlers vom 28. April 1939, in der er den deutsch-polnischen Nichtangriffspakt von 1934 und den deutsch-englischen Flottenvertrag von 1935 kündigte. Erst Jahre später wurde bekannt, daß Hitler bereits am 3.4.1939 für die Wehrmacht den Befehl erteilt hatte, einen Angriffsplan gegen Polen zu erstellen, der den Decknamen »Fall Weiß« erhielt.

Doch zurück zum Kreuzer *Leipzig* nach Kiel, dessen Besatzung nach Rückkehr von der Auslandsreise und nach wohlverdientem Urlaub wieder an Bord zurückkehrte.

Erneut setzte der Marinealltag ein; der Dienst umfasste vor allem forcierte Gefechts- und Klar-Schiff-Ausbildung. Ein Höchstmaß an Gefechtsbereitschaft sollte vor Beginn der Manöverzeit im Herbst erreicht werden.

Vom Fall »Weiß«

bis zum verhängnisvollen Torpedotreffer

Die ersten Kriegseinsätze des Kreuzers *Leipzig*

Am 24. August 1939 hieß es wieder einmal »Seeklar«, nachdem der Kreuzer in Swinemünde Munition übernommen und seine Zellen und Tanks aufgefüllt hatte. Um 17.00 Uhr verließ er den Eichstaden in Swinemünde und lief mit Kurs mittlere Ostsee aus. Am 25.8. – auf See – wurde an Bord »Kriegszustand 2« hergestellt; um 12.30 Uhr zog die Stb.-Kriegswache auf. Um 16.00 Uhr wurde »Verschärfter Verschlußzustand« hergestellt. Das Schiff lief halbe Fahrt mit Kurs 90 Grad. Heute ist bekannt, daß am späten Nachmittag dieses Tages die in See stehenden Schiffe der Kriegsmarine das Stichwort für den »Fall Weiß« erhielten, für den Krieg gegen Polen. Noch vor Mitternacht wurde der Befehl widerrufen. Im damals begonnenen Kriegstagebuch des Kreuzers *Leipzig*[1] finden sich u.a. folgende Eintragungen:

27.8.1939 Südlich Stolpe im Verband gesteuert. (Gemeint ist hier der Verband der Aufklärungsstreitkräfte unter dem Befehl des B.d.A. auf Kreuzer *Nürnberg*, zu dem neben den Kreuzern *Köln, Königsberg* und *Leipzig* sowie drei Zerstörern auch mehrere T-Boote gehörten.)
20.41 Uhr geankert in 15 m Wassertiefe. 80 m Kette gesteckt. Über Nacht keine Kriegswache. Schiff abgeblendet.

28.8.   06.45 Uhr Anker gelichtet.
11.00 Uhr Bordflugzeug gestartet.
14.07 Uhr Bordflugzeug eingesetzt.
23.40 Uhr Einlaufen Swinemünde, Eichstaden fest.
29.8.   Swinemünde, Eichstaden. Ausrüstung vervollständigt. Proviantübernahme.
30.8.   09.00 Uhr Seeklar. Ab Eichstaden zum Ankerplatz gesteuert.
13.24 Uhr Geankert.
22.45 Uhr Anker auf. Kriegsmarschverschlußzustand. (Die *Leipzig*, zusammen mit *Nürnberg* und *Köln*, jagten einen noch unsichtbaren Gegner, drei polnische Zerstörer, die am 30.8. um 14.15 Uhr aus Gdingen aus gelaufen waren und nun versuchten, die Ostseeausgänge zu erreichen)[2]
31.8.1939 11.00 Uhr Westliche Ostsee. Fahrt nach Kiel. (Lt. KTB der Seekriegsleitung[3] vom 31.8.1939 erhielten

---

[1] KTB Kreuzer *Leipzig* BA-MA RM 92/ 48182-48188 als Bd. I bezeichnet, beginnt mit dem 24. August 1939 und der Archiv-Nr. 48182. In den folgenden Auszügen aus dem KTB *Leipzig* wird auf die erneute Archiv-Nr. Angabe verzichtet, soweit sie mit obiger identisch ist.

[2] Es handelte sich um die Zerstörer *Grom* (später engl. *H 71*), *Burza* (später engl. *F 73*) und *Blyscawica* (später engl. *H 34*). Die deutschen Schiffe beschatteten die am 30.8.1939 15.00 Uhr aus dem polnischen Kriegshafen Gdynia (Gdingen, Gotenhafen) ausgelaufenen Zerstörer bis zur Einfahrt in die dänischen Gewässer vor dem Kattegat. Die Zerstörer hatten Gdynia auf das Stichwort »Peking« verlassen und passierten in der Nacht zum 31.8. bereits die dänischen Meerengen. Vor der schottischen Küste erwartete der englische Zerstörer *Wallace* den polnischen Verband, der am 1. September 17.30 Uhr auf der Reede von Leith bei Edinburg ankerte. Angaben aus Donath, Günter: *Zur Geschichte des polnischen Zerstörers »Burza«,* Deutscher Marinekalender 1969, Berlin 1968, S. 118 f.

[3] KTB der Seekriegsleitung (Abkürzung KTB Skl) bezieht sich auf das im Auftrag des Militärgeschichtlichen Forschungsamtes (MGFA) in Verbindung mit dem Bundesarchiv-Militärarchiv und der Marine-Offizier-Vereinigung von Werner Rahn und Gerhard Schreiber unter Mitwirkung von

der O.d.Ost und der O.d.West folgenden Befehl:
»1. B.d.A. mit *Nürnberg, Leipzig, Köln, Königsberg,* 3
Zerstörern, 5. u. 6. Torp. Flott. zur Verfügung
O.d.West...« Es folgen Ziffern 2-5.)

Weitere Eintragungen aus dem KTB des Kreuzers:

1.9.1939	01.24 Uhr Kiel festgemacht.
	04.40 Uhr Kiel losgeworfen.
	04.45 Uhr Beginn Y-Zeit (Beginn Fall Weiß).
	08.05 Uhr Kanalfahrt.
	15.56 Uhr Brunsbüttel festgemacht.
	18.47 Uhr Brunsbüttel losgeworfen.
	20.40 Uhr III. Einfahrt Wilhelmshaven festgemacht.
	21.44 Uhr Fahrt zum Scheerhafen.
	23.00 Uhr Scheerhafen festgemacht. Minenübernahme.
2.9.1939	04.49 Uhr Wilhelmshaven, Scheerhafen losgeworfen.
	05.02 Uhr III. Einfahrt festgemacht.
	06.21 Uhr Wilhelmshaven-Reede geankert. (Aufklärungsverband mit den Kreuzern *Nürnberg, Leipzig, Köln, Königsberg* und Begleitschiffen sammelt sich).
3.9.1939	14.00 Uhr Wilhelmshaven-Reede. Anker gelichtet. Zur Minenunternehmung »Westwall« ausgelaufen.
	21.00 Uhr Beginn Minenwerfen.
	22.15 Uhr Ende des Werfens. Rückmarsch nach Wilhelmshaven.[4]
4.9.1939	14.30 Uhr Wilhelmshaven, Scheerhafen. Minenübernahme.
	18.10 Uhr Wilhelmshaven-Reede. Fliegeralarm. Mehrere engl. Bombenflugzeuge im Anflug auf Wilhelmshaven gemeldet. LE meldet Abschuß eines Flugzeuges (Bristol-Blenheim).[5]

	21.35 Uhr Wilhelmshaven-Reede. Anker gelichtet. Zur Minenunternehmung ausgelaufen.
5.9.1939	02.37 Uhr Beginn des Minenwerfens.
	03.15 Uhr Ende des Minenwerfens.
	16.06 Uhr Wilhelmshaven, Scheerhafen, Minenübernahme.
6.9.1939	13.11 Uhr Wilhelmshaven-Reede. Anker gelichtet.
	23.24 Uhr Beginn des Minenwerfens.
7.9.1939	00.53 Uhr Ende des Minenwerfens.
	00.58 Uhr Horchstelle meldet Geräusch eines Torpedoschusses. Schiff geht mit A.K. hart Bb. Geräusch wandert nach achtern aus.
	08.27 Uhr Wilhelmshaven-Reede. Geankert.
	19.40 Uhr Verholt an Telefonboje.
	20.35 Uhr Boje festgemacht.

(Zu den genannten Vorgängen ist im KTB der Skl notiert:[6]

Nacht 6./7.9. 2 Wurfverbände des O.d.West »Ng«, »Le«, 4 Zerstörer und »Grille«, 4 Zerstörer und 2 Torp.-Boote Sperrlegung im Warngebiet.)

Nach dieser Minenunternehmung lief die *Leipzig* am 14.9.39 von Wilhelmshaven in die Nordsee aus. Dort erfolgte die Fortsetzung der Ausbildung mit dem Fahren verschiedener Gefechtsbilder.

Danach verzeichnete das KTB des Kreuzers folgende Einzelheiten:

18.9.1939	13.17 Uhr Altenbruch-Reede geankert. Ölübernahme von »Dithmarschen« (10.816 BRT).
	22.00 Uhr Minenübernahme aus dem Minentransporter »Irben« (1158 BRT)
19.9.1939	14.01 Uhr Altenbruch-Reede. Anker gelichtet zur Minenunternehmung »Martha 4« mit den Torpedobooten *Seeadler* und *Wolf.* Sicherung durch die Zerstörer Z 1 *Leberecht Maass* und Z 2 *Georg Thiele.*

Dazu vermerkt das KTB der Skl unter dem 19.9.39 u.a.:[7]

»Nordsee: ...Scheinsperren-Unternehmung durch »Leipzig« 2 Zerstörer und 2 Torpedoboote planmäßig durchgeführt...«

Das KTB des Kreuzers *Leipzig* fährt fort mit dem Eintrag:

20.9.1939	00.07 Uhr Beginn des Werfens.
	01.39 Uhr Ende des Werfens.
	01.41 Uhr Rückmarsch nach Altenbruch-Reede.

Hansjoseph Maierhöfer herausgegebene *Kriegstagebuch der Seekriegsleitung 1939-1945,* Bd. 1 – 78, erschienen im Verlag E. S. Mittler & Sohn GmbH, Herford, Bonn 1988ff. Es umfaßt das Kriegstagebuch (Teil A) der Seekriegsleitung der Kriegsmarine des Dritten Reiches. Hier Bd. 1, S. 22..

[4] Insgesamt wurden 3000 Minen geworfen, die ersten der sogenannten Westwall-Minensperren in der Nordsee, die mit Beginn der Feindseligkeiten gegen England um 13.00 Uhr ausgelegt wurden. Auch Frankreich erklärte noch am selben Tag um 17.00 Uhr den Krieg gegen Deutschland.
[5] Der Angriff von fünf Blenheim-Bombern der brit. 107. Squadron galt den auf Reede liegenden Kriegsschiffen. Dabei wurde der Leichte Kreuzer *Emden* von einem brennenden Flugzeug kamikazeartig angeflogen. Die geworfenen Bomben gingen daneben, aber die »abschmierende« Blenheim riß die Bordwand am Vorschiff der *Emden* in Höhe des Kadettenwohnraumes auf... Der Kreuzer beklagte 12 Tote.

[6] KTB Skl, Bd. 1, S. 46.
[7] KTB Skl, Bd. 1, S. 115.

10.37 Uhr Altenbruch-Reede geankert.

17.09 Uhr Anker gelichtet zur Fahrt nach Brunsbüttel.

Von dort lief der Kreuzer in der Nacht zum 30.9. durch den Nord-Ostsee-Kanal nach Kiel, an die Boje A 4. Vom 5. bis 11.10.1939 verblieb der Kreuzer im Dock der Deutschen Werke. Danach befand sich das Schiff vom 12. bis 19.10. in der Ostsee zur Gefechts- und Einzelausbildung. Abkomm- und Kaliberschießen folgten. Nach Flak- und Torpedo- schießen im Bereich der Geltinger Bucht kehrte die »Lucie Emil« nach Kiel zurück und verlegte am 20.10.1939 nach Brunsbüttel-Reede. Von dort kehrte der Kreuzer am 29.10. in die Ostsee zurück und ankerte in der Heikendorfer Bucht. Am 30.10. verlegte das Schiff nach Swinemünde. Dort mach- te es am 31.10.1939 um 09.25 Uhr am Liegeplatz E 4, Eich- staden, fest.

Hier kam auch der neue B.d.A., Konteradmiral Lütjens, zum ersten Mal an Bord.

Von Swinemünde aus wurden Fahrübungen im B.d.A.-Ver- band, Gefechtsbild 1 und eine Nachtübung gefahren. Es folg- ten Gefechtsbild 2 gemeinsam mit den Kreuzern *Köln*, *Nürn- berg* und *Königsberg*. Nach Beendigung der Übungen kehr- te die *Leipzig* mit den anderen Kreuzern nach Kiel zurück und machte am 4.11. in Kiel an Boje A 1 fest.

Am 7.11.1939 stieg Vizeadmiral Lütjens erneut auf Kreuzer *Leipzig* ein. Er hatte die Geschäfte von Vizeadmiral Densch bereits am 21.10.1939 übernommen.

Das KTB des Kreuzers vermerkt[8]

7.11.1939   21.03 Uhr Kiel, Boje A 1. Losgeworfen zum Ein schleuss-Manöver.

              21.39 Uhr Kollision mit *Bremse* (Artillerie-Schul schiff). Fahrtunterbrechung zur Werft.

              B.d.A. von Bord. Auf *Königsberg* eingestiegen.

              23.29 Uhr Vor Holtenau. Mit Schlepperhilfe an Boje A 9 verholt.

Was war geschehen? Kurz vor der Einfahrt zur Holtenauer Schleuse tauchte in der Finsternis querab plötzlich ein Schat- ten auf und kam sehr rasch auf den Kreuzer zu. Bevor Gegen- maßnahmen eingeleitet werden konnten, erhielt *Leipzig* am

Nach Kriegsbeginn 1939 wird der Kreuzer bei zahlreichen Minenunter- nehmungen verwendet. Hier warten die Ankertauminen auf den Abwurframpen des Bb.-Oberdecks auf den Befehl zum Werfen.

Achterschiff auf Steuerbordseite einen kräftigen Stoß, der das ganze Schiff erschütterte. In Höhe von Abteilung II hatte sich der Bug des Artillerieschulschiffes *Bremse* in den Rumpf der *Leipzig* gebohrt. »Schotten dicht«, oft geübt, wurde jetzt zum Ernstfall. Das Leck war erheblich, so daß der Kreuzer ins Trockendock der Deutschen Werke gehen mußte.

Das KTB der Skl[9] hielt unter dem 9.11.1939 fest, daß auch noch andere Schiffe der Kriegsmarine »außer Kriegsbereit schaft« waren:

> »Die Bereitschaftsmeldung der Gruppe West enthält folgende z.Zt. außer Kriegsbereitschaft liegende Einheiten:
> Kreuzer »Hipper« bis 31.12.
> Kreuzer »Leipzig« unbestimmt
> Kreuzer »Köln« bis 19.11. (es folgen weitere 8 Zerstörer und die 5. Torp.Flottille).«

Nach einer kurzfristigen Reparatur verließ der Kreuzer *Leip- zig* am 16.11.1939 das Dock 5 und verholte an Boje A 7. Auszug aus dem KTB des Kreuzers *Leipzig*:[10]

---

[8] KTB Kreuzer *Leipzig* BA-MA RM 92/ 48186 Bd. I.

[9] KTB Skl, Bd. 3, S. 63.

[10] KTB Kreuzer *Leipzig* BA-MA RM 92/ 48187 Bd. I.

17.11.1939 02.00 Uhr Kiel, Boje A 7, losgeworfen zur Fahrt nach Westen, Kanalfahrt.

10.46 Uhr Altenbruch-Reede geankert.

21.30 Uhr Altenbruch-Reede. Anker auf zur Unternehmung mit *Nürnberg* (B.d.A. Flaggschiff), 6. T-Flottille mit *Leopard*, *Seeadler* und *Iltis*. Nach Terschelling-Bank gesteuert.

Damit begann eine Reihe von Einsätzen des Kreuzers, die der Sicherung und Aufnahme von Zerstörern dienten, die »offensive« Mineneinsätze gegen die Flußmündungen an der englischen Küste durchführten. Dazu das KTB der *Leipzig*:[11]

18.11.1939 Seegebiet Terschelling-Bank. Aufnahme der Zerstörer Z 19 *Hermann Künne*, Z 11 *Bernd von Arnim* und Z 21 *Wilhelm Heitkamp*, die von einem Minenunternehmen vor der mittleren Themse zurückkehren.

11.01 Uhr Rückmarsch nach Schillig-Reede.

16.10 Uhr Schillig-Reede geankert.

23.00 Uhr Schillig-Reede. Anker auf. Unternehmung mit der 6. T-Flottille mit *Leopard*, *Seeadler*, *Iltis* und *Wolf*.

19.11.1939 Aufnahme der Zerstörer Z 15 *Erich Steinbrinck*, Z 10 *Hans Lody* und Z 16 *Friedrich Eckoldt*, die von einer Minenunternehmung vor

der Humbermündung zurückkehren.

17.20 Uhr Altenbruch-Reede festgemacht.

Am 21.11.1939 ließ die Seekriegsleitung zum ersten Mal die beiden Schlachtschiffe *Gneisenau* und *Scharnhorst* unter Führung von Admiral Marschall vorstoßen. Ihr Auftrag lautete, englische Bewachungsstreitkräfte in der Enge zwischen Faröern und Island zu vernichten, nach Möglichkeit weiter nach Westen vorzustoßen, um dort aufzuklären oder auf dem Heimweg befindlichen deutschen Handelsschiffen zu helfen. Gleichzeitig erfolgte ein Ablenkungsunternehmen, an dem sich auch der Kreuzer *Leipzig* beteiligte. Der Verband des B.d.A., bestehend aus den Leichten Kreuzern *Köln* und *Leipzig* sowie der 6. T-Flottille mit *Leopard*, *Seeadler* und *Iltis* hatte am 21.11. Sofortbereitschaft. Dazu das KTB der *Leipzig*:[12]

21.11.1939 14.00 Uhr B.d.A. an Bord. Losgeworfen. Zum Handelskriegsunternehmen ausgelaufen, Kurs Skagerrak.

Das KTB der Seekriegsleitung notierte darüber:[13]

»In Verbindung mit dem Vorstoß der Schlachtschiffe und zugleich als Diversionsunternehmung läuft eine Handelskriegsoperation der Kreuzer »Leipzig« und »Köln« mit Zerstörern in der mittleren Ostsee und dem Skagerrak unter Führung des B.d.A.

Im einzelnen siehe Weisung der Seekriegsleitung... Ablauf der Unternehmung siehe Kriegstagebuch Teil B, Heft II Nordseekriegsführung).«

Die Operation endete am 23.11.1939, und am 24.11. ankerte die *Leipzig* auf Wilhelmshaven-Reede. Dort versammelten sich im Laufe des Tages, wieder unter der Führung des B.d.A., folgende Schiffe:

Schwerer Kreuzer *Lützow* (ex Panzerschiff *Deutschland*), die Leichten Kreuzer *Leipzig* und *Köln* sowie die 6. T-Flottille mit *Leopard*, *Seeadler*, *Iltis* und *Wolf*. Um 19.00 Uhr ging der Verband ankerauf und marschierte in finsterer Nacht mit 18 kn in Richtung 350 Grad, also fast nördlich. Es ging zu einem weiteren Handelskriegsunternehmen in den Skagerrak. Die beteiligten Schiffe kehrten am 25.11. abends nach Wilhelmshaven zurück, *Leipzig* meldete »23.25 Uhr Telefonboje fest«[14]

Am 28.11.1939 steuerte die *Leipzig* nach Hamburg und am 1.12. nach Altenbruch-Reede. Von dort ging das Schiff in der Nacht vom 5. zum 6.12.1939 durch den Nord-Ostsee-Kanal nach Kiel, um dort eine schadhafte 3,7 cm Doppellafette auszuwechseln. Am 7.12. war der Kreuzer bereits wieder in Wilhelmshaven. Hier ankerte er um 15.43 Uhr auf der Reede, um von dort aus am 10.12. nach Schillig-Reede zu steuern. Dort sammelte der B.d.A. erneut einen Schiffsverband zur Aufnahme von fünf Zerstörern, die von einem Minenunternehmen gegen Newcastle zurückerwartet wurden.

Hierzu das KTB des Kreuzers *Leipzig*:[15]

12.12.1939 17.32 Uhr Schillig-Reede. Anker gelichtet gemäß B.d.A.GKdos 802/39 A 1 vom 8.12.39. Auslaufen über Punkt L, P, Q, S, Weg blau Alpha in Reihenfolge *Nürnberg* (Flaggschiff B.d.A. Vizeadmiral Lütjens), *Leipzig*,

---

[11] und [12] siehe 10

[13] KTB Skl, Bd. 3, S. 165.

[14] KTB Kreuzer *Leipzig* BA-MA RM 92/ 48187 Bd. I.

[15] KTB Kreuzer *Leipzig* BA-MA RM 92/ 48188 Bd. I, S. 84, 85.

Bei einem Einsatz zur Sicherung und Aufnahme rückkehrender Zerstörer von einer offensiven Minenunternehmung erhielten die Leichten Kreuzer *Leipzig* und *Nürnberg* Torpedotreffer des britischen U-Bootes *Salmon*. Diese »Zufallsaufnahme« wurde von Bord der *Nürnberg* »geschossen«, bevor diese ebenfalls einen Treffer erhielt.

	Köln. [Keine Zerstörersicherung Anm. Verf.]
Wind	aus Richtung 85° Stärke 3, Seegang 1-2 sichtig bedeckt.
	18.30 Uhr Feuerschiff F Bb. querab.
13.12.1939	08.27 Uhr Planquadrat 3783 L.M. Bordflugzeug gestartet zur U-Boot-Sicherung an Bb. Wind aus 75ø, Stärke 2-3, Seegang 1-2 gute Sicht.
	08.34 Uhr LE Stb. querab von *Nürnberg*. Mit wechselnden Kursen Planquadrat 3700, Fahrt 24 sm, Wind aus 130° Stärke 2-3, Seegang 2.

10.45 Uhr Quadrat 4963 Verkehrsboot mit Prisenkommando ausgesetzt zur Untersuchung dän. Dampfer »Charkov«. Dampfer steht auf Freiliste und wird auf Befehl B.d.A. entlassen...

11.10 Uhr Achteraus anscheinend feindliche leichte Aufklärer.

11.25 Uhr Quadrat 4965. Torpedolaufbahn an Bb. Torpedotreffer Bb. mittschiffs. Position: 56° 47' Nord 04° 00" Ost. Das sofort gegebene Kommando »Hart Bb.« hat sich nicht mehr ausgewirkt, da die ganze Bahnlänge bis zum Schiff höchstens 700 m betrug und von dem Torpedo nur in Sekunden durchlaufen werden konnte.

K I und K II ausgefallen und vollgelaufen. Turbinen ohne Dampf. Motorenanlage klar für 15 sm. Elektrische Ruderanlage unklar, steuern mit Handruder, das nur schwer gängig. Kurz nach dem Torpedotreffer wird ein Torpedotreffer auf »Nürnberg« beobachtet. »Nürnberg« und »Köln« kommen außer Sicht. Schiff bleibt schwimmfähig und nimmt Kurs auf die Einfahrt zum Weg Blau. Gefahr des Brechens von Schotten zwingt zur Fahrtminderung auf 12 sm.

Der Gesamtzustand des Schiffes schließt eine weitere Fortsetzung der Unternehmung aus, ebenso ein Heranschließen an die anderen Kreuzer. Daher Entschluß, auf dem kürzesten Weg einzulaufen. Um den außer Sicht befindlichen B.d.A. Einblick in Zustand des Schiffes und Standort zu geben, werden folgende F.T.-Sprüche abgesetzt:

13.12.1939	11.46 Uhr F.T. an Gruppe: »Leipzig« Torpedotreffer Mitte, kann noch 12 sm laufen, stehe Quadrat 3747.
	12.25 Uhr F.T. an B.d.A.: Standort 3747, nur Motoren klar, Kurs 110°, erbitte Zerstörersicherung. LE.

Aus Veröffentlichungen ist bekannt, daß das britische U-Boot *Salmon* (Kommandant Lieutenant-Commander E.O. Bickford) von der 2. U-Flottille in Dundee in See stand. Es hatte den Auftrag, offensive Aufklärung vor dem Eingang zum Skagerrak und der Helgoländer Bucht zu betreiben. Am 4.12.1939 hatte *Salmon* das deutsche U-Boot *U 36* vor dem Skagerrak torpediert, um danach in Richtung Helgoländer Bucht zu laufen. Auf dem Marsch dorthin sichtete es am 13.12. vormittags in ca. 10.000 m Entfernung mittels eines Sehrohrrundblick mehrere feindliche Kriegsschiffe, die es angriff. Das ausgewählte Ziel (*Leipzig*) stand zum Zeitpunkt des Torpedoschusses durch Zick-Zack-Kurs ca. 5000 m querab und zeigte seine Seite. Nach dem Losmachen der Torpedos ging das U-Boot auf Tiefe und stellte erst eine, dann zwei Detonationen fest. Die »Aale« hatten zuerst die *Leipzig* und dann die *Nürnberg* getroffen.

Im Kriegstagebuch, Abschnitt Maschine (KTB des L.I.) wurden unter dem 13.12.1939 folgende Aufzeichnungen eingetragen:[16]

13.12.39	Hauptanlage	E-Anlage
00.00 Uhr 06.00	4 Kessel, gesamte Motoren anlage.	00.00-11.27 Uhr Gefechtsgrundschaltung.
	Kriegsmarschzustand 1.	
06.00 Uhr 11.27	6 Kessel, gesamte Motorenanlage. Dampf auf für Höchstfahrt.	Im vorderen E-Werk wechselten 1 bis 2 Maschinen im Betrieb.
Besondere Vorkommnisse		
11.27 Uhr	Schwere Detonation im Mittelschiff.	
11.28 Uhr	1 Kessel mit Stb-Turbine, gesamte Motorenanlage in Gefechtsschaltung.	Vorderes und Stb-E-Werk mit elektrischer Einschränkung.

Weiter ist unter »Besondere Vorkommnisse« vermerkt:

»Beide K1. und K2. Kessel und Bb. 3. Kessel ausgefallen. Bb. Turbine muß wegen Dampfmangel stoppen. Stb.Turbine muß wegen Durchschlagens des Schnellschlusses für ungefähr 5 Minuten stoppen, danach Umdrehungen der Stb.Turbine für 17 sm. Hauptmotorenanlage ist vorübergehend nur mit der halben Anlage klar, da Bb.Strang stromlos und damit die Zubringerpumpe ausgefallen war. Telefonische Verbindung mit den Betriebsräumen, außer der vorderen und achteren Turbine nicht möglich, da Telefon und Telegrafen ausgefallen...«

Dann schließen die »Besonderen Vorkommnisse« mit:

»Es blieben ausgefallen:

Maschine: Achtere und vordere Turbine mit den dazugehörigen Hilfsmaschinen, Kesselräume I und II und Bb K III Kessel sowie alle Zudampf-, Abdampf-, Entwässerungs- und wasserführenden Rohrleitungen.

E-Anlage: Beide achteren Turbodynamos, die Hauptgruppen II, IV/VI, VIII, die Ruderanlage (wegen Klemmen des Ruders), Turm B

und C, Telefon für E-Dienst, M. u. K.-Dienst für Vorschiff, M II für die Kesselräume, die gesamte S I-Anlage und die Nebenleckfernsprechanlage im Vorschiff.

Nach eingehender Feststellung ergab sich folgender Personalausfall des Maschinenpersonals: 2 Unteroffiziere, 1 Fähnrich (Ing.), 9 Mannschaften und 2 Mann von der Leckwehr.«

Auch die vordere Kreiselanlage und der Funkpeiler waren ausgefallen. Deshalb ging von LE an Gruppe um 13.12 Uhr folgendes F.T.:

»14.30 Uhr auf Peilzeichen achten, Welle j.Otto j. Standort hergeben, erbitte Flugzeugsicherung.«

Um 13.15 Uhr bat *Leipzig* ein in Sicht kommendes Aufklärungsflugzeug optisch um U-Bootsicherung. Schließlich kamen um 13.30 Uhr *Köln* und später auch *Nürnberg* an Bb. querab in Sicht und um 13.45 Uhr die Zerstörer *Richard Beitzen* und *Bruno Heinemann,* die Befehl zur U-Boot-Sicherung erhielten. Um 15.00 Uhr kam vom B.d.A. der Befehl:

»Einlaufen auf Weg blau Alpha und Weg blau in 2 Gruppen.
1. Gruppe: *Nürnberg* und Zerstörer *Hermann Künne.*
2. Gruppe: *Köln, Leipzig,* Zerstörer *Richard Beitzen* und *Bruno Heinemann.* Zerstörer fahren U-Bootsicherung zu beiden Seiten voraus. *Köln* U-Bootsicherung achteraus von *Leipzig.* Mit Einbruch der Dunkelheit *Köln* vor *Leipzig,* Zerstörer angehängt.«

Um 15.30 Uhr erhielten *Leipzig* und *Köln* vom B.d.A. den Befehl:

Leipzig Brunsbüttel gehen. *Köln* Altenbruch-Reede, *Nürnberg* geht auch Brunsbüttel.«

Im KTB der Skl finden die Vorfälle des 13.12.1939 ihren Niederschlag mit folgenden Eintragungen:[17]

»Gegen 1100 Uhr vormittags werden die von der englischen Küste zurückkehrenden Zerstörer und die nördl. des Warngebietes zur Aufnahme bereitstehenden Kreuzer des B.d.A. von der feindlichen Luftaufklärung erfaßt. Der B.d.A. beabsichtigte, die Zerstörer auf »Nürnberg« zu sammeln und dann den Heimmarsch anzutreten. Noch bevor ein Zusammentreffen mit den Zerstörern erfolgt war, erhielten um 1124 Uhr »Leipzig« und kurz darauf »Nürnberg« je einen Torpedotreffer etwa 12 bis 13 sm nördlich der Nordwestecke

---

[16] KTB Kreuzer *Leipzig* BA-MA RM 92/ 48201 Bd. 2, Auszug aus dem KTB Abschnitt Maschine vom 12.12.-15.12.1939 S. 91-101, im Bericht über die Auswirkungen des Torpedotreffers.

[17] KTB Skl, Bd. 4, S. 103f.

des Warngebietes. 1218 Uhr meldet der B.d.A. Angriff feindlicher Flugzeuge und erbittet Kampfverbände, die von Gruppe West bereitgestellt werden. Die Kreuzer konnten unter Sicherung durch Luftstreitkräfte und die herangeholten Zerstörer den Heimmarsch mit den Marschmotoren mit mittl. Fahrt (»Nürnberg« 16 sm, »Leipzig« 12 sm) fortsetzen.«

Zur Sicherung und Aufnahme der Kreuzer werden von der Gruppe West ferner die noch verfügbaren Minensuchstreitkräfte und U-Jagdflottillen und neben den Luftstreitkräften des F. d. Luft auch die des Fliegerkorps X eingesetzt.«

Am 14. Dezember 1939 marschierten *Leipzig* und *Köln* auf den vom B.d.A. angegebenen Wegen. Um 06.05 Uhr meldete *Leipzig* mit F.T. an die Gruppe und den Seebefehlshaber West:

> »*Leipzig* Torpedotreffer Abteilung 8/9, nur 2 Kessel klar, Ruder mit Hand nur schwer steuerbar, 2 große Querrisse, ein Hauptlängsverband gerissen. Erbitte zwei starke Schlepper 13.00 Uhr zur Hilfe für Fahrt auf Flußmündung.«

Mit Beginn der Dämmerung wurden die beiden Zerstörer zur U-Bootsicherung nach vorn gesetzt. *Köln* fuhr hinter *Leipzig*. Nach Eintreffen der Zerstörer *Friedrich Ihn* und *Hermann Schömann* setzte sich *Köln* wieder vor *Leipzig*. Weitere Sicherungsschiffe, die Flottenbegleiter *F 7* und *F 9*, die 2. Minensuchflottille und die 1. Räumbootsflottille, trafen zwischen 07.30 und 08.15 Uhr ein. Um 08.15 Uhr erhielt Kreuzer *Köln* von der Gruppe folgendes F.T.:

> »*Köln* unter Sicherung Schillig-Reede vorlaufen. *Köln* läuft mit *Hermann Schömann* und *Friedrich Ihn* vor, die übrigen Sicherungsstreitkräfte verbleiben bei *Leipzig*.«

Um 12.35 Uhr stand *Leipzig* mit den Begleitfahrzeugen im Quadrat 9568, als auf dem steuerbordvoraus stehenden Flottenbegleiter *F 9* eine starke Explosion erfolgte, kurz darauf eine zweite. In der Annahme einer Minenexplosion wurde auf LE »hart backbord« und »Mittelmaschine stop« befohlen. Einen Augenblick später wurde eine Torpedolaufbahn steuerbordvoraus gemeldet. In der Drehung nach Bb. ging die Blasenbahn ca. 50 m vor dem Steven des Kreuzers durch. Der Flottenbegleiter *F 9* versank in kürzester Zeit. Bei dem

---

[18] BA-MA RM 92/48204, Bericht des B.d.A. Über das Gefecht mit britischen U-Booten und Fliegern am 13. Dezember 1939, darin Schreiben Kommandant (LE) an B.d.A. vom 20.12.1939.

Angreifer handelte es sich um das britische U-Boot *Ursula* (Kommandant Lieutenant-Commander Phillips). Der Angriff und die Versenkung von *F 9* erfolgte auf Position 54° 8' Nord 07° 55' Ost. Auf Anordnung des *Leipzig*-Kommandanten warfen die Sicherungsschiffe an Steuerbordseite Wasserbomben. Mit F.T. um 12.47 Uhr an die Gruppe und Seebefehlshaber West meldete *Leipzig*:

> »Torpedofächer von U-Boot auf *Leipzig* vorn vorbei, ein Schuß hat Geleitboot vesenkt. *Leipzig* Kurs Elbe, stehe Quadrat 9568.«

Die Gruppe schlug mit F.T. vor, falls möglich in die Jade einzulaufen, worauf *Leipzig* folgendes F.T. an Gruppe, B.d.A. absetzte:

> »1. Überfahrt zur Jade wegen schiffbaulichem Zustand des Schiffes nicht möglich.
> 2. Beabsichtige ankern Brunsbüttel. Weiterfahrt nur mit starken Schleppern möglich, da Handruder und Motoren nur bedingt verwendungsbereit.
> 3. Schiff ohne Dampf und Wasser.
> 4. Erbitte baldigst Entscheidung Werft.«

Schließlich ankerte die *Leipzig* um 17.28 Uhr auf Brunsbüttel-Reede, um am nächsten Tag, dem 15.12.1939, um 12.01 Uhr mit Schlepperhilfe zur Werft Blohm & Voß in Hamburg zu steuern. Am 16.12. wurde um 12.00 Uhr eingedockt und die Toten aus dem Schiff geborgen. Die feierliche Beisetzung der 16 Gefallenen fand am 20. Dezember 1939 auf dem Ohlsdorfer Friedhof statt. Am gleichen Tag verfaßte der Kommandant der *Leipzig*, Kapitän zur See Nordmann, seinen Gefechtsbericht (Auszüge siehe Kasten)[18]

Schreiben Kommandant an BdA

Zu Gruppe West G.Kdos B.Nr. 196/40

Prf.Nr.Kr 4799

Anlage 3 zu 1/SKL. 1745/40 Gkds.

Kommando Kreuzer *Leipzig* an Bord, den 20.12.1939

Nr. G 2029

Geheim!

An den

Befehlshaber der Aufklärungsstreitkräfte

Betrifft: Gefechtsbericht gem. D a B IV Ziffer 200

- Ohne Vorgang -

Der Kreuzerverband, bestehend aus *Nürnberg, Leipzig* und *Köln* lief am 12.12.39 17.30 Uhr in Schillig aus zur Unternehmung gem. BdA GKdos 802/39A 1 vom 8.12.39.

18.30 Uhr wurde Feuerschiff F Bb querab passiert. Auslaufen über die Punkte L, P, Q, S, Weg blau Alpha in Reihenfolge *Nürnberg, Leipzig, Köln.* Schiffsabstände 1200 m. Während der Nacht Kriegsmarsch über die angeführten Punkte und auf Weg blau, eine Kriegswache auf Stationen. Fahrt 18 sm.

Am 13.12.1939 08.15 Uhr trat der Verband auf Weg blau Alpha im Quadrat 3797 aus dem eigenen Warngebiet heraus. 08.27 wurden im Quadrat 3783 die Bordflugzeuge *Nürnberg* und *Leipzig* zur U-Bootssicherung beim Verband katapultiert. Der Verband steuerte mit wechselnden Kursen im Quadrat 3700 in folgender Formation: »1200 m Stb querab von *Nürnberg* stand *Leipzig, Köln* stand 1200 m achteraus zwischen *Nürnberg* und *Leipzig.*« Verbandsfahrt 24 sm.

Wetter: Windrichtung schwankend zwischen 80° und 130°, Stärke 2-3, Seegang 2, bewölkt, gute Sicht.
Gegen 10.15 Uhr kam Stb. voraus ein Dampfer in Sicht, der bei Näherkommen als Däne ausgemacht wurde. Während es zunächst schien, als läge der Dampfer auf östlichem Kurs, lag er bei Näherkommen auf westlichem Kurs. Es kann nicht beurteilt werden, ob der Dampfer Täuschungskurse gesteuert hat. Im Hinblick auf den unmittelbar anschließenden U-Bootangriff ist auch die Vermutung einer Verwendung in operativem Zusammenhang mit U-Booten aufgetaucht.
Leipzig erhielt vom BdA Befehl zur Untersuchung des Dampfers und hielt auf ihn zu. 10.45 Uhr wurde das Verkehrsboot mit Untersuchungskommando ausgesetzt, nachdem der Dampfer Befehl erhalten hatte, zu stoppen und seine Funkanlage nicht zu benutzen. Es handelte sich um den dänischen Dampfer »Charkov«, der in der Freiliste verzeichnet ist und neben den dänischen Farben auf der Bordwand das Malteserkreuz trug.

Inzwischen waren auch *Nürnberg* und *Köln* herangekommen und fuhren mit hoher Fahrt U-Bootssicherung um *Leipzig.* Nachdem der BdA festgestellt hatte, daß der Dampfer auf der Freiliste stand, befahl er die Freilassung des Dampfers. Das Untersuchungskommando, das unterwegs zum Dampfer »Charkov« war, wurde zurückgerufen. Durch vorübergehenden Ausfall des Bootskranes verzögerte sich das Einsetzen des Bootes um etwa 5 Minuten. Dampfer »Charkov« wurde entlassen. Standort Quadrat 4963.

Befehl des BdA »Kurs Süd, *Leipzig* Bb querab von *Nürnberg*«. Der Verband ging auf 24 sm, *Nürnberg* lief kurze Zeit mit Westkurs ab und schwenkte dann auf Südkurs. *Leipzig* ging auf 28 sm, um in die neu befohlene Position Bb querab von *Nürnberg* aufzudampfen.

11.10 Uhr wurde in Quadrat 4962 ein anscheinend feindlicher Aufklärer gesichtet, der sich auf etwa 100 hm Entfernung beim Verband hielt.

Als *Leipzig* – noch 28 sm laufend – ihre Position querab von *Nürnberg* fast eingenommen hatte, wurde eine Blasenbahn an Bb gemeldet, die jedoch schon so nahe beim Schiff stand, daß ein wirksames Abdrehen aussichtslos war. Der Befehl »Hart Bb« war eben gegeben, als 11.25 Uhr Bb-mittschiffs der Torpedotreffer erfolgte. Standort Quadrat 4965. Eine heftige Detonation erfolgte, das Schiff schüttelte sich schwer und es schien, als breche der Gefechtsmast.
Folgen und Auswirkungen des Treffers:
1. Maschine
2. Leckwehr
3. Artillerie
4. Torpedowaffe
5. Schiffsführung
6. FT   siehe Anlage d-i.

Seitens der Besatzung liegen zu den Ereignissen des 13.12.1939 ebenfalls Aufzeichnungen vor. So berichtete der Pumpenmeister, Stabsobermaschinist Rübe, u.a.:[19]

»Ausgefallen waren K I und K II. Dadurch fiel der Dampf weg. Im Pumpenmeisterabschnitt fiel der gesamte Feuerlöschdruck. Gefährdet waren dadurch Rudermaschine, Motoren mit Kompressor, die gesamten Kreisel und Umformer, Kühlung für E- und Artillerieanlage.«

Anlage e 1 des Gefechtsberichtes Kommandant
Anlage 11 zu 1/Skl. 1745/40 Gkds.

Abteilung I Spant 8–13

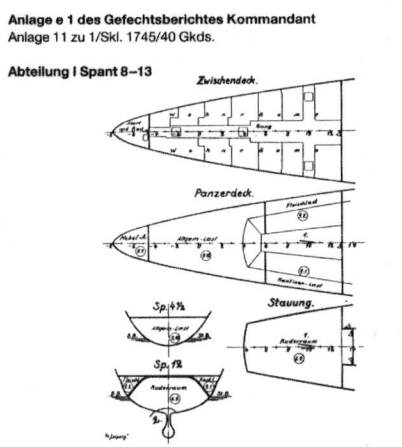

1. Außenhautriß Spant 10 Querriß ½ m Bb.
2. Mittelkiel 20 cm von unten an Stb gerissen, Längsriß ½ m lang.

Anlage e 2 des Gefechtsberichtes Kommandant

Abteilung VIII Spant 78 3/4 – 89 3/4

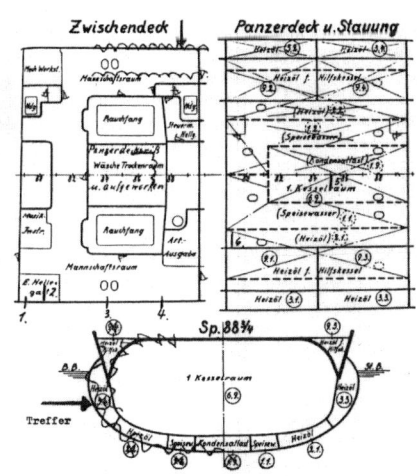

1. Außenhautriß mit Längsbalken Oberdeck 0,5 m Spant 79 Stb.
2. Oberdeckriß bei Spant 81 1,5 m lang, 1 Decksbalken gebrochen.
3. Außenhautriß Spant 84 1 m lang.
4. Außenhautriß 1,5 m lang Spant 87 3/4 Stb mit Schanzkleid 0,5 m gerissen.
5. Außenhautriß 2,5 m Stb Kondensatlast VIII.1.9., Spant 85 alle Nieten los.
6. Außenhautriß Spant 78 Heizölbunker VIII.2.1. 2 m lang, Nieten los. An Bb sind sämtliche Zellen ausgefallen. Mit X bezeichnet.

Anlage e 3 des Gefechtsberichtes Kommandant

Abteilung IX Spant 89 3/4 – 100 3/4

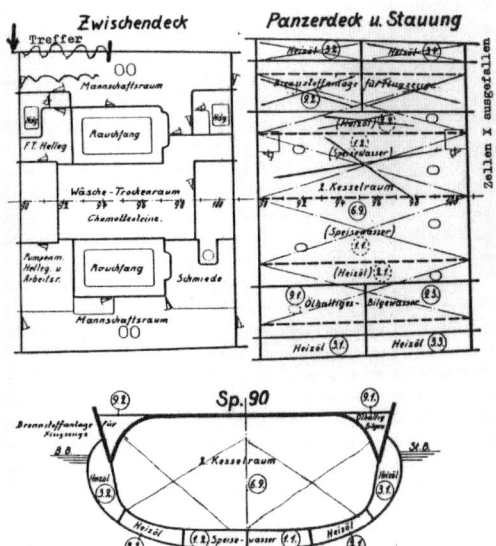

Anlage e 4 des Gefechtsberichtes Kommandant

Abteilung X Spant 100 3/4 – 111 3/4

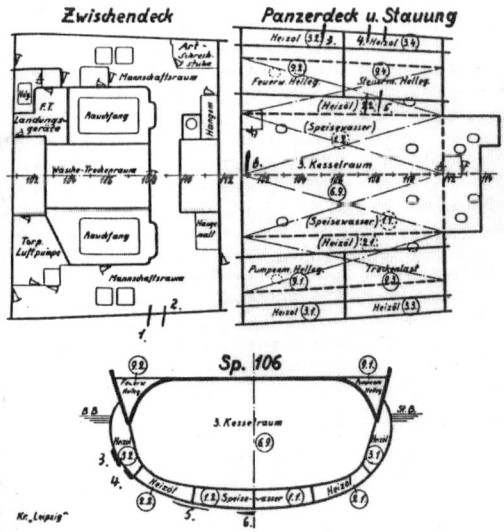

1. Außenhautriß 2 m lang Spant 107 Stb oben.
2. Außenhautriß 1,5 m lang Spant 108 Stb unten.
3. Außenhautriß Spant 105 Heizölbunker X.3.2. 2 m lang.
4. Außenhautriß Spant 107 Heizölbunker X.3.4. 2 m lang.
5. 2 Außenhautrisse je 1 m Spant 108 1/2 Heizölbunker X.2.2. – 3.4.
6. Riß in der Außenhaut der Speisewasserzelle X.1.2. Spant 100 3/4 2 m lang. Alle Nieten los.

Anlagen zum Gefechtsbericht des Kommandanten nach dem verhängnisvollen Torpedotreffer des britischen U-Bootes *Salmon*.
(BA-MA RM 92/48204)

Der Wachmaschinist im vorderen Turbinenraum, Stabsober-maschinist Lührs, sagte folgendes aus:

»11.27 Schwere Erschütterung Bb Voraus. Kleiner Wassereinbruch. 11.28 Zusatz- und Niederdruckentwässerung am Hauptkondensator geschlossen...
11.30 Uhr Befehl vom Masch.-Leitstand: Bb-Seite abriegeln. Notmaschinentelegraf liegt auf «Voraus».
11.40 Uhr Stb.-Turbine stoppt. Meldung an Maschinenleitstand...
11.44 Befehl vom Leitstand: Stb.-Turbine auskuppeln.
12.00 Uhr Befehl vom Masch.-Leitstand: Stb.-Seite K III abriegeln.«

Der wachhabende Unteroffizier im Kesselraum III, Maschinenmaat Terinde, berichtete:

»Zunächst bemerkte ich eine starke Erschütterung achteraus. Die Erschütterung war in K III so stark, daß die Flurplatten einen Meter hochgehoben wurden. Aus beiden Kesseln kam gleichzeitig eine große Stichflamme, durch die der Raum sofort mit Rauch gefüllt war. Ich befahl sofort: Raum verlassen. Als die Heizer des Hauptstandes im achteren Niedergang waren, verließ ich auch den Raum und gab den Heizern den Befehl: Im Niedergang bleiben. Ich betrat den Raum dann wieder, suchte das Lüfterrad und bemerkte, als ich die Lüfter aufdrehte, daß sie noch liefen. Der Raum wurde schnell vom Rauch frei... Sämtliche Hilfsmaschinen liefen noch, und beide Kessel brannten...«

Der Kessel-Ingenieur, Leutnant (Ing.) Woeckner, schilderte seine Maßnahmen nach dem Torpedotreffer:

»... Zunächst wollte ich nach K I gehen. Ich ging durch das Zwischendeck Abtlg. X und IX, wo alles im Dunkeln lag und wo auch schon Wasser eindrang. Es rührte aus den Rissen her, wie sich später bei Beleuchtung herausstellte. In Abtlg. IX und besonders in Abtlg. VIII war es sehr warm, und ein scharfer Geruch von Heizöl und wahrscheinlich Detonationsgasen erfüllte das Zwischendeck... In Abtlg. VIII stand das Wasser bis zum Knie und stieg schnell... Ein Funkgast, der in der Abtlg. VIII auf dem Niedergang neben dem E-Hellegatt hockte, meldete, daß auf Bb-Seite in ihrem Wohndeck ein großes Loch nach außenbords sei, durch das Wasser hereinkomme. Ich... begab mich an Bb-Seite an die Luftschächte von K I und K II und stellte fest, daß beide Räume voll Wasser bis an die Panzergrätings waren... Dies kann 4-6 Minuten nach dem Treffer gewesen sein. Anschließend begab ich mich zum Maschinenleitstand und machte dem LI Meldung über die festgestellten Schäden...«

Eine weitere Aussage stammt vom Flugzeugführer des Bordflugzeuges Kreuzer *Leipzig,* Luftwaffen-Oberfeldwebel Walter Müller, der vom 11. November 1939 bis Anfang 1940 auf *Leipzig* kommandiert war. Er flog damals noch die HE 60 (Doppeldecker-Schwimmerflugzeug Typ Heinkel HE 60). Nach seiner Darstellung konnten durch die Sichtungsmeldungen des Bordflugzeuges mehrere Prisenschiffe aufgebracht werden. In seinem Leistungsbuch ist vermerkt: 13.12.1939 um 11.20 Uhr Feindberührung bei der Fischerbank. Dazu bemerkte Müller:

»Das Bordflugzeug von der *Nürnberg* und unseres von der *Leipzig* flogen ab Hellwerden gegen 07.00 Uhr enge und weite Sicherung bei den Schiffen. *Köln, Leipzig* und *Nürnberg* passierte nichts. Ich schoß mehrere Treibminen ab, die auf den Verband zurollten. Ein dänisches Fischerboot gab uns Zeichen, daß britische U-Boote da seien. Wir hatten öfters zwischen 07.00 und 09.00 Uhr U-Boot-Sehrohre gesichtet und unter Wasser gedrückt. Mein Beobachter, Leutnant Schubert, gab mit dem Morsescheinwerfer laufend Bericht über die anwesenden U-Boote und bat um Zwischenlandung zum Auftanken, denn wir hatten mit der nur 240 km/h Geschwindigkeit erreichenden He 60 max. 4,5 Stunden Flugdauer. Während unseres Auftankens sollte das Bordflugzeug von *Nürnberg* weiterhin Sicherung fliegen. Anschließend wollten wir die Sicherung übernehmen, damit auch das Bordflugzeug von *Nürnberg* auftanken konnte. So wäre stets eine enge Sicherung am Verband gewesen. Es hatten sich die Zerstörer verspätet, die nachts an Englands Küsten Minen gelegt hatten und unter dem Schutz des Kreuzerverbandes heimgeführt werden sollten. Aber der Verbandsführer erlaubte keine Zwischenlandung und wies die beiden Bordflugzeuge an, mit dem restlichen Treibstoff die Küste zu erreichen. Wir waren kaum eine halbe Stunde vom Verband weg, da hatten die U-Boote ihre Angriffe mit Erfolg durchgeführt. Als wir gegen 12.00 Uhr in List auf Sylt landeten und diese Tatsache erfuhren, waren wir Flieger sehr erzürnt darüber, daß man uns als wirksamen Schutz des Flottenverbandes einfach entlassen hatte. Es herrschte nur Seegang 3. Die Wasserlandung zum Auftanken wäre also unproblematisch gewesen.«

Soweit der Bericht des Bordfliegers, dessen Angaben durch den Bericht des B.d.A., Vizeadmiral Lütjens, über das Gefecht mit britischem U-Boot und Fliegern am 13.12.1939, bestätigt werden. In diesem Bericht heißt es u.a.:[20]

---

[19] BA-MA RM 92/ 48201, Bericht über die Auswirkungen des Torpedotreffers, darin die Einzelberichte. Vollständiger Text siehe Herzog, Paul: *Leichter Kreuzer »Leipzig«* (IV), S. 48-86, Rheinbrohl 1987.

[20] BA-MA RM 92/ 48204 Bl. 1-26 und vollständige Texte siehe Herzog, Paul: *Leichter Kreuzer »Leipzig«* (IV), S. 112-142.

»Der Kreuzerverband, bestehend aus den Kreuzern *Nürnberg, Leipzig* und *Köln* unter Führung des BdA, stand nach planmäßig verlaufenem Aufmarsch am 13.12.1939 beim Hellwerden, Weg blau Alpha verlassend, nördlich des Warngebietes zur Aufnahme und Sicherung der von einer Minenunternehmung rücklaufenden Zerstörer...

Es entsprach meiner Auffassung, daß die über weiten Seeraum zurücklaufenden Zerstörer nach der Unternehmung, bei der sie Schäden durch Feindeinwirkung oder Maschinenschaden erlitten haben konnten, am nächsten Tage einen Rückhalt durch Kreuzer gegenüber nachdrängenden Feindstreitkräften haben...

Der Hinweis im grundlegenden Befehl des Seebefehlshabers West, daß... mehrfach... U-Boote gemeldet wurden, veranlaßte mich, ... um Zuteilung von Fahrzeugen als U-Bootsicherung für die Kreuzer zu bitten... Für die Sicherung der Kreuzer war kein Zerstörer übrig (Am 11.12. abends)...

Unter Berücksichtigung der sich nun ergebenden Lage habe ich Änderungen in dem s.Zt. unter anderen Bedingungen aufgestellten Operationsbefehl vorgenommen:

1. Der ursprünglich vorgesehene Aufklärungsauftrag für die Bordflugzeuge wurde zurückgezogen. Die Bordflugzeuge erhielten statt dessen Befehl von Hellwerden bis zur Grenze ihres Brennstoffbestandes enge Sicherung beim Kreuzerverband zu fliegen.

2. Ich hatte die Absicht, in Abänderung des erlassenen Befehls nicht zwei, sondern alle zurückkehrenden Zerstörer nördlich des Warngebietes zur U-Bootsicherung an die Kreuzer heranzuziehen. Ich war mir klar darüber, daß die U-Bootgefahr nicht zu unterschätzen war, um so mehr als am Vortage die »Bremen« auf Weg Blau heimkehrte und den Gegner zu besonderer Aktivität angereizt haben konnte...

Um 10.30 Uhr mußten die Bordflugzeuge, um List noch mit Sicherheit erreichen zu können, entlassen werden, ehe ihre Ablösung eingetroffen war...

Um 11.25 Uhr, als *Leipzig* ihre Position querab von *Nürnberg* fast eingenommen hatte, erfolgte auf *Leipzig* eine Detonation mit hoher Wassersäule und starker Rauchentwicklung mittschiffs.

In der Zwischenzeit waren die zur Ablösung der Bordflugzeuge bestimmten Maschinen (2 HE 115) herangekommen...

Der Führer der Flugzeuge... meldete... im Gefechtsbericht folgendes: »Bei Annäherung an die Kreuzer... leitete ich ES-Austausch mit dem Anruf »U« ein... Im selben Moment sahen sowohl Flugzeugführer als auch Beobachter die Laufbahnen eines Torpedofächers von etwa 5 Torpedos. Die Torpedos liefen auf Kreuzer *Leipzig* zu. In den Kurs der Torpedos drehend gaben wir sofort mehrfach »UU«, diesmal als U-Bootsignal. Dieses »UU« wurde von dem Kreuzer vermutlich noch als ES-Anruf angenommen... Über der Ausstoßstelle warfen wir nacheinander 2 SC 250 ab, die jedoch nicht detonierten...«

Der Morsebuchstabe »U« als optisches U-Bootsalarmzeichen ist bei den Seestreitkräften nicht bekannt und gemäß Signalbuch als Flugzeugwarnsignal nicht vorgesehen...

Bei Eintritt der Detonation auf *Leipzig* war mir sofort klar, daß Torpedotreffer durch ein U-Boot vorlag... Der Befehl hart Backbord war eben gegeben, als der Torpedotreffer mit 90° Auftreffwinkel mittschiffs erfolgte und die Bordwand von K I und K II zerstörte. *Nürnberg* und *Köln* wendeten auf Befehl: Signal grün 9, mit Höchstfahrt ab... Gerade als die Wendung beendet war, kamen Stb. achteraus von *Nürnberg* zwei Torpedolaufbahnen in Sicht in einer Lage von 155° in etwa 500 m Abstand. Beide Torpedos liefen in 15-20 m Querabstand parallel. Torpedokurs etwa 250°. Trotz sofort eingeleiteten Abdrehmanövern... folgte das Schiff... zunächst nur langsam. Während ein Torpedo vorn vorbeiging, traf der zweite Torpedo *Nürnberg* im Vorschiff an Stb. Abteilung XIV/XV... Um 13.40 Uhr wurden Bb. voraus 3 eigene Zerstörer gesichtet... Als Weg für den Rückmarsch beschloß ich den Weg Blau Alpha zu nehmen... Der weitere Rückmarsch erfolgte gruppenweise unter Führung der Kreuzerkommandanten...

gez. Lütjens

Dem B.d.A. Bericht lagen insgesamt sechs Anlagen bei, darunter der Operationsbefehl Nr. 9 vom 8.12.1939, ein Auszug der Planquadratkarte und die Gesamtgefechtsskizze. Siehe hierzu nachfolgende Darstellungen.

Über die Geschehnisse in der Nordsee meldete der Wehrmachtsbericht am Donnerstag den 14. Dezember 1939:[21]

»... In den letzten Tagen fanden Operationen der Seestreitkräfte in der nördlichen **Nordsee** statt. Auf dem Rückmarsch ereignete sich bei einem Leichten Kreuzer eine Unterwasserdetonation. Die Schäden sind geringfügiger Art, das Schiff ist in den Heimathafen zurückgekehrt.«

---

[21] Die Texte der Wehrmachtsberichte sind, wenn nicht anderweitig angegeben, der Veröffentlichung der Gesellschaft für Literatur und Bildung mbH 5000 Köln 51, 1898 Bd. 1-3 entnommen.
Titel: *Die Wehrmachtsberichte 1939-1945*
Bd. 1: 1. September 1939 bis 31. Dezember 1941
Bd. 2: 1. Januar 1942 bis 31. Dezember 1943
Bd. 3: 1. Januar 1944 bis 9. Mai 1945

Geheime Kommandosache

Befehlshaber
der Aufklärungsstreitkräfte,
B.Nr. gkds. 802/39 AL.

1. Anlage zu BdAg.Kdos 40/40
den 8.12.39
Zu Gruppe West G.Kdos
B.Nr.296/40
4:Prf.Nr.: 16Kr4799
Anlage 19 zu 1/Skl 1745/40 Gkds

Geheime Kommandosache!
Operationsbefehl Nr. 9
für die
Unternehmung »Nanni Sophie«

(Seebefehlshaber West gkds. 218 Abschn. C und gkds. 218/39 II.Ang. Abschn. C.)
Ausführung auf das Stichwort »Nanni Sophie« mit angehängter vierstelliger Zahl.
Dabei bedeuten die beiden **mittleren** Zahlen durch 3 dividiert das Datum des **Auslauftages**.

I. Nachrichten vom Feinde:
a.) Seestreitkräfte:
In letzter Zeit wurde an der englischen Ostküste nur das gelegentliche Auftreten von einzelnen Kreuzern und Zerstörern als Deckung von Geleitzügen gemeldet.
Stärkere Kreuzergruppen wurden zuletzt nur auf der Linie Shetland – Bergen und nördlich davon festgestellt. Im Firth of Forth liegen häufig Einheiten des 2. Kreuzergeschwaders. Feindliche U-Boote sind zuletzt gemeldet etwa im Quadrat 9581, 8262, 6557.
b.) Luftstreitkräfte:
Mit feindlicher Luftaufklärung während der Helligkeit und mit Luftangriffen während des Tages muß gerechnet werden.
c.) Minenlage:
Die Quadrate 9595 und 9596 linke Hälfte von dem linken oberen Viertel sind freigesucht; kein Befund; das Gebiet ist freigegeben. Die Nachrichten vom Feinde werden am Auslauftage gegebenenfalls nach der letzten Feindlage ergänzt.

II. Eigene Streitkräfte:
a.) Eigene Zerstörer (6 Zerstörer, davon 4 Minenträger – Namen folgen am Auslauftage –) führen während der Nacht eine Minenunternehmung gegen den Nordausgang des WarChannel bei Newcastle durch. Mit Eintreffen der rücklaufenden Zerstörer an der Nordwestecke des deutschen Warngebietes kann bei planmäßigem Ablauf der Operation etwa 11.30 Uhr am Tage nach der Operationsnacht gerechnet werden.
b.) Am Tage nach der Operationsnacht ist Luftaufklärung und außerdem Bereitstellung von Kampfverbänden des Fliegerkorps X beabsichtigt.

III. Aufgabe:
Aufnahme und Sicherung der rücklaufenden Zerstörer mit *Nürnberg, Leipzig* und *Köln* an dem der Operationsnacht folgenden Vormittag nordwestlich des Warngebietes.

IV. Absicht:
Auslaufen auf Weg Blau; bei Hellwerden Heraustreten aus dem Warngebiet auf Weg Blau Alpha. Bewegungen in geschlossenem Kreuzerverband nördlich und nordwestlich des Warngebietes. Nach Passieren bzw. Aufnahme der Zerstörer Rückmarsch auf Weg Blau.

V. Durchführung:
a.) Auslaufen der Kreuzer am Abend der Operationsnacht in Reihenfolge *Nürnberg – Leipzig – Köln* von der Jade schiffsweise.
b.) 19.00 Uhr Sammeln (kein friedensmäßiges Sammeln) in Quadrat 9592, Kurs 0°, Fahrt 18 sm, Karl gelb, Emil Gelb.
c.) Vormarsch mit 18 sm, Durchschnittsgeschwindigkeit über folgende Punkte:

L, P, Q, S dann weiter Weg Blau und Blau Alpha, gegebenenfalls bis 56° N mit Bugschutzgerät.

d.) Bei Hellwerden etwa 08.00 Uhr steht Kreuzerverband Quadrat 3786 AN. Start der Bordflugzeuge zur Aufklärung in nordwestlicher und nördlicher Richtung, bis 57° 30' N und 3° Ost. Rückflug der Bordflugzeuge nach List.

e.) Während des Vormittages wechselnde Kurse im Quadrat 3700, dabei bei geeigneter Wetterlage Handelskrieg.

f.) Um 11.30 Uhr steht der Kreuzerverband in Quadrat 3747.

g.) Bei Zusammentreffen mit Zerstörern teilt der FdZ 2 Zerstörer als U-Bootssicherung für die Kreuzer ab. Im übrigen Rückmarsch getrennt. Falls bis 15.00 Uhr Zusammentreffen nicht erreicht ist, laufen Kreuzer auf Weg Blau zurück.

Im Bedarfsfalle ist FdZ Langwellen Nahzone freigegeben.

h.) Nach Rückkehr *Nürnberg* und *Leipzig* Wilhelmshaven Reede, *Köln* Altenbruch Reede. Brennstoff ergänzen.

VI. Nachrichtenanordnungen:
Punktschaltung Kreuzerverband:
Gem. K.N.V.II Anlage 2,II

a.) **Flottenkurzwelle** I (II) Dauerbesetzung.

b.) **Führerwelle** I (II) nach 1.K.R.-Meldung der Zerstörer. (Weitere Kr.-Meldungen werden nur auf dieser Welle gefunkt.)

c.) **Flugzeugaufklärungswelle** »Nanni Caesar« am Vortage der Operationsnacht ab 12.00 Uhr bis Landung des letzten Aufklärungsflugzeuges. Am Tage nach der Operationsnacht von Hellwerden bis Dunkelwerden.

d.) **U.K.-Kanal 9** vom Auslaufen bis Einlaufen. Bezeichnungssignale als Rufname verwenden. U.K.-Beschränkung.

e.) **Langwellen-Nahzone** »Lucie Anton«.
Nürnberg schaltet diese Welle am Tage nach der Operationsnacht ab 08.00 Uhr. Die Gruppenführer-Zerstörer schalten diese Welle bei Feindberührung, aber nicht vor 08.00 Uhr und achten auf Funksignal mit Aufforderung zum Peilzeichen senden. Zur Tarnung werden Peilzeichen, in Form von 5stelligen Zahlenwetterberichten eingeleitet und beendet mit dem geh. Funknamen, abgegeben. Nach dem Sammeln, spätestens 15.00 Uhr, wird diese Welle ohne weiteren Befehl ausgeschaltet. Es ist stets darauf zu achten, daß nur mit soviel Energie gearbeitet wird, wie zum Erreichen des Zieles erforderlich ist.

VII. Sonderbestimmungen:
a.) Beim Auslaufen zum Sammeln Dampf auf für 21 sm, Kriegsmarschzustand 1.

b.) Keine Auslaufmeldungen. Auf Anrufe nur E.S.

c.) Ab 06.00 Uhr Dampf auf für Höchstfahrt. Klarschiffzustand 1.

d.) Bei Nebel Unternehmung fortsetzen. Verbandsfahrt 9 sm. Kriegsmarschzustand 1.

e.) Zur Erleichterung des Erkennens eigener Seestreitkräfte durch die Luftkampfeinheiten ist von allen Seestreitkräften am Tage nach der Operationsnacht für die Dauer des Einsatzes von Luftstreitkräften ein großer Wimpel 1 (Schiffsgröße) im Vortopp zu setzen. Der normalc E.S.-Austausch wird durch diese Maßnahme nicht berührt.

f.) Jeder Kreuzer hält zwei Prisenkommandos klar.

g.) Bugschutzgerät ist während der ganzen Unternehmung klar zu halten.

h.) Im Hinblick auf die fehlende U-Bootssicherung ist besondere Sorgfalt im U-Bootsausguck und häufige Ablösung der Ausguckposten erforderlich.

i.) Bei Fliegeralarm wenden mit Höchstfahrt die **ungeraden** Nummern nach Stb., die **geraden** Nummern nach Bb. Linienpeilung zur Anflugrichtung vermeiden. Bewegungen in optischer Reichweite des Flaggschiffs selbständig der taktischen Lage entsprechend. Nach Beendigung des Fliegeralarms Einnehmen der alten Formation, ohne weiteren Befehl.

k.) Bekanntgabe der Aufgabe an die Besatzungen erst nach Auslaufen ohne Einzelheiten über die Minenaufgabe der Zerstörer.

l.) Dieser Befehl ist nach Beendigung der Unternehmung zu vernichten. Keine Vernichtungsmeldung.

gez. Lütjens

Für die Richtigkeit: (unleserlich) Oblt. (V) u. Verb. Adj.

Verteiler

Zu BdA B.Nr. GKdos. 802/39

Prüf-Nr.

Gruppe West	1-2
Seebefehlshaber West	3-4
BdA	5
FdZ	6-8
Nürnberg	9
Leipzig	10
Köln	11

nachrichtlich

BSN	12
BdU	13
FdLuft-West	14
Fliegerkorps X	15
Reserve	16-25

Gemessen an den Beschädigungen, die der Kreuzer *Leipzig* davontrug, und die zu einem einjährigen Einsatz-Ausfall führten, war dies eine sehr optimistische Darstellung.

Das Ende des Jahres 1939 erlebte der Kreuzer im Dock von Blohm & Voß in Hamburg.

---

[21] Die Texte der Wehrmachtsberichte sind, wenn nicht anderweitig angegeben, der Veröffentlichung der Gesellschaft für Literatur und Bildung mbH 5000 Köln 51, 1898 Bd. 1-3 entnommen.

Titel: *Die Wehrmachtsberichte 1939-1945*

Bd. 1: 1. September 1939 bis 31. Dezember 1941

Bd. 2: 1. Januar 1942 bis 31. Dezember 1943

Bd. 3: 1. Januar 1944 bis 9. Mai 1945

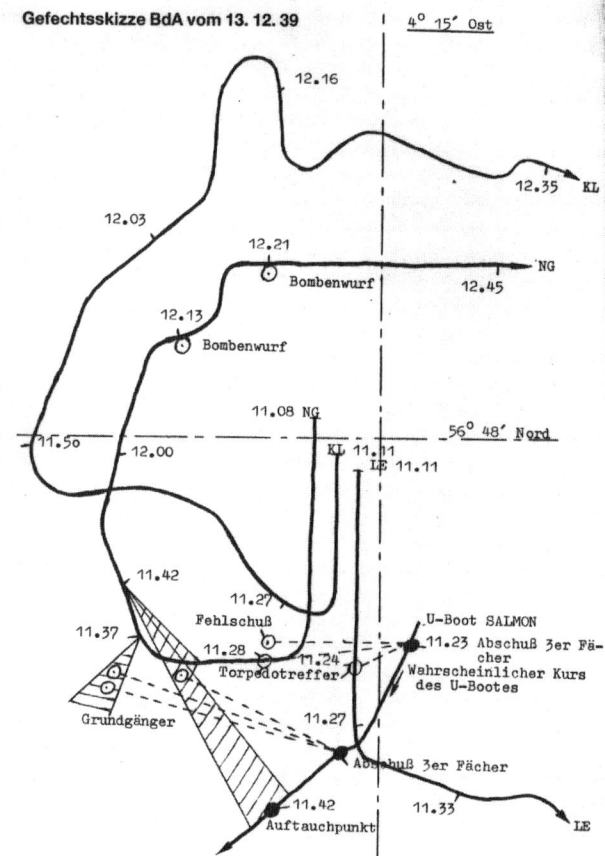

Anlage 4
Anlage zu BdA g.Kdos. 40/40
Zu Gruppe West G.Kdos B.Nr. 296/40
Prf.Nr. Kr 4799
Anlage 22 zu 1/Skl. 1745/40 GKdos

Erklärung Gefechtsskizze BdA vom 13. 12. 1939

Kreuzer NÜRNBERG	NG	———
Kreuzer KÖLN	KL	———
Kreuzer LEIPZIG	LE	———
Fahrstrecke U-Boot		——●——
Torpedolaufbahn		- - - -
Detonation, Grundgänger und Bombenabwurf		⊙
Artilleriefeuer		◁▨

Gefechtsskizze des Befehlshabers der Aufklärungsstreitkräfte (BdA) Vizeadmiral Lütjens.

(BA-MA RM 92/48204)

Zur selben Zeit zog die Skl in ihrem KTB Bilanz und schreibt über die Ereignisse vom 12.-15. Dezember 1939:[22]

»Die Torpedotreffer auf »Leipzig«, »Nürnberg« und »F 9« zeigen erstmalig die Auswirkungen der seit einiger Zeit durch Funkbeobachtungen und Sichtmeldungen bestätigten planmäßigen Aufstellung feindlicher U-Boote an den Ausfalltoren aus der Deutschen Bucht und innerhalb der Deutschen Bucht selbst...«

Zurück zur *Leipzig*. Nach dem Ausdocken am 8.2.1940 warf das Schiff am 9.2. um 10.03 Uhr in Hamburg los und lief durch den Kaiser-Wilhelm-Kanal nach Kiel. Dort verholte das Schiff am 16.2. in die Werft der Deutschen Werke AG. Hier erfolgte am 27. Februar 1940 die Außerdienststellung des Schiffes, nachdem erhebliche Schäden festgestellt worden waren, so daß mit einer länger dauernden Instandsetzungszeit zu rechnen war. Der ObdM, Großadmiral Raeder, bemerkte in einer »Klarstellung«:[23]

»Die Verwendung der Kreuzer zur Aufnahme von Zerstörern oder anderen leichten Seestreitkräften in der Form, wie sie für den 13.12.1939 vorgesehen war, hat sich als unzweckmäßig und unrichtig erwiesen.«

Diese Erkenntnis änderte nichts an der Tatsache, daß die Skl hinsichtlich der Wiederherstellung des Kreuzers *Leipzig* entschied: »... beschleunigte provisorische Fertigstellung bis 12.40., Herstellung Fahrbereitschaft mit 21 sm, danach wird Schiff den Schulen für Erprobungen, Übungen, Ausbildung usw. zur Verfügung gestellt. Grundreparatur spätcr.«

Welche Trefferwirkungen zur provisorischen Fertigstellung zu beseitigen waren, geht aus einem Schreiben des Marinekommandoamtes vom 17. Juni 1940 und den zugehörigen Anlagen hervor.[24]

Am 1. Dezember 1940, knapp ein Jahr nach dem verhängnisvollen Torpedotreffer in der Nordsee, wurde der Leichte Kreuzer *Leipzig* erneut in Dienst gestellt. Kommandant des »Schulschiffes« war nun Kapitän zur See Stichling. An Bord

[22] KTB Skl, Bd. 4, S. 105

[23] siehe Cajus Bekker: *Verdammte See*, Ullstein Buch Nr. 3057 S. 62, Ulm 1974 (Originalausgabe bei Gerhard Stalling Verlag Oldenburg, 1971).

[24] BA-MA RM 92/ 48202 Schreiben Marinekommandoamt, AIb Nr. 1249/40 G.Kdos, Berlin 17. Juni 1940 mit Fotos und Skizzen und Herzog, Paul: *Leichter Kreuzer »Leipzig«* (IV) S. 161-192.

Der Torpedotreffer hatte weitreichende Auswirkungen auf den weiteren Einsatz der *Leipzig*. Das Bild offenbart das ganze Ausmaß der Schäden an der Backbordseite

waren die Kesselräume I und II als Schlaf- und Aufenthaltsräume für Kadetten hergerichtet worden. Fortan konnte das Schiff nur mit den beiden Kesseln des Kesselraumes III die Turbinen beaufschlagen, wie bisher die Marschmotorenanlage voll nutzen und so max. 22 kn Fahrtgeschwindigkeit erreichen. An der Bewaffnung und sonstiger Ausrüstung wurden während der Wiederherstellungsarbeiten in der Danziger Werft Veränderungen vorgenommen.

Entfernt wurde das Flugzeugkatapult und an beiden Ladeposten je ein Scheinwerfer mitsamt Plattform. Ebenfalls ausgebaut wurden die beiden achteren Torpedo-Drillings-Rohrsätze.

Nach dem verhängnisvollen Torpedotreffer konnte die *Leipzig* nur noch als Schulkreuzer verwendet werden. Das Bild zeigt das Schiff 1941 mit Tarnanstrich.

Der Kreuzer erhielt eine MES-Anlage (Mineneigenschutz) gemäß »KI GB 251 geh. vom 15.1.1940«.[25] Beidseits des achteren Artillerieleitstandes wurden zusätzlich zwei 2 cm-Flak in Einzellafetten montiert, und vermutlich erhielt der Kreuzer auch den damals üblichen Tarnanstrich. Am Ende der Werftliegezeit (29.3.-30.11.1940) in der Danziger Werft erfolgte am 1.12.1940 die Indienststellung. Weitere Arbeiten der Werft erfolgten vom 2.12.-16.12.1940 am Ausrüstungskai der Werft.

Nachfolgend einige Auszüge aus dem Schiffbuch II, Abschnitt IV.[26]

> »Vom 1.12.1940 der 2. Wiederindienststellung in der Danziger Werft, bis zum 15.2.41 fand der Kreuzer »Leipzig« Verwendung als Waffenschulschiff für die A.I. und T.I. Das Schiff war für diese Zeit der A.I. unterstellt. Fahrten in der mittleren und östlichen Ostsee.
> 15.2.41-1.4. Ausscheiden aus der operativen Verwendung der Kernflotte. Schiff unterstand dem B.d.K. bzw. der Flotte. Es wurden in dieser Zeit Einzelausbildung, Torpedoschießen der T.S. Versuche des O.K.M. und eigenes Art.-Schießen (durchgeführt). Fahrten in der mittl. und östl. Ostsee.«

Dabei erfolgte vom 11.-13.2.41 die Meilenfahrt mit 24 sm, mit 2 Kesseln, 2 Turbinen und den 4 Marschmotoren.

8.-28.3.	Werft Kiel. Docken, Instandsetzung der durch Eisgang beschädigten Schrauben, kleinere Arbeiten.[27]
1.4.	Hauptstellenwechsel, Schiff als Ausbildungskreuzer dem Chef des Ausbildungsverbandes der Flotte unterstellt.
1.4.-15.7.	Erster Ausbildungsabschnitt
12.6.-9.7.	Oslo-Fjord.

Dazu folgende Ergänzung: Am 11.6.1941 lief der Kreuzer *Leipzig* gemeinsam mit dem Schweren Kreuzer *Lützow* und dem Leichten Kreuzer *Emden* in die mittlere Ostsee aus, Kurs Großer Belt. Nach dessen Passieren und der Fahrt durch das Kattegat wurden die Kreuzer *Leipzig* und *Emden* nach Oslo detachiert. Die *Lützow* und die begleitenden fünf Zerstörer liefen weiter Richtung Skagerrakausgang. Dort erhielt der Schwere Kreuzer am 13.6.1941 gegen 02.40 Uhr einen Lufttorpedotreffer und mußte umkehren.[28] Zu diesem Zeitpunkt lagen die beiden Leichten Kreuzer *Leipzig* und *Emden* bereits im Hafen von Oslo. Dort hatte *Leipzig*

---

[25] Angaben von Herrn Klopp (siehe Archivalien etc.) Zusammenstellung aus Schiffbuch II, Abschnitt IV Lebensgeschichte.

[26] BA-MA TS 297 M3, PG 57412/NIP, Schiffbuch II für Kreuzer *Leipzig*, Abschnitt IV Lebensgeschichte, Seiten 103 f. hier S. 108-123, Wichtige Vorkommnisse.

[27] siehe 26

[28] Einzelheiten dazu siehe H. G. Prager: *Panzerschiff Deutschland – Schwerer Kreuzer Lützow*, , S. 256f., Heyne-Buch Nr 01/6269, München 1983.

am 12.6. um 22.00 Uhr am Utstikker 3 festgemacht.[29]
Das KTB der Gruppe Nord hielt vom 1.6.-31.7.1941 fest:[30]

> »13.6.41 04.55 Uhr »Leipzig« meldet. 12.6. 22.00 Uhr Oslo eingelaufen.
>
> 12.6.   08.00 Uhr bei Anholt
>   12.30 Uhr Skagen-Sperre
>   16.45 Uhr Abzweigpunkt der leichten Kreuzer.

Noch während der Kreuzer *Leipzig* in Oslo lag, begann mit Eingang des Stichwortes »Barbarossa« der deutsche Angriff gegen die Sowjetunion am 22. Juni 1941 um 03.00 Uhr. Für die Kriegsmarine war der »Operative Führer« der B.d.K., Vizeadmiral Schmundt. Ihm waren folgende Seestreitkräfte zugeteilt:[31]

Schulschiff *Schlesien*
Schulschiff *Schleswig-Holstein,* beide als schwimmende Batterien vor dem Belt und Sund.
Leichter Kreuzer *Leipzig*
Leichter Kreuzer *Nürnberg*
Leichter Kreuzer *Köln*
1. und 2. Torpedoboot-Flottille
5. Minensuchflottille
U 140, 142, 144, 145, 146.

Die *Leipzig* verblieb zunächst im Gebiet des Oslofjordes, wechselte dort lediglich die Liegeplätze Oslo, Horten, Oslo und lief am 7. Juli 1941 nach Travemünde. Dort besichtigte der Befehlshaber des Ausbildungsverbandes der Flotte, Konteradmiral Thiele, das Schiff, um sich einen Eindruck vom Ausbildungszustand zu verschaffen. Danach begann der »Zweite Ausbildungsabschnitt«, in dessen Verlauf der Kreuzer vom 14.8.-1.9.1941 in Kopenhagen weilte. Von dort marschierte das Schiff am 1.9.1941 nach Travemünde zur weiteren See- und Hafenausbildung, um dann am 21.9. nach Swinemünde zu laufen, gemeinsam mit dem Kreuzer *Nürnberg*. Beide Schiffe trafen dort am 23.9. ein und sollten einem neu zu bildenden Flottenverband zugeordnet werden.
Dazu notiert das KTB der Skl mit Datum 23.9.41:[32]

> »Flotte meldet vorübergehende Aufstellung des Flottenverbandes Ost (jetzt Baltenflotte (s.o.) genannt) am 22.9. für Sonderaufgabe, siehe FS 1045, Chef Vize.Adm. Ciliax, der operativ B.d.K. unterstellt wird. Zugeteilte Streitkräfte: ¯»Tirpitz«, »Scheer«, »Köln«, »Nürnberg«, »Leipzig«, »Emden«, 8.Z.-Flottille mit Z »25«, »26«, »27«, 2.T.Flottille mit T »2«, »5«, »7«, »8«, »11«. Vertretung: Chef B.d.S. im Westraum durch Kommandant »Gneisenau«... Nordgruppe Baltenflotte marschiert 10.00 Uhr ab Arkona auf Zwangswegen bis Südspitze Öland zwischen Wartburg III und schwed. Ölandsperre durch schwed. Übungsgebiet zum Ankerplatz Foegloefjärden. Skl. veranlaßt Unterrichtung schwed. Marine. Siehe FS 0915.«

Am gleichen Tag notierte das Marinegruppenkommando Nord in seinem KTB:[33]

> »23.9.41 10.18 Uhr Fahrzeuge der Nordgruppe (*Tirpitz, Scheer, Nürnberg, Köln, Z 25, Z 26,* 2. T-Flottille mit *T 11, 8, 5, 2*) und Südgruppe (*Leipzig, Emden, T 7*) melden Auslaufen aus Swinemünde zum Marsch in die Einsatzräume.«...
>
> »(Seite 38) ...Bei Stockung der Besetzung Sworbe und dem zu erwartenden Widerstand bei der Besetzung Dagös scheint es, trotz des nur mäßigen Ausbildungsstandes von *Leipzig* und *Emden* richtig, sie im Landkampf einzusetzen, da erfahrungsgemäß die Beschießung von See aus von den Landtruppen auch bei geringen positiven Auswirkungen als sehr zermürbend empfunden wird. Bei sachgemäßem Operieren und bei dem verfügbaren Minen- und Nebelschutz veranschlage ich das Risiko für die beiden Kreuzer als gering. gez. Carls.«

Soweit die damalige Einschätzung des Oberbefehlshabers des Marinegruppenkommandos Nord.

---

29 BA-MA RM 45/104, KTB Kommandierender Admiral Norwegen vom 1.4.-30.6.1941.

30 BA-MA RM 35 I/136, KTB Marinegruppenkommando Nord vom 1.6.-31.7.1941.

31 Fall »Barbarossa«, Angriffsplanung gegen Rußland. Dazu waren seitens der Kriegsmarine die angegebenen Seestreitkräfte vorgesehen und auch zugeteilt worden. Quelle: *Schiff und Zeit* Heft 17, Seite 15, Herford 1983.

32 KTB Skl Bd. 25, S. 390, 391.

33 BA-MA RM 35 I/137, KTB Marinegruppenkommando Nord vom 1.8.-30.9.1941.

Im Verband der Baltenflotte – Einsatz vor Ösel

Der von der Kriegsmarine aufgestellte Flottenverband, *Baltenflotte* genannt, sollte einen etwaigen Ausbruch der sowjetischen »Baltflot« aus der Kronstädter Bucht in die Ostsee unterbinden. Eine weitere Aufgabe war die artilleristische Unterstützung der Heeresverbände im Kampf um die baltischen Inseln Ösel und Dagoe. Im Vorfeld der Unternehmung wurden die sogen. »Juminda-Sperren« verstärkt.[1]

Wegen der starken sowjetischen Flotteneinheiten in und vor Kronstadt und Leningrad – u.a. die Schlachtschiffe *Marat* und *Oktabriskaja Revoljucija,* die Schweren Kreuzer *Kirov* und *Maxim Gorkij* sowie zahlreiche Zerstörer und U-Boote – wurde die Nordgruppe der *Baltenflotte* entsprechend zusammengestellt. Gemeinsam mit der Südgruppe marschierte der Flottenverband am 24.9.1941 ins Operationsgebiet. Hierzu das KTB der Skl:[2]

> »Baltenflotte: Marsch von Nord- und Südgruppe ins Operationsgebiet planmäßig. Gruppe Nord beabsichtigt bei Bestätigung der Beschädigung der Russenschlachtschiffe zurückzuziehen »Tirpitz« nach Gotenhafen und Entlassung »Scheer« zu Beginn Werftarbeiten und bei weiterem Feindeinsatz auf Sworbe und Dagoe zeitweisen Einsatz von »Leipzig« und »Emden« zur Küstenbeschießung unter möglichster Ausschaltung der Gefährdung der Schiffe durch Zerel- und Ristna-Batterien (FS 1125) und meldet 22.00 Uhr die für baldmöglichste Ausführung der Absichten seitens BdK getroffenen Anordnungen. Danach werden »Tirpitz« und »Scheer« mit 2 T-Boo-

ten nach Gotenhafen detachiert, wo »Tirpitz« in dreistündiger Bereitschaft bleibt, während »Scheer« anschließend entlassen ist. Als Nordgruppe verbleiben in Aalandschären BdB auf »Nürnberg«, »Köln«, Z 25, 26, 27, S-Boote mit »Carl Peters«, 11. U-Jagdfl. und 5 Boote 1. MS-FL. Südgruppe aus »Leipzig«, »Emden« mit 3 Booten 1. MS-Fl. und 3 Booten 2. T-Fl. (T 7, T 8, T 11) in Libau in Bereitschaft für Beschießungsaufgaben. (FS 2202).«

Der Rückzug der »schweren Einheiten« wurde aufgrund der erfolgreichen Bombardierung der beiden sowjetischen Schlachtschiffe angeordnet. Dazu das KTB der Skl vom 26.9.1941:[3]

> »Schwere Beschädigungen der fdl. Schlachtschiffe und zum Teil der schw. Kreuzer und Flottillenführer machen Ausbruchsversuch auch nach Auffassung von Gruppe Nord noch weniger wahrscheinlich als bisher schon. Die am 24.9. angeordneten Maßnahmen betr. Baltenflotte können also planmäßig anlaufen.«

Inzwischen war der Kreuzer *Leipzig* im Flottenverband am vorgesehenen Ankerplatz bei den Aalandinseln Föglö und Järden eingetroffen. Nach einer Sitzung der Kommandanten auf dem Schlachtschiff *Tirpitz* verlegte die Südgruppe nach Libau. Im »Marschgepäck« des *Leipzig*-Kommandanten befand sich der Operationsbefehl des B.d.K. für das Unternehmen »Weststurm« – die Einsätze zur Beschießung der Inseln Oesel und Dagoe.[4]

Am 25.9.1941 lief die Südgruppe, bestehend aus den beiden

---

[1] Große Minensperre zwischen Kap Juminda, nordöstlich von Tallinn am Beginn der Narwa-Bucht, und Kallbada. Gelegt unter Ausnutzung bereits vorhandener, kleinerer deutscher und finnischer Sperren vom 8.-26.8.1941 durch die Minenschiffe »Cobra«, »Königin Luise« und »Kaiser«. Insgesamt 673 EMC und 636 Sprengbojen. Finnische Minenleger zusätzlich 696 Minen und 100 Sprengbojen. Quellen: Witthöft: *Marine Lexikon Bd. 2,* S. 25-27, und Ruge: *Die Sowjetflotte als Gegner im Seekrieg 1941-1945,* S. 47.

[2] KTB Skl, Bd. 25, S. 412, 413.

[3] KTB Skl, Bd. 25, S. 426

[4] Um den starken Widerstand bei der Besetzung der baltischen Inseln 1941 zu brechen, wurden sowjetische Stellungen vom 26.-28.9.1941 durch deutsche Marinestreitkräfte beschossen. Die Einsätze liefen unter der Bezeichnung »Weststurm 1 bzw. 2«.

Leichten Kreuzern *Leipzig* und *Emden* sowie Begleitfahrzeugen aus Libau zur Beschießung der Halbinsel Sworbe aus. Über den Ablauf des Unternehmens »Weststurm« gibt das KTB des Marine-Gruppenkommandos Nord Auskunft.[5] Dort heißt es:

> »26.9.41   03.23 Uhr Südgruppe meldet Auslauf Libau 25.9.
> 20.00 Uhr zur Beschießung Sworbe.
> 07.36 Uhr Führer Südgruppe meldet Beginn der Beschießung 06.00 Uhr.
> 12.57 Uhr Meldung: Geringe Wirkung nach 5 Std. Ein satz.
> 13.49 Uhr Marinebefehlshaber C (Carls) meldet West sturm von 06.00-11.00 Uhr
> 20.00 Uhr *Leipzig* und *Emden* 582 x 15 cm und 48 x 8,8 cm verbraucht. (*Leipzig* 327 x 15 cm)«

Nicht gemeldet oder notiert ist der mißlungene Angriff des sowjetischen U-Bootes *SC-317* (Kommandant Kapitänleutnant Mochow) gegen den Kreuzer *Leipzig*.

27.9.41   11.04 Uhr »Weststurm 2« erledigt.
16.38 Uhr FT 1401:
1. Weststurm planmäßig. Schwere Batterie Zerel eröffnet Feuer mit 2 Rohren 7.15 Uhr.
28.9.41   20.00 Uhr B.d.K. meldet Baltenflotte auf dem Rück marsch.

Mit dieser lapidaren Meldung endete der Einsatz der beiden Kreuzer *Emden* und *Leipzig* vor den baltischen Inseln. Zum ersten Mal in diesem Kriege richteten sich die 15 cm-Rohre der *Leipzig* gegen den Feind. Nicht gemeldet wurde im KTB MGK-Nord der erfolglose Angriff sowjetrussischer Schnellboote auf die *Leipzig*.

Inzwischen setzte der Kreuzer seine Fahrt Richtung westliche Ostsee fort und erreichte am 29.9.1941 Kiel, wo er das Dock aufsuchte. Am 21.10. kehrte er nach Gotenhafen zurück und setzte mit dem »Dritten Ausbildungsabschnitt« vom 22.10.41-15.1.42 die Ausbildung in der mittleren und östlichen Ostsee fort. Das Schiff gehörte jetzt zum Ausbildungsverband der Flotte, und der LE-Kommandant, Kapitän zur See Stichling, wurde mit der Wahrnehmung der Geschäfte des Verbandschefs beauftragt. In diesem Ausbildungsabschnitt erfolgten am 15.11.41 Geleitzugübungen mit *Admiral Scheer* und vom 12.-14.12.41 Flottenübungen und Torpedoschießen. Ähnliche Ereignisse verzeichnete der »Vierte und Fünfte Ausbildungsabschnitt vom 15.1.-13.4.42 bzw. 15.4.-30.6.42. Dazwischen lag vom 11.4.-8.5.42 der Aufenthalt in der Stettiner Werft. Dort erfolgte u.a. der Rohrwechsel der 15 cm S.K.C/26. Erwähnenswert sind noch die Verbandsübungen mit *Lützow* sowie das Abkomm- und Kaliberschießen der M.A., eigenes Torpedoschießen und die Durchführung von Flugzeugschleuderlehrgängen.

Anläßlich des Kommandantenwechsels schrieb der scheidende Kommandant in das Schiffbuch:[6]

> »Das Schiff hat sich den gestellten Aufgaben gewachsen gezeigt, ist weiterhin zur Verwendung als Ausbildungskreuzer geeignet... Die Maschinenanlage einschl. Hilfsmaschinen befinden sich in betriebsklarem Zustand. Erreichbare Höchstgeschwindigkeit bei ausgebildeter Besatzung 24 sm/std., höchste Dauerleistung ohne zu starke Beanspruchung der Kessel 20 sm/std.
> Beanspruchung der Turbinenanlage war gering, da sie bei nur 1/3 Kesselleistung nicht voll ausgefahren werden konnte. Demgegenüber wurden die beiden Hauptkessel durch den Dauerbetrieb stark beansprucht... Die Beanspruchung der Motorenanlage war normal, die Anlage hat gut und zuverlässig gearbeitet... Die E.-Anlagen erfüllen nur die primitivsten Anforderungen für die Fahrbereitschaft...
> Volle Kriegsbereitschaft ist nicht vorhanden, da die Maschinenanlage einschl. E.-Anlage nach Beschädigung durch Torpedotreffer nur provisorisch instandgesetzt wurde... das Kabelnetz ist neu zu verlegen, und es sind neue Kommandoanlagen und B.Ü.-Anlagen einzubauen...
> Bei Eisfahrten entstanden erhebliche Schraubenbeschädigungen. Durch Schießschäden bei den mehrfachen S.A.S.-Schießen [Schiffs-Artillerie-Schule] wurde jedesmal eine mehrtägige Werfthilfe erforderlich... Losreißen von Decksverschalungen, Verbiegen von Schotten und Schottüren, Störungen in der E.-Anlage sind die häufigsten Schießschäden. Die Rohre der 15 cm S.K.C/25 waren zum Beginn des Jahres 1942 bis zu 13% ausgeschossen und wurden im Mai 42 in Stettin ausgewechselt. Die neuen Rohre (von der ‾»Karlsruhe«) waren ebenfalls teilweise bis zu 6% ausgeschossen. Nach Durchführung des S.A.S.Schießens im 5. Ausbildungsabschnitt wurden 9% gemessen...

---

[5] BA-MA RM 35 I/137 KTB Marinegruppenkommando Nord.

[6] BA-MA TS 297 M3, PG 57412/NIP, Schiffbuch II für Kreuzer *Leipzig* Abschnitt IV, Lebensgeschichte, Seiten 108-129.

Im Sanitätsabschnitt wurde vom 29.9.-20.10.41 durch K.M.W. Kiel der Auspuff vom E.-Dieselwerk, der Warmluft unmittelbar in der Schiffsapotheke an dem Arzneischrank entlang führte, ... besser isoliert... Noch immer ist dort die Temperatur zu hoch.
Kommando Kreuzer »Leipzig«, den 28. August 1942
Stichling Kapt. z.S. und Kmdt.«

Sein Nachfolger, Kapitän zur See Traugott Schmidt, gab das Kommando bereits nach vier Wochen an Kapitän zur See Waldemar Winter ab. Nach Verbandsübungen kam am 27.11.1942 der neue Befehlshaber des Ausbildungsverbandes der Flotte, Konteradmiral Litzmann (Crew 11), an Bord des Kreuzers. Er überzeugte sich dort während einer siebentägigen Übungsreise vom Ausbildungsstand. Nach der Gefechtsbesichtigung ging der Admiral am 2.12.1942 von Bord. Der Kreuzer wurde in den nächsten Tagen als Zielschiff der Schiffsartillerieschule genutzt und verlegte schließlich nach Libau, mit Zwischenstop in Gotenhafen.

Am 31.12.1942 dockte die *Leipzig* in Libau ein. Dock- und anschließender Werftaufenthalt dauerten bis zum 15.2.1943. Am 18.2. verließ Kapitän zur See Winter das Schiff, das anschließend, am 4.3.1943, außer Dienst gestellt wurde. Ursache dieser plötzlichen Maßnahme nach der Werftliegezeit war eine Entscheidung Hitlers, die schweren Schiffe, die offensichtlich unnütz waren, außer Dienst zu stellen. Großadmiral Raeder – Fürsprecher der großen Überwasser-

Einheiten – wurde von Generaladmiral Dönitz – dem bisherigen Befehlshaber der U-Boote (BdU) und Verfechter des U-Boots als strategisches Mittel Nr. 1 gegen die alliierte Handelsschiffahrt – als Chef der Teilstreitkraft Kriegsmarine abgelöst. Dieser legte Hitler am 8.2.1943 einen Außerdienststellungsplan vor, den die Seekriegsleitung erarbeitet hatte. Der Plan sah die Außerdienststellung der Kreuzer *Leipzig* (Februar 1943), *Admiral Hipper* und *Köln* (1.3.1943), der Linienschiffe *Schleswig-Holstein* (1.4.) und *Schlesien* (1.5.) sowie der Schlachtschiffe *Scharnhorst* (1.7.) und *Tirpitz* (Herbst 1943) vor. Dem Ausbildungsverband sollten die Schiffe *Prinz Eugen*, *Admiral Scheer*, *Lützow*, *Nürnberg* und *Emden* zugeordnet werden.[7] Zwar gelang es Dönitz im Verlauf eines Gespräches mit Hitler, den Plan der SKL abzumildern, aber für den Leichten Kreuzer *Leipzig* blieb es aufgrund der eingeschränkten Verwendungsmöglichkeit bei der vorgesehenen Außerdienststellung.

Doch schon Ende Juli 1943 zeigte sich, daß die Kriegsmarine zur Ausbildung ihres immer zahlreicher werdenden Ersatzpersonals geeignete Ausbildungsschiffe benötigte. Deshalb erging der Befehl zur erneuten Indienststellung des Kreuzers *Leipzig*.

---

[7] Quelle: Salewski, Michael: *Die deutsche Seekriegsleitung 1935 bis 1945 Bd. III, Denkschriften und Lagebetrachtungen 1938 bis 1944*, S. 332, aus BA-MA III M 1017/5, 1. Skl Ib 497/43 gKdos. Chefs. Plan zur Außerdienststellung der deutschen Schlachtschiffe, Kreuzer u.a. vom 2.2.1943.

Ausbildungsschiff

für Steuermannsschüler und Kadetten

Am 1. August 1943 um 11.00 Uhr stellte Kapitän zur See Hülsemann den Leichten Kreuzer *Leipzig* in Libau in Dienst. Danach waren auf Grund der längeren Liegezeit weitere Werftarbeiten erforderlich. Diese endeten mit der Probefahrt und der MES-Schleifenfahrt am 11.9.1943 im Libauer Hafen. Am 15.9. lag der Kreuzer in Gotenhafen. Der erste Steuermannslehrgang kam an Bord des Schiffes, das inzwischen sein Aussehen, seine Bewaffnung und sonstige Ausrüstung verändert hatte.

Am auffälligsten war die Änderung im Bereich des vorderen Flak-Leitstandes. Dort wurde u.a. Platz für die Aufstellung von vier 2 cm Geschützen in Vierlingslafette geschaffen. Desgleichen wurde auf dem achteren Artillerieleitstand an Stelle der beiden 2 cm Einzelflak eine Vierlinglafette 2 cm aufgestellt. Hinzu kamen weitere 2 cm Einzellafetten auf der Back und Schanz des Schiffes, den Gefechtsmast zierten zwei »Matratzen« (Funkmeß- und Ortungsgeräte). Die an Bord verbliebenen sechs Torpedorohre wurden entfernt. Außerdem hatte das Schiff zahlreiche Rettungsflöße erhalten, die auf den Bildern aus dieser Zeit gut zu erkennen sind.

Der Ausbildungsbetrieb umfasste Hafenausbildung und Verbandsübungen im Ausbildungsverband der Flotte für die Stammbesatzung. Dazwischen lag der Wechsel der jeweiligen Steuermannslehrgang-Teilnehmer, es lief also fast ein friedensmäßiger Dienstbetrieb. Im KTB des Marinegruppenkommandos Nord vom 16.-31.8.1943 steht in Anlage 16 über die Aufgaben des Ausbildungsverbandes der Flotte:[1]

> »Die Vorbereitungen für die vermehrten Aufgaben der Ausbildungsverbände im nächsten Jahr, wenn die großen Offiziersanwärterzahlen kommen, sind noch nicht abgeschlossen... die Aufrechterhaltung einer gewissen Kriegsbereitschaft der modernen Schiffe des Verbandes recht wünschenswert. Bei einem laufenden Wechsel der dann größtenteils aus Kadetten bestehenden Besatzung jeweils nach 3 Monaten ist aber eine solche Kb nicht zu erreichen. Es müßte versucht werden, die Ausbildungszeit von 6 Mon. an Bord der fahrenden Schiffe wie bisher zu erhalten.[2]
>
> Entscheidend ist... die Besetzung mit Offizieren, die z.Zt. schon unzureichend ist, den neuen Anforderungen aber keinesfalls genügt.«

So hatte auch die *Leipzig* bei der Indienststellung zunächst eine reduzierte Besatzung, die erst am 5.9.43 die vorgesehene Stärke erreichte. Im Verlauf des am 15.9.43 begonnenen »ersten Steuermannslehrganges« platzte förmlich der Bombenangriff von 200 Flugzeugen der 8. US-Air Force A. auf das Hafengebiet von Gotenhafen (9.10.1943). Damit war der Krieg urplötzlich auch in diese bisher friedliche Region eingekehrt.

Zum Zeitpunkt des Angriffs lag der Kreuzer *Leipzig* im Hafenbecken V, vor dem seines Vorschiffes beraubten Schlacht-

---

[1] BA-MA RM 35 I/156 KTB Marinegruppenkommando Nord und Flottenkommando, Anlage 16 zum KTB vom 16.-31.8.1943.

[2] Die sechsmonatige Bord-Ausbildung wurde beibehalten, wie der Verfasser aus eigenem Erleben weiß. Teilweise wurden die vorgegebenen sechs Monate sogar überschritten, wenn es die militärischen Notwendigkeiten (Kriegsbereitschaft der Schiffe) erforderten.

Kreuzer *Leipzig* vor Libau. Im Hintergrund Funkstation und Kathedrale.

Ende 1943 wurde die *Leipzig* mit Funkmeßgeräten ausgerüstet, wie diese Detailaufnahme zeigt.

Gleichzeitig wurden die Rettungsmittel an Bord verstärkt. Hier sind einige der zahlreichen Rettungsflöße zu erkennen, die im Bereich der Brückeninsel und des Gefechtsmastes angebracht wurden.

schiffes *Gneisenau,* das sich unter Tarnnetzen verbarg. In den übrigen Hafenbecken befanden sich weitere »schwere Einheiten« der Kriegsmarine, darunter die Schweren Kreuzer *Lützow, Prinz Eugen,* der Leichte Kreuzer *Nürnberg,* das Linienschiff *Schleswig-Holstein,* die Wohnschiffe »Wilhelm Gustloff« und »Cap Arcona« sowie das Lazarettschiff »Stuttgart«. Letzteres wurde zum einzigen Bombenopfer unter den großen Schiffen. Auf der *Leipzig* wurde ein Besatzungsmitglied durch Splitterwirkung verwundet. Das KTB des Gruppenkommandos Nord vermerkte hierzu:[3]

> »Ausbildungsverband keine Schäden.«

Der Wehrmachtsbericht vom 10.10.1943 meldete:[4]

> »Nordamerikanische Bomberverbände griffen am gestrigen Tage einige Orte im Küstengebiet der Ostsee, darunter Anklam und Gotenhafen, an. Jagdgeschwader und Flakartillerie schossen nach bisher vorliegenden Meldungen aus den feindlichen Verbänden 62 schwere viermotorige Bomber heraus...«

Nach diesem »kriegerischen Intermezzo« lief der Ausbildungsbetrieb an Bord der *Leipzig* wie gewohnt weiter. Am 30.10.43 stiegen erstmals zusätzlich zu den Steuermannsschülern 30 Ing.-Kadetten zur Ableistung ihrer Bordzeit ein. Leutnant (Ing.) Vollmer kümmerte sich als Kadettenoffizier um sie.

Das KTB des Marinegruppenkommandos Nord notierte in seiner zusammenfassenden Lagebetrachtung November 1943:[5]

> »Tätigkeit im Flottenbereich. 2. Ausbildungsverband: »Leipzig« stand zur Verfügung der Navigationsschule Gotenhafen.«

Im Januar 1944 lag der Kreuzer *Leipzig* wieder einmal in der Werft. Im März 44 wurde ein kurzer Werftaufenthalt wegen Ausfall eines Hilfsmotors notwendig. Danach wurde das Schiff nur noch zur Ausbildung von Kadetten verwendet. Ende April stiegen die Ing.-Kadetten aus. Dafür kamen am

1. Mai 1944 neue Ing.-Kadetten und Seekadetten an Bord. Über die Einsatzbereitschaft des Ausbildungsverbandes, zu dem auch *Leipzig gehörte, gibt ein Schreiben der Skl an den AdmQu vom 30.6.44 Auskunft:*

> Skl
> BNr. 1/Skl Iop 19972/44 gKdos   Berlin 30.6.1944
> Schrb. an Skl Adm. Qu
> QUF
> Betr. Einsatzbereitschaft Ausbildungsverband der Flotte:
> 1. Flotte meldet mit gKdos 4125 A4 vom 28.6., daß bei planmäßigem Ausbildungsgang Ende Juli die Kadetten auf »Lützow«, »Nürnberg«, »Leipzig«, »Emden« und »Schlesien« wechseln und damit die Schiffe ab 15.7. personell für 2 Monate a.Kb. sein werden.

In Gotenhafen war das Hafenbecken V der angestammte Liegeplatz des Kreuzers *Leipzig.* Diese Luftaufnahme aus dem Jahre 1943 zeigt (von links unten nach rechts oben) das seines Vorschiffes beraubte Schlachtschiff *Gneisenau* sowie die Kreuzer *Leipzig* und *Nürnberg.*

---

[3] BA-MA RM 35 I/158 KTB Marinegruppenkommando Nord und Flottenkommando vom 1.10.-27.12.1943.

[4] siehe Anmerkung 21 auf Seite 76

[5] BA-MA RM 35 I/163, Zusammenfassende Lagebetrachtung des Marinegruppenkommandos Nord, November 1943, Tätigkeit im Flottenbereich 2. Ausbildungsverband, S. 35 und 36.

2. Zur Meldung der Flotte wird wie folgt Stellung genommen: Die Lageentwicklung in Ausbildungsverbandes unumgänglich machen. 1/Skl kann daher auf eine, wenigstens eingeschränkte Kb der Kreuzer »Prinz Eugen« zichten.

Die zur Ausbildung eingestiegenen Kadetten verschiedener Laufbahnen (darunter auch ca. 50 Kroaten, die an Bord Deutschunterricht erhielten) erlebten folgende, dem Logbuch des inzwischen verstorbenen damaligen Seekadetten Herbert Pranger entnommenen Ereignisse:[6]

29.4.44 An Bord in Gotenhafen. Anschließend Ausbildungsfahrten zur Herstellung der Kb des Schiffes. Die Fahrten führten nach Swinemünde, in die mittlere Ostsee und nach Bornholm.

5.7.44 Im Seegebiet Bornholm, Ziel- und Koppelübungen gemeinsam mit Zerstörer Z 43 und *Richard Beitzen*, Schießübungen.

5.8.44 Marsch nach Kopenhagen.

6.-12.8. Ausbildung in Kopenhagen. Liegeplatz »Lange Linie«.

13.8. Marsch nach Bornholm.

14.-18.8. Ausbildung in See östlich Bornholm mit Vorbesichtigung durch den I.O. Kk. Küster am 18.8.

20.8. Nach Swinemünde.

20.-23.8. Gefechtsbesichtigung durch den Flottenchef (Negativer Verlauf) (VAdm. Meendsen-Bohlken).

24.8. Hafenausbildung.

26.8. Kommandantenwechsel. KzS Spörel übernimmt das Kommando.

30.8. 2. Division nach Misdroy. Verdacht auf Genickstarre.

4.9. 1. Division ebenfalls nach Misdroy. Anfang der Quarantänezeit für die *Leipzig*. Ausgefüllt wurde diese Zeit mit leichter Ausbildung, Unterricht usw.

8.9. Die zwei verstorbenen Kameraden (Seekadetten Hütker und Munthe) wurden in Ostswine auf dem Heldenfriedhof mit allen militärischen Ehren beigesetzt.

12.9. Quarantäne aufgehoben.

14.9. 08.00 Uhr seeklar. Geleitzugaufgaben waren zu erledigen. Nachdem der Geleitzug entlassen war, wurde die

Nacht über in Höhe von Bornholm geankert.

15.9. Verbandsfahrt mit *Admiral Scheer*. Der Gefechtsdienst wurde mit allen Schikanen durchgepaukt.

23.9. Anker auf um 08.30 Uhr vor Bornholm. Gefechtsbild I mit Fliegeralarm gefahren. Nachmittags wieder ankern Bornholm.

26.9. 04.00 Uhr Anker gelichtet. Kurs auf Swinemünde. »Monte Rosa« mit Truppen an Bord, zwischen Gotenhafen und Swinemünde auf Mine gelaufen. Nach Passieren Feuerschiffes wurde geankert, um auf den Geleitzug zu warten. Um 17.00 Uhr kam das Geleit in Sicht... »Monte Rosa« lag achtern etwas tiefer, konnte aber mit eigener Kraft fahren. Weiterfahrt nach Swinemünde.

27.-29.9. An der F.d.T.-Pier in Swinemünde festgemacht. KzS Spörel dreht ohne Schlepperhilfe im engen Fahrwasser um 180 Grad, noch ein paar kleine Manöver, die *Leipzig* lag an der Pier.

30.9. 09.00 Uhr Swinemünde abgelegt mit Kurs auf Hela. Voraus drei M-Boote, achteraus das U-Bootbegleitschiff *Tsingtau* mit einem U-Boot.

1.10.1944 Ankern auf Hela-Reede. Reinschiff-Pönen-Reinschiff.

4.10. Anker auf zur Verbandsfahrt mit *Admiral Hipper, Köln* und *Schlesien*. Um 14.00 Uhr steigt der Flottenchef von Aviso *Hela* über. Die 2. Besichtigung begann. 18.45 Uhr Besichtigung beendet. VAdm. Meendsen-Bohlken steigt aus. 23.00 Uhr Hafenbecken IV Gotenhafen festgemacht.

8.10. 05.00 Uhr Gotenhafen abgelegt, mit Minengeleit Kurs Danzig. 09.00 Uhr durch den Kanal von Neufahrwasser zur Schichau-Werft ins Dock. Werftpersonal an Bord. (Einbau Minenwurfeinrichtung und Anstrich Unterwasserschiff.)

15.10. Dockflutung. Ankern auf der Reede von Gotenhafen. Als der Kdt. KzS Spörel an Bord war, wurde »Anker auf« befohlen. Mit Geleit, unter Kriegsmarschverschlußzustand, ging es nach Hela. 18.30 Uhr Geleit entlassen. Fahrt nach Swinemünde.

20.00 Uhr Kollision mit dem Schweren Kreuzer *Prinz Eugen*.

---

[6] BA-MA RM 7/1059, Bereitschaft und Zuteilung der Überwasserstreitkräfte vom 16.6.1942 bis 29.7.1944, Bl. 226.

Das Desaster vor Hela

Am 12.10.1944 erhielt das Kommando des Kreuzers *Leipzig* folgenden Auftrag: »Minenübernahme in Swinemünde, Auslaufen 15.10.44, 15.00 Uhr«.

Aufgrund von Verzögerungen, auf die später noch eingegangen wird, ging das Schiff erst am 15.10. um 17.47 Uhr Anker auf und setzte die Fahrlaternen. Es war ein Sonntag, der Wind kam aus SSO mit Stärke 1-2, und es herrschte wechselnde Sicht mit ziehenden Nebelschwaden.

Das Schiffslogbuch des Kreuzers *Leipzig* enthält folgende Eintragungen:[1]

15.10.1944 17.55 Uhr Nach Anweisung Kdt. verschiedene Kurse im Geleit in der Danziger Bucht gesteuert.

18.18 Uhr Ansteuerungstonne Gotenhafen im Abstand 100 m auslaufend an Bb passiert.

19.22 Uhr Hela-Süd-Ost, Abstand etwa 300 – 400 m.

19.42 Uhr 293° rw. Hela Leuchtturm dichtbei passiert. Laternen gelöscht und Geleit entlassen.

19.46 Uhr Stopp anzeigen. Maschinen umkuppeln.

19.58 Uhr Wiederanfahrt. Befehl »Fahrtaufnahme 15 sm«, Laternen gelöscht.

20.00 Uhr Kurz darauf wurden recht voraus 5 schwache weiße Lichter gesichtet. Da die Peilung stand, Befehl von W.O. »Laternen setzen«, »Ruder hart Stb.«, »Einen kurzen Ton mit der Sirene«.

20.01 Uhr Der Zusammenstoß erfolgte an Bb Abtlg. 10 mit dem SKrz. *Prinz Eugen.* Kollisionswinkel 35°. Der Standort der Kollision nach Koppelung: 54° 35,3' Nord 18° 52,2' Ost.

Über die etwas mehr als zwei Stunden zwischen »Anker auf« und Kollision finden sich im Logbuch der *Leipzig* weitere

Einzelangaben. Danach befand sich der Kreuzer auf dem Stb.-Teil des Zwangsweges 76, der von West nach Ost führte. Weiter heißt es:

»Geleit wurde entlassen«. LE stoppte, nachdem Hela-Leuchtturm in 293° gepeilt worden war. *Leipzig* mußte zum Einkuppeln der Seitenmaschinen gestoppt liegen. Die Antriebsanlage des Leichten Kreuzers war kompliziert. LE war zunächst mit Marschdiesel und Mittwelle ausgelaufen und wollte nun die Turbinen für den Antrieb der Seitenwellen einkuppeln, sobald sie klar waren. Die Umschaltung dauerte etwa 10 Minuten.

Im Auslaufen passierte die »LE« eine der Mittelfahrwassertonnen an deren Bb-Seite. Ich gab den Befehl, nach Austrudeln auf die Stb-Seite der Tonnen zu gehen. Wir passierten sehr dicht die Tonne, die während des Gestopptliegens immer recht voraus in Sicht war. Zu dieser Zeit lief kein Strom, was an der Tonne gut zu erkennen war. Auch die Windgeschwindigkeit war belanglos. »Laternen wurden gesetzt« und mit dem NSA »Stopp« angezeigt (Rot über Weiß geblinkt). Der um 17.47 Uhr herbeigeführte Kriegsmarschverschlußzustand blieb bestehen.

»LE« setzte die Fahrt um 19.58 Uhr mit den befohlenen 15 sm und Kurs 90 fort. Sie lag also nicht quer zur Fahrrinne. 20.01 Uhr erfolgte mit großer Wucht der Zusammenstoß. Die Schiffsführung der »LE« konnte infolge der abgeschwächten Positionslaternen des »PG« diese nicht sehen, sondern nur seine Dampferlaternen, und daher die Lage des entgegenkommenden Fahrzeuges nicht erkennen. Die Schiffsführung der »LE« handelte richtig, indem sie mit »Hart Steuerbord« den recht voraus gesichteten Lichtern nach der richtigen Seite ausweichen wollte. Die Schiffsführung des »PG« wurde durch das plötzliche Lichtersetzen auf »LE« überrascht. »PG« hatte eine Geschwindigkeit von etwa 20 sm. Für den Zwangsweg zu hoch. »LE« war im Anfahren und hatte gerade ca. 9 sm Geschwindigkeit.

»PG« hatte mit dem Nachtsignalapparat (NSA) 3 Rot und 3 Weiß abwechselnd geblinkt, was bedeutet: »Meine Maschinen gehen mit äußerster Kraft zurück.«

Dieses konnte sich allerdings auf der kurzen Distanz nicht mehr auswirken.«

---

[1] Aufzeichnungen aus dem Schiffslogbuch entnommen aus Herzog, P.: *Leichter Kreuzer »Leipzig«* (IV), S. 198 und 199.

Der Vorsteven des Schweren Kreuzers *Prinz Eugen* bohrte sich in Abteilung X bis beinahe zur Mittelkielplatte an Backbord bis zum Aufbaudeck der Steuerbordseite – dort nur etwa 2 m von der Bordwand entfernt – in den Leichten Kreuzer *Leipzig* hinein. Der Kesselraum 3 und der Kadettenwohnraum wurden zerstört. Zum Glück geschah dies während des Wachwechsels, so daß die Zahl der Todesopfer auf 27 begrenzt blieb.

Auch der Funksenderaum, die Mutterrichtanlage, die achtere Rechenstelle, der Flak-Umformerraum, das E-Werk III, die Artillerieschaltstelle, die Artilleriewaffenzentrale, die Leckpumpen- und die Funkumformerräume sowie die Kantinenlast und Teile der Munitionskammern wurden zerstört oder erheblich demoliert. Im Schiffskörper zeigten sich bedrohliche Risse. Es grenzte tatsächlich an ein Wunder – und es spricht für die solide schiffsbauliche Konstruktion – daß

Am 15. Oktober 1944 wird der Leichte Kreuzer *Leipzig* gegen 20.00 Uhr auf dem Zwangsweg 76 vor Hela vom Schweren Kreuzer *Prinz Eugen* an Backbordseite, nahezu mittschiffs, gerammt. Die am Morgen des 16. Oktober 1944 entstandene Aufnahme zeigt die noch immer ineinander verkeilten Kreuzer. (Hinter dem Schornstein erkennbar der 3-Bein-Mast und Radargerät von T 20, das als Generatorboot diente)

die *Leipzig* diesen gewaltigen Stoß überstehen konnte. 14 Stunden blieben die beiden Kreuzer ineinander verkeilt. Die *Leipzig wurde »wie von einem Haifischrachen von der Mittelkielplatte und dem Oberdeck des* Prinz *festgehalten«.[2] Sie kamen erst am Mittag des nächsten Tages nach Tiefertrimmen des Schweren Kreuzers voneinander frei. Gegen 14.00 Uhr löste sich der Druck und die beiden Schiffe konnten getrennt werden.*

Der bereits zitierte Paul Schmalenbach, seinerzeit Fregattenkapitän und I.A.O. auf dem Schweren Kreuzer *Prinz Eugen*, schrieb über die Geschehnisse vom 15.10.1944:[3]

»Nördlich Hela. Bei Erreichen des Zwangsweges, dessen Mittellinie durch eine Bojenreihe markiert ist, hängen die Zerstörer in Steuerbordstaffel an dem Kreuzer (*Prinz Eugen*) an. Die Sicht wechselt stark. Die Positionslaternen brennen abgedunkelt. Bei mittlerer Fahrt ist gerade um 20.00 Uhr am 15.10. der Wachwechsel durchgeführt, als ein Ausguckposten »Voraus ein Schatten – ein Schiff« ausruft.

Trotz Maschinenkommandos und »Ruder hart Steuerbord« ist eine Kollision nicht mehr zu verhindern.

Das Vorschiff des Kreuzers schiebt sich krachend in das etwas quer liegende Schiff, das im Schein der Signalscheinwerfer als Kreuzer *Leipzig* ausgemacht wird.

Der Bug der »PG« hat die *Leipzig* zwischen Vormars und Schornstein fast zur Hälfte aufgeschnitten. Weit ragt die Back des *Prinz Eugen* über das Mittelschiff des unglücklichen kleinen Kreuzers, der gerade dabei war, seine Turbinenanlage von den Wellen abzukuppeln, um mit der Mittelwelle und dem Marschmotor allein weiterzufahren. [Hier irrte der I.A.O., es war umgekehrt.]

Da *Leipzig* nicht geankert hatte, war sie vom Ostwind auf die falsche Seite des Fahrwassers getrieben worden. Allem Anschein nach drohte »PG« keine unmittelbare Gefahr, da nur in den vordersten Zellen Wassereinbruch festgestellt wird. So springen die Lecksicherungsgruppen mit Gerät auf die niedrige *Leipzig*, um dort nach Kräften zu helfen. Unterdessen fahren die Zerstörer U-Boot-Sicherung, um ein noch größeres Unglück zu verhindern. Das Landanschlußkabel wird ebenfalls hinübergegeben, um »LE« mit Licht zu versorgen. Die Verwundeten werden auf »PG« betreut.

Der Befehlshaber fährt nach Gotenhafen, um alles Erforderliche für die Trennung der Havaristen und ihre Einbringung zu veranlassen.

... Die bange Frage, ob »LE« durchbrechen und ihre Teile kentern und sinken werden, ist glücklicherweise unbegründet. Schleppper

„Mariner" schrieben uns

Privataufnahmen von der Tragödie der deutschen Flotte

So sah der Bug des Schweren Kreuzers *Prinz Eugen* nach der gewaltsamen Trennung der beiden Havaristen aus.

bringen die schwer angeschlagene *Leipzig* nach Gotenhafen, während »PG« mit verbogener Schnauze – wie die Seeleute sagen – und eigener Kraft einläuft. Die an der Kollision Beteiligten haben sich vor einem Kriegsgericht zu verantworten.

Noch weitere Zeitzeugen sollen zu Wort kommen, zunächst der bereits zitierte damalige Seekadett Herbert Pranger; danach der Kommandant der *Leipzig*, Kapitän zur See Spörel, sowie der Ing.-Kadett Petri.

Zunächst Herbert Pranger mit Auszügen aus seinem Logbuch:

»Ich bezog am 15.10.1944 um 19.50 Uhr als Seekadett meine Gefechtsstation, die BB-EWA (Backbord-Entfernungsmeßwalze) auf dem Flakeinsatzstand. Es ist die oberste Plattform des Brückenaufbaues, ungedeckt und mit ungehinderter Sicht nach allen Seiten. Nachdem sich meine Augen an die Dunkelheit gewöhnt hatten, löste ich um 20.00 Uhr als Einsatz-BÜ ab. So hatte ich – wie nur sehr wenige an Bord der »LE« – die Möglichkeit, die kommenden Ereignisse von der Sichtung »PG« bis zum bitteren Ende mitanzusehen.

1. Die »LE« lief mit der von der Motorenanlage angetriebenen Mittelwelle im Geleit von Gotenhafen bis nördlich Hela. Nachdem das Geleit entlassen war, lagen wir für kurze Zeit ohne Fahrt, um die Mittelwelle auszukuppeln und die beiden von den Turbinen angetrie-

[2] und [3] Schmalenbach, Paul: *Schwerer Kreuzer »Prinz Eugen« – Unter drei Flaggen*, Herford 1968.

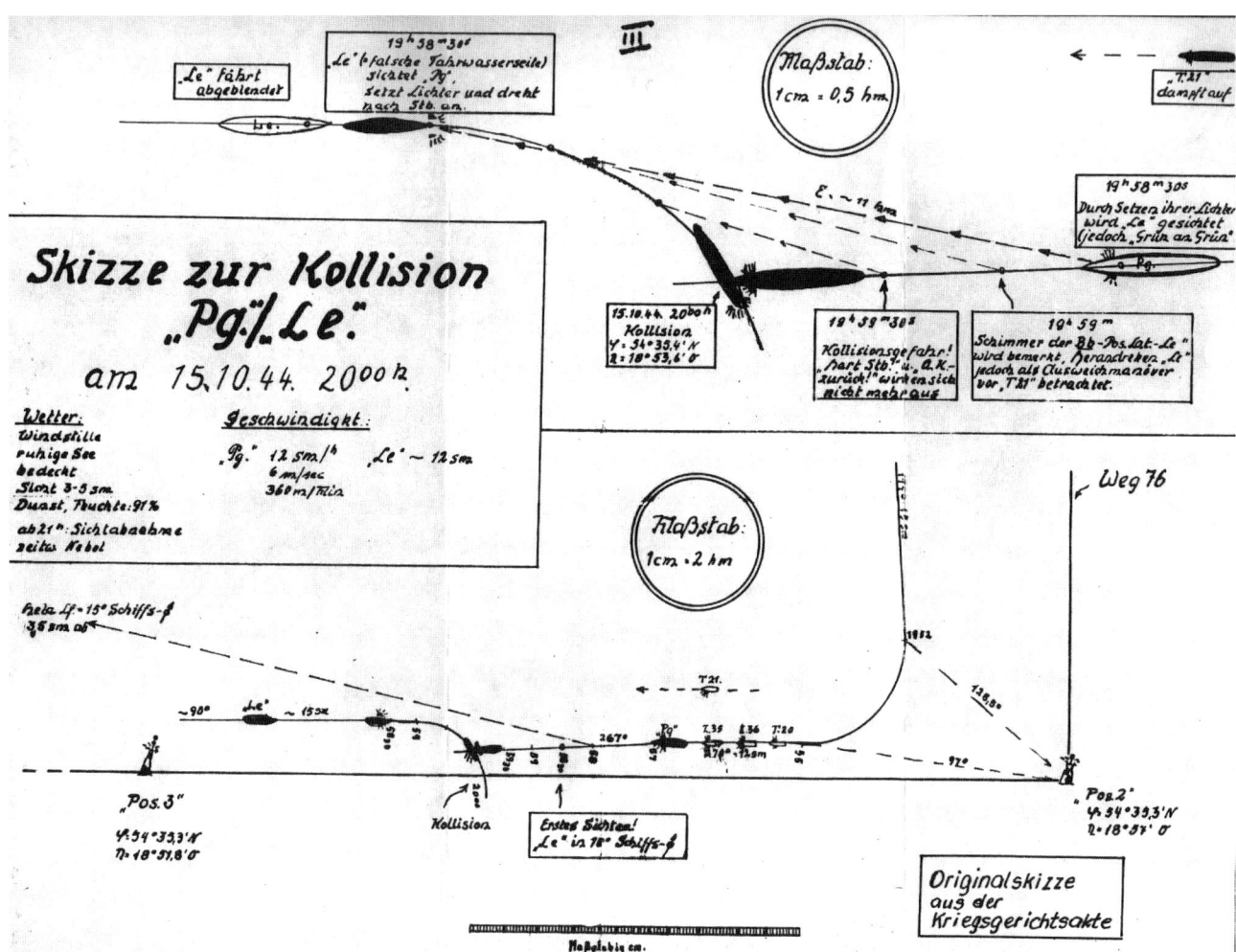

Die Lageskizze zeigt die zeitliche Abfolge der Kollision des Kreuzers *Leipzig* mit dem Schweren Kreuzer *Prinz Eugen* am 15.10.1944. (Hanemann)

benen Seitenwellen einzukuppeln. Bei einem derartigen Maschinenmanöver wird grundsätzlich nicht geankert.

2. Die LE lag an der Mittelbetonnung des Zwangsweges im rechten Fahrwasser. Wegen der U-Bootgefahr fuhr die *Leipzig* vollkommen abgeblendet, im Kriegsmarschverschlußzustand.

3. Ich sichtete nahezu gleichzeitig mit dem Brückenpersonal in ungefähr 355° Schiffspeilung die Lichter der Gefechtslaternen eines zunächst unbekannten Schiffes – drei Rot über drei Weiß, das ES des Tages – und links daneben einen Schatten im Nebel. »LE« gab mit der Sirene sofort das Signal – einmal kurz. Der Schatten wurde rasch schärfer und größer. Von unserem Signaldeck beleuchtete nun ein Signalscheinwerfer das Vorschiff eines SKreuzers, das

schnell spitzer wurde. Der noch Unbekannte hatte das Ruder Backbord gelegt. Voll Entsetzen sahen wir hilflos den Rammstoß kommen.

4. Es stellte sich heraus, daß es der SKreuzer *Prinz Eugen* war. Der Klipperbug des Prinzen drang in den Kesselraum III ein, fraß sich bis zur Mittelkielplatte und am Bootsdeck bis zu dem Stb. eingesetzten Verkehrsboot durch. Neben der Explosion beider Kessel wurden sämtliche Kabel und Leitungen an der Bb-Seite unterbrochen. Das Schott zwischen K II und K III wurde aufgerissen. Dadurch, daß die »LE« im Kriegsmarschverschluß fuhr, wurde ein noch größerer Schaden verhütet. 19 Mann der Besatzung fielen, 30 wurden verletzt.

5. Der Kollisionskurs »PG« ist in der nachstehenden Skizze dargestellt. Die Folgerung daraus und die Tatsache, daß auf »PG« zum Zeitpunkt des Sichtens die Schraubenumdrehungen 20 Meilen machten und der SKreuzer mit immerhin noch gut 15 Meilen Fahrt in die »LE« raste, zeigen, daß die Schiffsführung auf »PG« nicht sehr rasch reagiert hat und vor allem das Schiff niemals nach Stb. drehte.

Der nun folgende, nach dem Kriegsende verfaßte Bericht des Kommandanten, Kapitän zur See Heinrich Spörel, ist deswegen besonders aufschlußreich, weil er auch die Vorgeschichte und das Umfeld der damaligen Situation beleuchtet und auch Aussagen über die Qualität des Personals der Kriegsmarine im Herbst 1944 enthält. Spörel berichtete:[4]

»Als ich am 26. August 1944 das Kommando des Schiffes übernahm, war die Kriegslage verschärft, weil der Zusammenbruch der Ostfront sich immer deutlicher abzuzeichnen begann, die inneren Erschütterungen der Wehrmacht durch den 20. Juli 1944 ihre Folgen zeigten und die Lahmlegung der Kriegsmarine, besonders aber der U-Boot-Waffe, sich auf die Moral der Offiziere, Unteroffiziere und Mannschaften ungünstig auswirkte. So stellte ich bald fest, daß an Bord eine mißmutige und gedrückte Stimmung herrschte. Dies rührte allerdings auch daher, daß die Besatzung kurz vorher eine völlig ungenügende Gefechtsbesichtigung durchgeführt hatte, deren Wiederholung vom Flottenchef befohlen worden war. Die Ursache hierfür war wohl darin zu suchen, daß das Schiff... zweimal für längere Zeit außer Dienst gestellt... war, und daß die Besatzung mit wenigen Ausnahmen bei der letzten Indienststellung aus der Personalreserve... genommen... war...

So gab es nur wenige Offiziere, auf die ich mich unbedingt verlassen konnte. Das waren u.a. der Ltd. Ingenieur Kkpt. (Ing) Grundmann, der I.Art.Offizier Kptlt. Plaß, der Funkoffizier Kptlt. König und der Lt.z.S. Boldemann. Gut waren zum großen Teil die Portepee-Unteroffiziere und die eingefahrenen Unteroffiziere, von denen aber nur wenige über Kriegserfahrung verfügten.

Daß es mit einem solchen Führer- und Unterführerkorps sehr schwer war, ein dazu »lahmes« Schiff gefechtsbereit zu machen... wurde mir sehr bald klar. Gut waren die Mannschaften, die zu 80% aus Kadetten bestanden... So mußte ich ganz von vorn anfangen...

So konnte bereits nach sechs Wochen die Gefechtsbesichtigung mit gutem Erfolg vor dem Flottenchef wiederholt werden. Allerdings versagte dabei der Navigationsoffizier wieder so vollständig, daß der

---

[4] Entnommen dem Buch *Leichter Kreuzer »Leipzig«* (IV) von Paul Herzog, Eigenverlag, 1987, S. 233 bis 237.

Admiral nunmehr selbst mich zum Einreichen des Abkommandierungsantrages aufforderte...

Die Kollision.

Um das Schiff auch materiell für einen zu erwartenden Einsatz vorzubereiten... brachte ich es für kurze Zeit in die Werft nach Danzig. Dort erreichte mich am 11. Oktober die Nachricht von der vorzeitigen Geburt meiner jüngsten Tochter... Der Befehlshaber der Ausbildungsstreitkräfte genehmigte mir einen Kurzurlaub vom 12. bis 15. Oktober 1944... Da das Schiff im Dock lag und Fliegerangriffe zu dieser Zeit in Danzig noch nicht zu erwarten waren, ging ich am 11. Oktober abends beruhigt von Bord. Ich vergewisserte mich dabei noch einmal beim I.O. und beim Adjutanten, daß sie wußten, wie ich in Torgau zu erreichen war...

Als ich am 14. Oktober 1944 abends die Rückfahrt antreten wollte, ...[erfuhr ich]... daß der Zug bei Erfurt zerbombt war... So fuhr ich über Bromberg und kam schließlich am 15. Oktober mit sieben Stunden Verspätung in Danzig an... Einer meiner Offiziere erwartete mich und übergab mir ein Fernschreiben mit dem Befehl des Flottenkommandos, daß der Kreuzer *Leipzig* am 15. Oktober 1944 um 15.00 Uhr auslaufen und zur Minenübernahme nach Swinemünde gehen sollte.

Der Offizier teilte mir mit, daß wir gleich nach Gotenhafen weiterfahren könnten, weil das Schiff seit Mittag dort läge. In Gotenhafen suchte ich zunächst den Befehlshaber der Aufklärungsstreitkräfte auf... Ich unterrichtete ihn über mein Mißgeschick. Der Ltd. Ingenieur erwartete mich beim Ausbildungskommando, um mir mitzuteilen, daß das Schiff auf Befehl des I.O. noch nicht Dampf aufgemacht hätte. Ich ließ durch Morsespruch das Versäumte nachholen... und fuhr an Bord. Dort erfuhr ich zu meiner Bestürzung, daß der Auslaufbefehl seit Donnerstag, dem 12. Oktober 1944, an Bord war. Der I.O. und der Adjutant hatten ihn aber nicht für so dringend angesehen... weil ich ja... sowieso am Sonntagvormittag (15.10.1944) hätte zurückkehren sollen.

Es blieb mir keine Zeit mehr, mich auf das Auslaufen vorzubereiten, über die Minenlage, die U-Boot-Lage und über die Kriegslage in der Ostsee zu unterrichten, denn die Flotte drängte zum Auslaufen. Während ich mich umzog, ging »LE« Anker auf und verließ Gotenhafen unter der Führung des I.O....

Ich ließ während des Auslaufens das Schiff see- und gefechtsklar machen. Nachdem ich auf die Brücke gekommen war, übergab mir der Funkoffizier einen Funkspruch, der die Meldung enthielt, daß die Kampfgruppe *Prinz Eugen* gegen 20.00 Uhr in Gotenhafen einlaufen wollte. Nachdem ich dieses gelesen hatte, steckte ich ihn in dem Bewußtsein ein, daß die zweite Ausfertigung turnusmäßig gleichzeitig an den N.O. auf der Brücke zu gehen hatte und dann erst an den I.O. weiter. Daß in Wirklichkeit die Bestimmung nicht eingehalten wurde und der Funkspruch zunächst zum I.O. ging statt auf die Brücke, habe ich erst später erfahren. So wußten weder der N.O. noch der W.O. etwas über das Einlaufen der Kampfgruppe. Der Funkoffizier aber unterrichtete mich noch über eingegangene Nachrichten, wovon mich die Meldung eines deutschen U-Bootes über die Sichtung einer Torpedoblasenbahn vor Hela am meisten beeindruckte. Ich ging wieder auf die Brücke und teilte dem N.O. diese Nachricht mit. In diesem Augenblick meldete der Maschinenleitstand: »Dampf auf in allen Kesseln und die Seitenwellen klar zum Einkuppeln.« Gleichzeitig wurde vom Signaldeck gemeldet, daß der Sperrbrecher aus dem Geleit aussche. Ich gab dem W.O. den Befehl, das Schiff zum Stehen zu bringen, worauf er den N.O. fragte, an welcher Seite er wohl die Tonne voraus lassen sollte. Es war eine der Tonnen, die den minenfreien Zwangsweg in ein Steuerbord- und Backbordfahrwasser teilten. Trotzdem meinte der N.O., das wäre gleichgültig. »Nein«, sagte ich, »selbstverständlich muß sie an Backbord bleiben, aber jetzt ist es zu spät. Gehen Sie sofort hinter der Tonne auf die Steuerbordseite des Fahrwassers und bringen Sie dort das Schiff zum Stehen.« Ich ärgerte mich, daß ein Kapitänleutnant, der schon längere Zeit Wachoffizier gewesen war und dieses Fahrwasser von seiner U-Boot-Zeit her besser kennen mußte als ich, in der einfachsten Führung eines Schiffes versagte. Ich übernahm daher das Kommando und brachte nach Passieren der Tonne das Schiff zum Stehen, nachdem ich mich beim Vorbeifahren noch überzeugt hatte, daß szt. kein Strom lief. Während des Einkuppelns der Seitenwellen sprach ich mit dem N.O., wie man der U-Boot-Gefahr begegnen könnte, solange der Zwangsweg Zickzackkurse nicht erlaubte. Ich kam zu dem Schluß, daß das Schiff in unregelmäßig wechselnden Zeiten verschiedene Fahrtstufen laufen müßte, und wies den N.O. an, diese Koppelung vorzubereiten und dann vom Kartenhaus aus dem W.O. entsprechend zu dirigieren. Diese Anweisung beantwortete der N.O., daß er nicht wüßte, wie er das machen sollte. (Der N.O. war nicht wie gefordert abgelöst worden). Es blieb mir nichts anderes übrig, als in das Kartenhaus zu gehen und dem (tüchtigen) Obersteuermann die Anweisung selbst zu geben. Als mir durch das Sprachrohr das Einkuppeln der Seitenwellen als beendet gemeldet wurde, befahl ich, mit dem Schiff anzugehen, und ließ wegen der U-Boot-Gefahr die Laternen wieder löschen, die während des Gestopptliegens mit dem Nachtsignalgeber angestellt waren. Da das Schiff sich noch auf der Trennlinie zwischen Backbord und Steuerbordfahrwasser befand, ließ ich den Kurs um 3° mehr nach Steuerbord nehmen als er vorgesehen war. Ich mag ca. 3 Minuten im Kartenhaus gewesen sein, als ich den Ruf hörte »Laternen setzen!« und gleichzeitig ein kurzer Ton mit der Sirene gegeben wurde. Mit wenigen Schritten war ich draußen und sah aber schon den Bug eines großen Schiffes an Backbordseite auf uns zukommen. Dann

erfolgte der Zusammenstoß, der mich in die Steuerbordbrückennock schleuderte.

Der weitere Verlauf der Ereignisse entspricht im großen und ganzen den Schilderungen von Herbert Pranger und Paul Schmalenbach, wobei zu Prangers Ausführungen ich nur bemerken möchte, daß 3 Weiß, 3 Rot mit dem Nachtsignalapparat abwechselnd geblinkt bedeutet: Meine Maschinen gehen mit äußerster Kraft zurück.

gez. Heinrich Spörel

Der damalige Ing.-Kadett Petri vertraute seinem Logbuch an: »... Ich sitze jetzt (19.45 Uhr) im Zwischendeck der Abtlg. VI. Da jagt die Meldung »U-Bootgefahr« durch das Schiff. Um 20.00 Uhr schreit Leutnant z. See Becker von der Brücke, »Wahrschau Backbordseite, Ramming!«, und im selben Augenblick rammt uns der schwere Kreuzer *Prinz Eugen* mittschiffs in Höhe der Abt. X. Die Bugspitze steht fast über der Steuerbordwand des Schiffes. In diesem Moment flog ich in Abt. VI von Steuerbord- nach Backbordseite. Wir stehen auf und stellen fest, daß das Schiff Schlagseite nach Backbord hat. Das Licht ist ausgefallen... Sinken wir? Ein Teil (der Mannschaft) bläst die Schwimmwesten auf... Unsere Station ist in Abt. X Stb. Wir können nicht hin. Ruß und Qualm dringt uns entgegen. Ich gehe daher zu meiner Sicherungsgruppe nach Abt. IX B. und übernehme den Hauptfernsprecher, da der augenblickliche Befehlsübermittler nicht richtig klar kommt. Da höre ich aus dem Kesselraum 3 markerschütternde Schreie. Sie kommen dort nicht raus, da die Luken verklemmt sind. Endlich kommt der Schweißtrupp. Es ist fast zu spät. Schreie werden immer seltener und enthalten keine Worte mehr. Es kommt der Befehl vom Kommandanten, »Die Besatzung verläßt das Schiff! Sicherungsgruppen bleiben auf Station!«... Auf Befehl des Sicherungsgruppenführers muß ich meinen BÜ-Posten wieder übergeben, da meine Division noch nicht abgelöst hat. Ich gehe an Oberdeck. Jetzt erst sehe ich, was geschehen ist. Die Besatzung steigt auf *Prinz Eugen* über. Nach einer Vollzähligkeitsmusterung – von meinem Zug ist einer tot – legen wir uns, nachdem wir noch unsere Seesäcke geholt haben, in eine Ecke und schlafen. Am anderen Morgen sehen wir, daß die »aufgespießte« *Leipzig* noch schwimmt, und sogar dann auch noch, als sich die beiden Schiffe voneinander losgelöst haben...

Die vorstehenden Aussagen und Berichte bis zur Kollision wurden dem Verfasser auch vom damaligen Oberfähnrich Köhler bestätigt. Er war als Brückenfähnrich an Bord der *Leipzig.* Ungeklärt bleibt jedoch, ob das FuMB der *Leipzig* eingeschaltet war und, wenn ja, einwandfrei arbeitete; oder ob sich *Prinz Eugen* im Bereich der sogenannten »Radar-

Die *Leipzig* mußte nach der Kollision nach Gotenhafen geschleppt und im 40.000 t-Dock der Deutschen Werke AG eingedockt werden. Diese Aufnahme von Ende Oktober 1944 zeigt das Arbeitsgerüst der Werft an Bb.-Seite.

keule« befand und deshalb nicht geortet werden konnte. Erst nach der Trennung der beiden Kreuzer voneinander konnte die *Leipzig* von drei Pumpendampfern, drei Schleppern und einem Generatorboot (ein T-Boot für die Notstromversorgung) nach Gotenhafen ins Dock geschleppt werden. Der Schwere Kreuzer *Prinz Eugen* lief mit eigener Kraft nach Gotenhafen.

Die *Leipzig* dockte am 17.10.1944 im »großen Schlachtschiff-Dock« (40000 t Schwimmdock) ein. Dort wurden zuerst die 19 Toten des 15.10. geborgen, nachdem die 30 Verletzten bereits ärztlich versorgt worden waren.

Nach Aufzeichnungen des Kadetten Petri »fielen in treuer Pflichterfüllung auf Kreuzer *Leipzig*:

Maschinenmaat Fritsch, Matrose II Ziron, Iller und Wudden-

berger, Kadett (Ing.) Dilsner, Schaberick, Schwabe, Seide, Lehr, Folge, Seekadett Janke und fünf weitere, nicht namentlich bekannte, Feuerwerksmaat Gelse und zwei Zimmermannsgäste.«

Die Kollision hatte ein kriegsgerichtliches Nachspiel. Bereits am 17.10.1944 findet sich im KTB des Flottenkommandos ein Eintrag:

> »Über die Schuldfrage kann erst nach eingehender Untersuchung ein Bild gewonnen werden...«

Ebenfalls am 17.10. bestimmte der Flottenchef den Befehlshaber des Ausbildungsverbandes der Flotte, Konteradmiral Rogge, zum zuständigen Gerichtsherrn, zugleich Beauftragter des gerichtlichen Todesermittlungs- und Havarieverfahrens. (Durchführung Marine-Oberstabsrichter Hawranke)

Nach Vernehmung beider Kommandanten am 17.10. erging bereits am 20.10.1944 eine Anklageverfügung gegen KzS Heinrich Spörel, Kk.d.R. Felix Hahn (NO) und Kptlt. Johannes Geissler (WO), da sie »hinreichend verdächtig« waren, durch Fahrlässigkeit in der Wahrnehmung ihres Dienstes eine erhebliche Beschädigung eines Schiffes und in Tateinheit hiermit durch Fahrlässigkeit den Tod von Menschen verursacht zu haben. (73,222 RStGB und 142 MStGB)

Die Kriegsgerichtsverhandlung erfolgte auf Wohnschiff »Cap Arkona« am 27.10.1944. Die Strafanträge lauteten: KzS Spörel zwei Jahre Gefängnis, Kk. Hahn drei Jahre Gefängnis und Kptlt. Geissler zehn Monate Gefängnis.

Das Bordurteil lautete:

> »Die Angeklagten Spörel und Hahn werden wegen fahrlässiger Beschädigung eines Schiffes in Tateinheit mit fahrlässiger Tötung zu je 3 – drei – Jahren Gefängnis verurteilt; der Angeklagte Geissler wird freigesprochen.«

In der Bestätigung durch den Oberbefehlshaber der Kriegsmarine wurde Teilvollstreckung der Freiheitsstrafe bei Spörel in Höhe von sechs Monaten und bei Hahn in Höhe von drei Monaten angeordnet; außerdem, daß die Teilstrafen als Festungshaft zu verbüßen seien (ausführliche Darstellung siehe Ludwig C. R. Hannemann in *Schiff und Zeit* Heft 41, Hamburg 1995.)

Der Kreuzer *Leipzig* lag bis 17.11.1944 im Dock. Nach Dockflutung um 09.00 Uhr wurde das Schiff zum Liegeplatz im Hafenbecken V geschleppt und dort mit Backbordseite am Schlachtschiff *Gneisenau* festgemacht. Damit war das noch offene Leck nur schwer zu erkennen, aber die *Leipzig* befand sich nach der Kollision in einem bejammernswerten Zustand.

In der Zwischenzeit hatten die Seekriegsleitung und der Ausbildungsverband der Flotte über das weitere Schicksal der *Leipzig* entschieden: Das als »seeuntüchtig« geltende Schiff sollte fortan als Ausbildungshulk für die Bordausbildung von Ingenieurkadetten genutzt werden.[5]

---

[5] BA-MA RM 48/14 KTB des Flottenkommandos vom 1.9.1944 bis Januar 1945, Heft 12, S. 40 = Besichtigung Flottenchef auf *Prinz Eugen* und *Leipzig* mit Entscheidung über weitere Verwendung; dt. Heft 12, S. 51 = Abschrift der Besprechungs-Niederschrift über Reparatur-Kapazität der Deutschen Werke AG, Gotenhafen am 17.10.1944.

Ausbildungshulk in Gotenhafen

Bereits am 3. Januar 1945 – es war der erste Dienstag des Jahres 1945 – trafen die ersten von insgesamt 48 Ing.-Kadetten in Gotenhafen ein. Für sie war das waidwund getroffene Schiff als Ausbildungshulk bestimmt worden.

Die »blutjungen« Offiziersanwärter, sämtlich den Jahrgängen 1926 und 1927 angehörend, waren per Telegramm aus allen Gauen des Reiches nach Gotenhafen zurückgerufen worden, nachdem ihr ursprüngliches Ausbildungsschiff, das alte Linienschiff *Schleswig-Holstein,* am 18. Dezember 1944 durch mehrere Bombentreffer in Gotenhafen verlorengegangen war. Damals, am 22. Dezember 1944, hatte der Marschbefehl gelautet: »Dienstreise, mit Unterbrechung am Heimatort.«

Von dort, aus Sachsen, Thüringen, der Ostmark, aus Süddeutschland, dem Rheinland, aus Schlesien und den Küstenländern reisten die Kadetten nun in überfüllten Fronturlauberzügen erneut nach Gotenhafen. Reisen in Deutschland, im sechsten Kriegswinter, bedeutete unvorhergesehene Aufenthalte aufgrund zerbombter Bahnhöfe und zerstörter Geleise, Umleitungen, Warten in überfüllten Wehrmachtsheimen. Deshalb trafen die ersten Kadetten befehlsgemäß am 3. Januar, die letzten aber erst am 12. Januar 1945 auf der Bahnhofskommandantur Gotenhafen ein. Dort erfuhr auch der Verfasser am 3. Januar 1945 abends von seinem neuen Bordkommando auf dem Leichten Kreuzer *Leipzig.* In seinem Logbuch – die Führung eines Logbuches war Pflicht für jeden Offiziersanwärter der Kriegsmarine – findet sich folgende Aufzeichnung:

> »Verrauscht war alle Freude über ein neues Bordkommando, denn auf ein »lahmes Schiff« kommandiert zu werden, macht doch keinen Spaß.«

Ähnlich empfanden es die Crewkameraden. Wolfgang Wönne schrieb in sein Logbuch:[1]

Dieses Telegramm rief den Verfasser zurück nach Gotenhafen auf das neue Kommando Kreuzer *Leipzig.*
(Dienststelle Feldpostnummer 17684).

---

[1] Wolfgang Wönne, Crew VII/44 Ing., bewahrte sein Logbuch auf und stellte es dem Verfasser zur Verfügung. Dieser benutzte es u.a. auch zur Überprüfung der in seinem Logbuch vorhandenen Aufzeichnungen. Jeder Offiziersanwärter der Kriegsmarine war zur Führung eines Logbuches verpflichtet. Dieses wurde von den Vorgesetzten kontrolliert.

»Wegen Zugverspätung Ankunft in Gotenhafen Mittwoch 4.1.1945 07.30 Uhr. Die Kommandantur weiß von nichts! Unser Z.O., Ltn. (Ing.) Vollmer, telefoniert und teilt uns mit, daß unser neues Schiff der Kreuzer *Leipzig* sei. Wie sind wir enttäuscht, wieder auf einem ausrangierten Schiff zu landen. Ein Pferdewagen, nachher ein Lastwagen, befördert unsere Seesäcke vor die *Gneisenau*, bei der die *Leipzig* längsseits liegt.«

Auf dem Weg zum Schiff bot sich den Kadetten ein Bild des Marinealltags der größten deutschen Marinebasis Gotenhafen, dem ehemaligen polnischen Hafen Gdingen, an der Danziger Bucht.

Im Hafengebiet war das übliche Treiben, Schlepper und zahlreiche Beiboote der im Hafen liegenden Kriegsschiffe tuckerten auf Dienstfahrt dahin, Vorpostenboote liefen mit langsamer Fahrt aus, Wachtboote kehrten von See zurück.

In den Hafenbecken I–III, in Richtung Zoppot gelegen und durch eine künstliche Mole gegen die offene See geschützt, lagen einige »große Pötte«, darunter auch der bekannte Luxusliner »Cap Arkona«. Der Haupthafen mit den Becken IV–IX und der Zweigwerft der Deutschen Werke AG Kiel bot für den aufmerksamen Betrachter ein imposantes Bild. In Richtung Oxhöfter Kämpe, im Hafenbecken IX, war die U-Boot-Lehrdivision beheimatet, dort lagen die Wohnschiffe und U-Boote. Auf der Stadtseite verwirrte zuerst der Anblick der vielen Kräne und Verladeeinrichtungen, aber bei genauerem Hinsehen erkannte man doch die großen, grauen Schatten der hier liegenden »Dickschiffe«. Im Hafenbecken IV waren die Schweren Kreuzer *Prinz Eugen* und *Lützow* zu erkennen. Im Hafenbecken V lag das seines Vorschiffes beraubte und unter Tarnnetzen verborgene Schlachtschiff *Gneisenau*. Daneben hatte mit seiner Backbordseite der Leichte Kreuzer *Leipzig* an dem Schlachtschiff festgemacht.

An Deck der *Leipzig* waren nur einige Wachtposten zu erkennen, am Schiff selbst waren die erheblichen Schäden nicht zu übersehen. Ein leicht schiefstehender Schornstein mit aufgerissener Ummantelung der vorderen Rauchgasrohre, aufgerissene Decksbeplankung, notdürftig mit Persennings abgedeckt, waren auf den ersten Blick erkennbar. Erst bei genauerem Hinsehen entdeckte man an der Backbordseite eine ca. 10 x 10 m große Fläche an der Bordwand ober-

halb der Wasserlinie, die mit einem Lecksegel behelfsmäßig abgedeckt war. Hier und weiter unter der Wasserlinie verbarg sich das gewaltige Leck, das der Zusammenstoß mit dem Schweren Kreuzer *Prinz Eugen* hinterlassen hatte, ein Einfamilienhaus hätte darin Platz gefunden. Über das Oberdeck der *Gneisenau* und eine Stelling im Bereich der Lecköffnung kamen die »Neulinge« an Bord.

Dort begann für die 48 Ing.-Kadetten alsbald der »normale Dienst- und Ausbildungsbetrieb« mit der »Kommandantenmusterung«. In mustergültiger »Erster Garnitur Blau« standen die Neulinge auf der Schanz des Kreuzers angetreten. In seinen, wie man damals sagte, »markigen« Begrüßungsworten, hieß der I. Offizier (I.O.), Korvettenkapitän Joachim Hinkeldeyn – zugleich mit der Wahrnehmung der Kommandantengeschäfte beauftragt – die Ingenieurkadetten an Bord herzlich willkommen. Im Beisein des Leitenden Ingenieurs (L.I.), Kapitänleutnant (Ing.) Franz Bonnemeier, mahnte der I.O... *»unsere Einsatzfreudigkeit auch hier zu beweisen, obwohl es uns sicher nicht angenehm sei, auf einem »lahmen« Schiff eingestiegen zu sein...«*

Die Kadetten bildeten an Bord die 8. Division. Divisionsoffizier (D.O. 8) war der frühere Zugoffizier der Kadetten vom Linienschiff *Schleswig-Holstein,* der inzwischen beförderte Oberleutnant (Ing.) Wilfried Vollmer. Divisionsfeldwebel und zugleich Führer der 1. Gruppe war Obermaschinenmaat Strohte.

Die Kadettendivision hatte fortan einen eigenen Dienstplan, der, grob gesagt, Unterricht am Vormittag und Maschinendienst am Nachmittag vorsah, also eine fast friedensmäßige Bordausbildung.

Dazu aus dem Logbuch des Verfassers:

»... Im Gruppenführerunterricht beginnt nun eifriges Lernen, gilt es doch diesmal nicht nur 12 Abteilungen wie auf »SX« [Rufzeichen für Linienschiff *Schleswig-Holstein*], sondern 16 der wasserdichten Abteilungen des Kreuzers kennenzulernen. Das vorgegebene Pensum ist 2–3 Abteilungen pro Tag.«

Hierzu sei angemerkt, daß jeder die wichtigsten Abteilungen der Maschinenanlagen und deren Betriebsführung kennenlernen mußte. Dazu gehörten die Motorenanlage, die E-Anlagen, die Hilfskessel und die Pumpenmeisterei. Es wurde erwartet, daß die Kadetten über die einzelnen Anlagen Skizzen und Aufzeichnungen anfertigten.

Gleich in der ersten Ausbildungswoche zeigte der Kadettendienstplan eine der Besonderheiten dieses 6. Kriegsjahres: *Mithilfe beim Bau von Panzersperren.* Also Ausrücken zum »Schanzen«, wie es damals genannt wurde, bei Eis, Schnee und klirrender Kälte. Ein langer Tag voller ungewohnter Arbeit. Der Bau dieser Abwehranlagen, die als »Ostwall« bezeichnet wurden, signalisierte den Ernst der Lage im Osten. Aber der Wehrmachtsbericht und auch die Stimmung vor Ort paßten nicht in dieses Bild. Der Feind stand noch weit ab, und an der Ostfront herrschte relative Ruhe. Die Kadetten gruben also Sperrgräben in den Abmessungen 6 m tief und 7 m breit und errichteten aus Betonröhren und Stacheldraht Panzer- bzw. Infanteriehindernisse.

Ein Randerlebnis blieb dem damaligen Kadetten Tödt bis heute in Erinnerung. Er gab in der Toilette eines Privathauses einem mitarbeitenden russischen Kriegsgefangenen Brot ab und wurde dafür am anderen Tag vom D.O. gerügt.

Die Ruhe an der Front änderte sich schlagartig, als am 12., 13. und 14. Januar 1945 nacheinander die 1. Ukrainische Front, die 3. Weißrussische Front und die 1. und 2. Weißrussische Front die sowjetische Winteroffensive eröffneten, die Stalin am 6.1.1945 Churchill versprochen hatte. Im Verlaufe dieser Offensive wirkten sich die Erfolge der 2. Weißrussischen Front ungeahnt auf das Schicksal des Kreuzers *Leipzig*, seiner Besatzung und der zur Ausbildung eingeschifften Kadetten aus. Während letztere noch »Dienst nach Ausbildungsplan« leisteten, stießen Panzerspitzen der 5. sowjetischen Panzerarmee unter Generaloberst Wolski in Richtung Elbing vor. Am 20. Januar mußten Teile der *Leipzig*-Besatzung und Kadetten zum »Schanzen« ausrücken. In Gotenhafen-Adlershorst waren schnellstens Straßensperren zu errichten.

Am 21. Januar erreichten sowjetische Panzerspitzen den Stadtrand von Elbing. Auf der *Leipzig* wurde Urlaubssperre angeordnet und ein Landungskorps zusammengestellt.

Das KTB der Kriegsmarinedienststelle Danzig (KMD Danzig) vom 1.1.-28.2.1945 hielt fest:[2]

> »21.1.1945 - Infolge angespannter Lage gibt Festungskommandant um 23.00 Uhr erneut Stichwort »Wehrwolf« und »Gneisenau« durch und alarmiert den ganzen Standort Groß-Danzig.«

Aufgrund des Alarms rückte am 23. Januar 1945 gegen 14.00 Uhr auch das nur leicht bewaffnete Landungskorps des Kreuzers *Leipzig* mit Marschziel Marienburg ab. Nach vorhandenen Aufzeichnungen[3] bestand es aus einer Kompanie unter Führung von Olt.z.S. Pöhnert und den Ltn.z.S. Kessler und Bischoff.

Nachfolgend wird aus den Erinnerungen von Teilnehmern zitiert. Roland Hummel, damals Artilleriemechaniker-Obermaat Turm A:

> »Das Landungskorps wurde auf der Marienburg eingesetzt. Es hatte beim ersten Angriff der Russen hohe Verluste, weil auf Anordnung des I.O. Kkpt. Hinkeldeyn Munition mitgegeben wurde, welche nach der Ramming (mit *Prinz Eugen*) in der Munitionskammer im Was-

Nach einer »Notreparatur« ist der Kreuzer *Leipzig* nicht mehr fahrfähig und nur noch als Ausbildungshulk verwendbar. Die am 3.1.1945 an Bord kommandierten Kadetten (Ing.) der Crew VII/44 wurden alsbald auch zum Bau von Panzersperren eingesetzt. Hier im Januar 1945 in Gotenhafen-Adlershorst.

[2] BA-MA M 519/38633-38634 KTB der Kriegsmarinedienststelle Danzig vom 1.1.-28.2.1945, Bd. 3.

[3] Schiffbuch II, Kreuzer *Leipzig, Abschnitt IV Lebensgeschichte, ohne Seitenangabe, aus dem privaten Besitz von Herrn Fkpt. a.D. Klopp, seinerzeit Ltn.z.S. und Adjutant Kreuzer* Leipzig. *Kopie im Besitz des Verfassers.*

Am 22. Januar 1945, nach dem Durchbruch sowjetischer Verbände bis vor Elbing, mußte der Kreuzer *Leipzig* ein Landungskorps zur Verteidigung der Marienburg abgeben. Das Bild zeigt Leutnant zur See Kessler vor dem Turm C, kurz vor der Abkommandierung.

ser gelegen hatte. Auch beide Art. Mech. Maate Parche und Merbet wurden verwundet. Stabsoberstückmeister Simon erledigte eine russische Batterie mit Panzerfäusten und erhielt das Deutsche Kreuz in Gold, verlor aber einen Arm.«

Siegfried Kubera sen., damals Feuerwerker-Hauptgefreiter Turm C:

»Etwa 200 Mann wurden abkommandiert und kamen in Marienburg zum Einsatz. Es war seemännisches und technisches Personal«.

Karl-Heinz Wittneben, damals Signalobergefreiter:

»Schon im Dezember 1944 wurden an Bord die ersten Vorbereitungen zum Fronteinsatz (als Landungskorps) getroffen. Es hieß allerdings, daß auf LE ein Kommando zusammengestellt werde, das zu einer Schulung abkommandiert werden soll. Daher blieben auch die Privatsachen an Bord. Am 24. Januar 1945 war es dann soweit. Die Schulung fand in Marienburg an der Front statt. Zunächst wurden wir von LE und eine Abordnung der SX [Linienschiff *Schleswig-Holstein*] zu einem Truppenverband zusammengeschlossen. Später kamen dann noch Männer einer Luftwaffenkompanie dazu. Ende Januar kam es dann in Grünhagen, einem kleinen Ort vor Marienburg, zur ersten Frontberührung. Da wir die Stellung wegen der Übermacht des Feindes nicht halten konnten, setzten wir uns nach Marienburg ab. Hier kam es dann zu schweren Straßenkämpfen, bei denen auch unser Gruppenführer, Signalobermaat Nätzold, tödlich verletzt wurde. Bei einem Gegenstoß konnten wir die Burg (?) und die umliegenden Straßen wiedergewinnen... Wir waren vom Feind nur durch einen Straßenzug getrennt. Da die Gefahr einer Einkesselung bestand, setzten wir uns sang- und klanglos von Marienburg ab und zogen in Richtung Danzig... In meiner Gruppe waren nur Signäler, sonst bestand das Kommando aus Besatzungsmitgliedern aller Laufbahnen...«

Die Witwe des am 24. Juli 1987 verstorbenen ehem. Stabsoberstückmeisters im Turm B, Kurt Simon, stellte dem Verfasser die nachfolgend abgebildeten Zeitungsausschnitte zur Verfügung, die ein anschauliches Bild der damaligen Ereignisse vermitteln.

Nachdem das Landungskorps abgerückt war, fragten sich die an Bord der *Leipzig* verbliebenen Offiziere, Unteroffiziere und Mannschaften samt Kadetten, »wie es wohl weitergehen würde und ob weitere Abkommandierungen zur Landfront folgten«.

Für die Kadetten hielt der 23 Januar eine besondere Lektion para. Die Teilnahme an einer Kriegsgerichtsverhandlung in

erst vor wenigen Tagen eingezogen ... ... chen Stellungen westlich
kleidet waren, zeichneten sich, obwohl ... ...
erstenmal mit scharfer Munition ...

Der Kampf um die Marienburg

Marinesoldaten bewähren sich in der Ordensfeste

PK In den arg zerschundenen Mauern der Marienburg ist in diesen Tagen der todesmutige Geist der Ordensritter zu neuem Leben erstanden, wachen und kämpfen heute unbekannte Soldaten aller Wehrmachtteile als die Ordensritter dieses Jahrhunderts und verteidigen die deutsche Heimaterde auf vorgeschobener Bastion im Osten.

Wenn wir an dieser Stelle den Einsatz der Männer unserer Kriegsmarine besonders hervorheben, so deshalb, weil sie, zum Teil noch gänzlich unerfahren im Infanteriekampf, hier ihre große Bewährungsprobe in heißem und blutigem Ringen bestanden haben.

Ist es nicht wie ein Stück Sage aus der Geschichte der Ordensritter, wenn der Oberstückmeister Simon am Südausgang der Altstadt aus seiner Deckung heraussprang und von der Höhe des Marientors herab mit einer Panzerfaust ein aufgefahrenes Feindgeschütz in die Luft sprengte und kaltblütig die herankriechenden und stürmenden zwanzig Sowjets so nahe kommen ließ, daß er sie allesamt mit Handgranaten vernichten konnte?

Oberleutnant zur See Möller aus Oldenburg, Navigationslehrer an der Seefahrtsschule

in Leer, der jetzt verwundet aus der Marienburg zurückgekommen ist, berichtete über den Kampf seiner Kameraden um Stadt und Feste Marienburg. Seine dramatischen Schilderungen lassen Erinnerungen an die Kämpfe um Cassino und Aachen wach werden. Oberleutnant Möller war zunächst Kompanieführer und dann Kompaniechef einer der Alarmeinheiten, die in den kritischen Tagen um den 22. und 23. Januar aufgestellt wurden und die sich aus überzähligen Schiffsbesatzungen und Schülern, insbesondere Unteroffizieren, der Steuermannsschule Gotenhafen rekrutieren.

Als am 25. Januar sowjetische Panzer die Sperre der Straße Tessendorf—Marienburg durchbrachen, stellten sich ihnen zunächst unsere Marinesoldaten entgegen. Diese Männer, die die Panzerfaust meist nur vom theoretischen Unterricht her kannten, die noch niemals einen sowjetischen Panzer anrollen sahen, standen unerschütterlich im Kampf, wie sie es von Bord her nicht anders kannten. Drei sowjetische Panzer waren ihr erstes Ziel — und ihre erste Beute.

Von schwerem Flankenfeuer erfaßt, mußten sie sich schließlich auf neue vorbereitete Stel-

Diese Zeitungsausrisse berichten vom Einsatz des Oberstückmeisters Simon, der zum Landungskorps des Kreuzers *Leipzig* gehörte und sich bei der Verteidigung der Marienburg besonders auszeichnete.

Wehrmb. v. 11.2.4̄5

„Verdammtes zu Kreuze kriechen …"

Ein kräftiges Wort des alten Nettelbeck zur rechten Stunde

Ein leucht... ... Vorbild für unsere Tage ... unsere Häuser zu Schutthaufen werden soll... ... der Führer der Bü... Und sollte jemand, er sei Bürger oder ...hrend der Bela... von Uebergabe sprechen ... bei ... ...ch wie heut... ...l dem renne ich auf... Sch...

... n Nordmeer ... ...örer mit Ostkr... versenkt

Führer...ptqua ...

Das Oberkommando der Wehrmacht ...ringem Bodengewinn wieder auf bekannt:

Burg und Zitadelle von Budapest wurden weiterhin gegen alle Angriffe der Bolschewisten gehalten. Bei einem Vorstoß gepanzerter Kräfte östlich des Plattensees vernichteten unsere Truppen stärkere feindliche Kampfgruppen.

In der Slowakei blieben sowjetische Angriffe beiderseits der Straße Losine—Altsohl sowie zwischen den Westbeskiden und der Oder bei Ratibor erfolglos, örtliche Einbrüche sind abgeriegelt. Im Südteil des Brückenkopfes Brieg warfen unsere Gegenangriffe die Sowjets bei Grottkau weiter zurück. Im Raum von Breslau—Liegnitz—Glogau konnte der Feind bis westlich Breslau und bis an den Bober-Abschnitt vordringen. Liegnitz fiel im Verlauf erbitterter Kämpfe in Feindeshand. Zwischen Fürstenberg und dem Oderbruch engten unsere Truppen in Gegenangriffen die feindlichen Brückenköpfe weiter ein.

Im Südteil von Pommern wurden von Panzern unterstützte Angriffe der Bolschewisten südlich Stargard aufgefangen. Beiderseits Deutsch-Krone und nordwestlich Schwetz konnten die Sowjets Einbrüche erzielen, während ihre Angriffe südwestlich Graudenz scheiterten. Die Besatzungen von Schneidemühl und Posen verteidigten sich mit großer Tapferkeit gegen starke, von Schlachtfliegern unterstützte feindliche Angriffe.

In Ostpreußen wurden bei und östlich Wormditt erneute bolschewistische Angriffe zerschlagen. Südwestlich Königsberg dauert der feindliche Druck gegen die Haffstraße an. In Samland wurden bolschewistische Kampfgruppen von ihren rückwärtigen Verbindungen abgeschnitten. Ihre Ausbruchsversuche ver...eltelt.

...ch Schlacht- und Jagdflieger ...ts im Erdkampf eingeset...

...n der Stadt selbst toben Straßenkämpfe. Nach stärkster Artillerievorbereitung gelang es dem Feind, an der Sauer seine Brückenköpfe geringfügig auszuweiten und unter dem Schutz künstlichen Nebels nördlich Echternach die Höhen über den Fluß zu gewinnen. Unser zusammengefaßtes Artilleriefeuer verhinderte den vom Feind versuchten Brückenschlag über die Sauer. Im Anschluß von Remich warfen unsere Panzer vorübergehend eingedrungene amerikanische Bataillone wieder zurück. Auch im Unterelsaß wurden feindliche Angriffe im Raum von Bischweiler zerschlagen.

In Mittelitalien dauern die örtlichen Kämpfe an der ligurischen Küste und um die Höhen östlich des Serchio an.

Im Raum von Mostar in der Herzegowina wurden feindliche Angriffe abgewiesen. Im Nordostteil von Kroatien verfolgen unsere Kampfgruppen den geschlagenen Feind und säubern das Gebiet zwischen der Bila Gora und der Drau von Resten seiner zersprengter Verbände.

Orte im Münsterland waren am gestrigen Tage das Angriffsziel nordamerikanischer Terrorbomber. Tiefflieger griffen mit Bomben und Bordwaffen die Zivilbevölkerung, vor allem in West- und Südwest-Deutschland, an. In der vergangenen Nacht warfen die Briten Bomben im nordwestdeutschen Raum.

London lag auch gestern unter unserem Vergeltungsfeuer.

Eichenlaub für Generalfeldmarschall von Weich...

Führerhauptquartier, 12. 2.

Der Führer verlieh ...enlaub zum ...terkreuz des Eise... ...marschall Ma...

Kurt Simon †

Am 24. Juli 1987 verstarb in seinem 73. Lebensjahr nach einem Schlaganfall und kurzem Krankenlager Kurt Simon, Beisitzer im Vorstand der MK Ludwigshafen 1903. Vor nunmehr 55 Jahren trat er in die Reichsmarine ein. Ein Teil seiner Ausbildung für Schiffsartillerie fand bei Krupp statt. Auf *Nürnberg* war er in spanischen Gewässern während des dort tobenden Bürgerkrieges. Bei Beginn des Zweiten Weltkrieges befand er sich auf *Schleswig-Holstein* vor der Westerplatte. Weitere Einsätze fuhr er auf *Nürnberg* in der Nordsee und auf *Leipzig* in der Ostsee. Auch als Infanterist bewährte sich der Oberstückmeister bei der Verteidigung der Marienburg. Dort wurde er wegen besonderer Tapferkeit ausgezeichnet. Nach Verwundung und Lazarettaufenthalt wurde er in die Heimat entlassen und wurde Beamter bei der Post.

Auf dem Friedhof in Oppau nahmen wir mit dem Trompeten-Solo vom guten Kameraden Abschied von dem vorbildlichen und geradlinigen Soldaten Kurt Simon.

RS

der Offiziersmesse des Kreuzers. Danach hieß es: »Kadetten auf der Schanz antreten!« Aber die erwartete Abkommandierung zur Landfront blieb aus. In Anbetracht der Lage sollten die Kadetten die Geschützbedienungen für die 15 cm-Türme auffüllen. Der Verfasser notierte in seinem Logbuch:

> »Ja, es stimmt: wir, die Ingenieur-Kadetten sollen an die Geschütze der Mittelartillerie und nicht an Kessel und Maschinen.
> Wir sagten nur, nun sind wir Kadetten (U), wie Universal!! Ich komme in Turm C (Cäsar), mittleres Rohr als »Ansetz-Nummer«. Unser Turm führt das Traditionsschild »Nürnberg«.

Der damalige Kadett Wönne notierte:

> »In 2 Tagen müssen wir soweit sein, schießen zu können. Wir besetzen zugleich zwei Türme Bruno (B) und Cäsar (C), je Geschützturm 10 Mann. Ich bin am Verschluß linkes Rohr, Turm Cäsar.«

Am folgenden Tag begann bereits die Munitionsübernahme, am Mast wehte die »schwarze Flagge«. Per LKW wurden die Granaten und Kartuschen herbeigeschafft und von der Pier über die Stelling zu den Türmen »gemannt«, um von dort mit der Hilfsheißvorrichtung hinunter in die Munitionskammern gefördert zu werden. Stück für Stück wurden die 35 kg schweren Kartuschen auf der Schulter geschleppt, eine Knochenarbeit, die erst um 22.00 Uhr endete.

Am Morgen des 24.1.1945 ging die Plackerei mit der Munition weiter. Von Oxhöft wurde die Munition herangebracht und in schweißtreibender Arbeit in den Munitionskammern gestaut. Die Feuerwerksmaaten kannten kein Erbarmen. Ruhepausen gab es nicht. Nach dem Munitionieren war Geschützexerzieren angesetzt. In den Geschütztürmen war es an diesen Tagen bitter kalt. Draußen wehte oft ein eisiger Wind bei Temperaturen um minus 20 Grad, es lag viel Schnee. Der Hafen fror stellenweise zu. Die Kadetten freuten sich deshalb auf den Unterricht in den warmen Decksräumen. Am 28. Januar 1945 hieß ein Gruppenthema »Elektrotechnik, Arbeit und Leistung«. Eine andere Gruppe besichtigte den im Hafen liegenden Schweren Kreuzer *Admiral Hipper*, am Abend war Bordkino im Kesselraum 1 (K 1) angesagt, der nach der Ramming mit *Prinz Eugen* ausgeräumt worden war und nun als Veranstaltungsraum diente.

Am 29. Januar 1945 erfuhr die Besatzung, daß der Kreuzer *Leipzig* als »Schwimmende Batterie« bzw. als Artillerieträger zur Verteidigung Gotenhafens vorgesehen war.[4] Hierzu notierte der ehem. Kadett Wönne:

> »Damit hatten wir uns schon abgefunden. Unsere Verpflegung ist schlecht, die Bäckereien im Ort haben keine Kohle... Ein Zerstörer läuft ein, voll mit Flüchtlingen.«

Zur Verpflegungssituation bemerkte der ehem. Kadett Kiesel:

> »... Zigaretten und Tabak gegen Brot und Wurst werden getauscht. (»Chinchen« nannte man das in Marinekreisen). Ein Hauptlieferant war der Koch des Dampfers »Gravenstein«, teilweise aber auch Fremdarbeiter der Deutschen Werke A.G.«

An diesem Tage erging vom Admiral Östliche Ostsee der Befehl, alles zur Aufnahme von Flüchtlingen vorzubereiten und einen Pendelverkehr zwischen Pillau und Gotenhafen einzurichten.

Am 30. Januar 1945, dem »Jahrestag der Machtübernahme« (durch die Nationalsozialisten 1933) fand auf der Schanz des Kreuzers eine kurze Feierstunde statt, es sprach der I.O.. Danach waren sofort Geschützexerzieren, BÜ-Übungen und Divisionsunterricht angesetzt.

Kiesel weiter:

> »Wir haben schon Muskelkater vom Geschützexerzieren... Der Kreuzer Emden lief von Königsberg kommend ein, auch voll mit Flüchtlingen aus Pillau. Die »Hansa« (Wohnschiff der 2. U.LD.) und die »Cap Arkona« sind auch schon fort. Etwas betreten sehen wir hinterher, weil wir wohl hierbleiben.«

31. Januar 1945. In und um Gotenhafen fror es Stein und Bein. Der Hafen ließ sich nur noch mit Eisbrechern offenhalten. Die Kadetten der *Leipzig* aber schwitzten in ihrem Wohndeck beim Schreiben einer Arbeit über die Themen »Seekriegsgeschichte« und »Schlachten des Siebenjährigen Krieges« – und das, nachdem am vorhergehenden Abend gegen 22.15 Uhr eine Führerrede über das Bordradio angehört werden mußte (vermutlich handelte es sich um die letzte Rundfunkansprache Hitlers).

---

[4] *BA-MA RM 48/14 KTB Flottenkommando vom 1.9.1944-Januar 1945, Heft 17 (1.1.-15.1.1945), Übersicht über das KTB Januar 1945: »Kreuzer* Leipzig, *dessen Verlegung über See wegen der zerstörten Verbände nicht möglich erscheint, wird dem Seekommandanten Westpreußen zur Hafenverteidigung Gotenhafen als schwimmende Hafenbatterie zur Verfügung gestellt«.*

Während des Dienstbetriebes lief das Gerücht durch alle Decks, die »Gustloff« sei auf eine Mine gelaufen und gesunken. Das Gerücht stellte sich bald als grausame Wahrheit heraus.

Anfang Februar führte der Divisionsoffizier mit jedem einzelnen Kadett Gespräche über Führungsnoten und die entsprechenden Einträge im Führungsbuch. Der Februar hatte schon erste Überraschungen gebracht. Viele sollten noch folgen.

Zunächst aber hieß es: »*All hands on deck!*« für die Verteidigung der Danziger Bucht. Dazu erhielt der Kreuzer *Leipzig* wieder einen Kommandanten. Kadett Wönne vermerkte in seinem Logbuch:

»... Der neue Kommandant, Herr Korvettenkapitän Walter Bach, stellt sich vor und will uns schon morgen in Feldgrau einkleiden. Auch sollen wir umgehend lernen, mit Pistolen, MG und Panzerfaust umzugehen, entsprechend dem Ernst der Lage...«

Der neue Kommandant war als I. Offizier der *Schleswig-Holstein* kein Unbekannter für die Kadetten. Er war als besonders entschlußfreudig bekannt. Somit überstürzten sich jetzt die Ereignisse und Aktivitäten an Bord des Kreuzers, in die die gesamte Besatzung einbezogen wurde. Hierzu einige stichwortartige Notizen:

Sonnabend 3. Februar: Durchsage: »Kadetten klar machen zum Grauzeugempfang«. Mit V-Boot zum Bekleidungsamt. Bei Rückkehr befand sich der Kreuzer am neuen Liegeplatz im Hafenbecken IX. (Hier lag vor wenigen Tagen noch die »Gustloff«).

Sonntag 4. Februar:Gefechtsdienst für die gesamte Besatzung. (Der neue Kommandant wollte die Reststammbesatzung und die Kadetten in kürzester Zeit auf einen möglichst hohen Ausbildungsstand bringen, vor allem in den artilleristischen Bereichen).

Kurz vor 12.00 Uhr Befehl »Betreuung von Flüchtlingen durch die Kadetten-Division (K-Division)«.

Dienstag 6. Februar:11.15 Uhr Kadetten zur Zeugmusterung antreten. Ausstellungen! 19.00 Uhr erneut Zeugmusterung, diesmal ohne Ausstellungen.

Mittwoch 7. Februar: Befehlsausgabe über die Wachdienstanlage: «Postschluß 18.00 Uhr!«

Die Kadetten haben Gefechtsdienst und D.O. Unterricht und am Abend »gemeinsames Singen«.

Dazu der Verfasser:

... Lieder helfen über alles weg, so dachten wohl unsere Vorgesetz-

ten. Neben neuen Liedern wurden solche aus alter Seefahrerzeit gesungen, die von Stürmen, Gefahren, von fremden Häfen und der Liebe im Hafen erzählten.

In diesen Tagen meldete der Wehrmachtsbericht mehrmals den Einsatz von Seestreitkräften zur Unterstützung der Landfront, so auch am 9.2.1945:

»... Die Besatzungen von Schneidemühl, Posen und Elbing behaupten sich gegen heftige Angriffe der Bolschewisten. Der Schwere Kreuzer "Lützow« und die Torpedoboote T 33, T 28 und T 8 unterstützten am 8. Februar durch ihr wirkungsvolles Feuer die tapfer kämpfende Besatzung von Elbing...«

Noch war die *Leipzig* nicht mit von der Partie, die Gefechtsbereitschaft des Schiffes war noch nicht hergestellt. Daran wurde mit Feuereifer gearbeitet, wobei besonders das technische Personal des Kreuzers gefordert war.

Samstag 10. Februar:	Munitionsübernahme. Aufstellung eines Landungskorps. Dazu gehörte die ganze K-Division einschließlich D.O. und fünf Gruppenführern.
Montag 12. Februar:	05.00 Uhr Wecken. Über Bordlautsprecher kommt folgende Durchsage: »Landungskorps 07.00 Uhr antreten vor dem Schiff, Anzug Grau!« Danach gehts ins Gelände.
Montag 12. Februar	Nachmittags Maschinendienst für Kadetten im Motorenraum oder im E-Werk. Anschließend Gewehrreinigen und Zeugdienst.

Notiz im Logbuch des Verfassers:

...4 Monate nach Ende der Grundausbildung in Heiligenhafen wieder in grauer Montur... Alte Kenntnisse werden aufgefrischt und neue Fronterfahrungen von den Infanterieausbildern dazugelernt. Auch das schlechte Wetter kann unsere gute Laune nicht verderben...

Am folgenden Tag, dem 13. Februar 1945, stand im Befehlsbuch:

»08.00 Uhr Seeklar.«

Ein großes Ereignis für die Schiffsführung und die gesamte Besatzung. Zum ersten Mal nach der Kollision mit Prinz Eugen sollte der Leichte Kreuzer Leipzig mit eigener Kraft, unter Schlepperassistenz, in See gehen. An Bord herrschte gespannte Aufmerksamkeit. Um 08.00 Uhr kamen zwei Schlepper und bugsierten den Kreuzer vom Hafenbecken IX über die Außenmole hinaus zum Hafenbecken I. (Schiffe, die vom Haupthafen zum »Seglerhafen« – die Becken I und II – verlegten, mußten die schützende Mole verlassen und über die offene See – Gotenhafen-Reede – den Liegeplatz ansteuern).

An Bord der *Leipzig* lief während des ganzen Manövers im Hauptölmotorenraum nur einer der vier MAN-doppeltwirkenden 7-zyl. Zweitakt-Dieselmotoren, der über das Vulcan-Getriebe die Mittelwelle antrieb. Drei Motoren waren noch »unklar«, bzw. lagen auf den »Flurplatten«. Die Dynamos des Diesel-E-Werk III lieferten den Strom für die Bordnetze.

Im Zuge der Verteidigungsmaßnahmen im Großraum Danzig-Gotenhafen wurde die *Leipzig* dem Seekommandanten Westpreußen als »schwimmende Hafenbatterie« unterstellt und mit Schlepperhilfe zum Hafenbecken I verholt. Hier der Blick aus einem Bullauge des Kreuzers zum Schlepper »Greif«.

Korvettenkapitän Walter Bach erinnert sich an die ersten Wochen seiner Kommandierung als Kommandant der *Leipzig* wie folgt:

»Aufgrund einer Entscheidung des Flottenkommandos wurde ich zum 1. Februar 1945 als Kommandant auf den Kreuzer *Leipzig* kommandiert. Die Nachricht erreichte mich auf dem Bahnhof von Gotenhafen, wo ich am 25.1.1945 auf dem Weg nach Swinemünde war, um dort als I.O. auf dem Hilfskreuzer und Artillerieschulschiff *Hektor* einzusteigen. Ich meldete mich sofort beim damaligen Flottenchef, Vizeadmiral Meendsen-Bohlken, auf dem Schweren Kreuzer *Prinz Eugen*. Im Beisein des AI eröffnete mir der Flottenchef, daß ich den Leichten Kreuzer *Leipzig* wieder in Dienst stellen sollte. Mir wurde mitgeteilt, daß die vorgesehenen Einsätze des Schiffes als Artillerieträger nach Maßgabe des Festungskommandanten

Gotenhafen, Konteradmiral Siegfried Sorge (Crew 16) und zugleich Seekommandant Westpreußen, bzw. auf Anforderung der Heeresverbände erfolgen würden.«

In der Zeitschrift »Marine« schrieb Bach 1979:[5]

»... Die erste Fahrt erfolgte mit geringer Schlepperhilfe von Hafenbecken IX zum Einsatzplatz des Hafenbeckens I. Als äußerst unangenehm stellte sich heraus, daß die Ruder- und Maschinentelegrafen nicht klar waren und die Ruderkommandos sowie die Maschinenbefehle per Telefon von der Brücke aus nach achtern zur Reserveruder- und Motorenanlage gegeben werden mußten. Es mußte also noch etwas geschehen, um das Schiff besser fahrbereit zu machen.«

Dem Verfasser gegenüber ergänzte Bach später:

»... Dazu hatte ich unabhängig voneinander zwei Marinebauräte an Bord kommen lassen. Einer davon hatte keine Bedenken gegen eine bedingte Fahrbereitschaft nach Durchführung entsprechender Maßnahmen. Ich selbst hatte auch einige Erfahrungen über zu treffende Maßnahmen als einstiger W.O. auf dem Kreuzer *Karlsruhe,* nach dessen Torpedierung und als I.O. auf der *Schleswig-Holstein.*«

In der Zeitschrift »Marine« heißt es weiter:

»... Die Werft konnte weder Fachkräfte noch Material stellen. Es muß den Ingenieuroffizieren und dem gesamten technischen Personal eine besondere Anerkennung zuteil werden, daß nach »Beschaffung« der Kabel und anderen Materials die Ruderanlage und Maschinentelegrafenanlage mit Bordmitteln wiederhergestellt wurden.

Das große Loch an der Bb.-Seite wurde mit dicken Bohlen dicht gemacht, indem U-Schienen an der Außenwand angeschweißt und von der Wasserlinie aus bis zur Oberkante der Bordwand die Bohlen eingelegt wurden. Das äußere Bild war verbessert, und es wurde vermieden, daß beim Fahren der Wasserschlag von außen her eindrang und die vorbildlich abgestützte Schottwand nach K 3 (Kesselraum 3) unnötig beanspruchte.

Schon aus geringer Entfernung sah man dem Kreuzer *Leipzig* die schwere Havarie nicht mehr an...«

So lag das Schiff am 13. Februar 1945 mit Backbordseite an der Pier des Hafenbeckens I, Bug seewärts, etwa 30-40 m von der Mole entfernt. Der Landanschluß für Strom, Wasser und Heizdampf wurde hergestellt. Schon am Nachmittag herrschte wieder normaler Dienstbetrieb. Das bedeutete auf-

[5] *Zeitschrift* Marine, *Heft 3/79, Seiten 6 und 7, Koblenz 1979.*

Gotenhafen, Februar 1945: Der letzte Ing.-Kadetten-Lehrgang des Kreuzers *Leipzig* auf der Schanz des Schiffes vor Turm C. In der Bildmitte Kadetten-noffizier Oberleutnant (Ing.) Vollmer.

grund der oben beschriebenen Notwendigkeiten für die Stammannschaft Arbeitsdienst, Maschinendienst, Rollendienst, wobei nach und nach folgende Arbeiten ausgeführt wurden:

– Verlegen bzw. Instandsetzen der Leitungen für die Befehls übermittlung.

– Verbesserung der Eigenstromversorgung durch Montage eines Hilfs-E-Werkes an Oberdeck. (Bestehend aus einem 4zyl.-LKW-Dieselmotor mit angekuppeltem Generator, auf einer Palette).

– Fertigstellung der Marschmotorenanlage einschließlich Hilfsmotorenanlage und Drucklufterzeuger.

– Restarbeiten am Hilfskessel für Heizung und Kombüse.

– Überprüfung der Unterwasser-Horchanlagen.

– Instandsetzungsarbeiten an den Feuerleitanlagen, der Ruderanlage, den Funkmeßanlagen (2 Geräte), den funk telegrafischen und optischen Signalmitteln.

– Verbesserung der Leckabstützung und Abdichtung zu Kes selraum 3.

– Instandsetzung, Wartung und Pflege der verschiedenen Artilleriewaffen und der Munitionsförderanlagen.

Erklärtes Ziel aller Arbeiten und der Schiffsführung war:

* Herstellung der vollen Feuerkraft aller Waffen.[6]

---

[6] *Die Bewaffnung an Bord der* Leipzig *bestand zu diesem Zeitpunkt aus:*

9 x 15 cm L/60, C26 in 3 Drehhaubenlafetten C/26

6 x 8,8 cm L/76, C/32 in Doppellaffette C/32

4 x 3,7 cm L/80, C30 in Doppellafette C/30

8 x 2 cm L/65, C/30 in Einzellafette MPL 30 mit Schutzschild.

* Fahren mit den Marschmotoren über See.
* volle Manövrierbarkeit des Schiffes.

An der Verwirklichung dieser sehr hoch gesteckten Ziele hatten auch die Ingenieurkadetten Anteil, wenngleich im Rahmen des Möglichen Rücksicht auf den Ausbildungsplan genommen wurde. Somit kam es zu einem abwechslungsreichen und kunterbunten Kadetten-Dienstplan. Hierzu einige Stichworte:

* Arbeitsdienst.
* Gefechtsdienst an den Waffen und Maschinenanlagen.
* Infanteriedienst.
* Betreuung »Rückgeführter«, wie die Flüchtlinge amtlich genannt wurden.
* Instandsetzungsarbeiten an der Maschinenanlage und im E-Werk III.
* Unterricht u.a. mit folgenden Themen:
– Aufbau und Wirkungsweise von Generatoren.
– Moderne Sabotagemittel, Haftminen, Kampfschwimmer usw.
– Feuerlöschleitungen.
– Flutgruppen und Flutleitungen.
– Haupt- und Hilfslenzleitungen.
– Wasch- und Trinkwasserleitungen.
– Frischwasserbereiter.
– Ruderanlage.
– Hilfsmaschinen.
– Turbinenanlage mit Curtis-Turbine, Abdampfleitungen, Kondensation.
– Der Offizier in Messe, Gesellschaft und Vollksgemeinschaft mit Teilnahme am Essen in der Offiziers-Messe
– Seemannschaft mit Bootsdienst.
Hinzu kamen:
– Sport.
– Zeugdienst.
– Rein Schiff.
– Diverse Musterungen.
– Munitionstransport usw.

Ein Höhepunkt des vielseitigen Dienstes war das »Scharfschießen der Mittelartillerie« am 16. Februar 1945 13.00 Uhr. Dazu traten die Bedienungsmannschaften in den Tür-

men B und C (die beiden achteren Türme) an, um von 13.25 bis 14.32 Uhr auf ein Wrack in der »Putziger Wiek« zu schießen. Entfernung 170 hm = 17 km. Den ersten Schuß seit der Havarie am 15. Oktober 1944 gab das linke Rohr von Turm B ab. Danach folgte Turm C mit einer Vollsalve.
Der Verfasser notierte in seinem Logbuch:

»... Alle Vorbereitungen, wie mannen der Munition (Granaten und Kartuschen), klarlegen der BÜ-Geräte usw. erfolgen wie schon x-mal geübt... Der Gefechts-BÜ, auch ein Kadett, ruft aus. »Turm Cäsar – Laden und Sichern«! Die 45 kg schweren Granaten (mit der Hilfsheißvorrichtung aus dem Turmbeladeraum gefördert) poltern auf den Ladetisch, und die Ladenummer schiebt sie in die Verschlußöffnung. Ein Kamerad und ich, als Ansetzer-Nummern, rammen mit dem Ansetzer zuerst die Granate mit ihren Führungsringen in die Anfangszüge des »mittleren Rohres«. Die Kartusch-Nummer wirft die 35 kg schwere Messing-Kartusche hinter die angesetzte Granate. Wir Ansetzer stoßen nach. Die Verschluß-Nummer sorgt für sachgemäßes Schließen und Sichern des Fallblockverschlusses. An den rechts und links liegenden Rohren der gleiche Ablauf.
Im Turm steigt jetzt bei uns »artilleristischen Neulingen« die Spannung bis zum Siedepunkt, aber auch die »alten Hasen«, wie unser Oberstückmeister, sind gespannt, wie das angeschlagene Schiff auf die Belastungen und Erschütterungen reagieren wird. Gedanken schießen durch den Kopf: wie laut wirds im Turm knallen, wird der Rohrrücklauf groß sein, wie wird sich die Erschütterung bemerkbar machen? Lange Zeit zum Nachdenken bleibt nicht. Die einzelnen Kommandos und die Zielansprachen folgen vom Gefechts-BÜ, und dann der Ruf »Turm Cäsar – eine Salve«, dann eine qualvolle, lang-empfundene Pause, endlich das erlösende Wort »Feuerrr«. Ein Ruck am Abzug, ein kurzer Knall, im Turm eine starke Erschütterung – das war alles?... Nur zwei Schuß je Rohr werden abgefeuert. Der Erfolg war nach Aussage unseres Turmführers zufriedenstellend. Die Folgen unseres Schießens in unmittelbarer Umgebung weniger schön. An den nahegelegenen Lagerschuppen war kaum eine Fensterscheibe ganz geblieben. Aber wer fragt jetzt danach? Viel wichtiger ist die Tatsache, daß unser Schiff diese Zerreißprobe glänzend bestand. Danach Geschützreinigen.«

Am Abend des 20.2.1945 kam – für alle überraschend – der Befehl:

»Höchste Alarmbereitschaft, antreten im Gefechtsanzug. Steuerbordwache schläft angezogen!«

Den Grund für diesen Befehl glaubten wir damals im Wehrmachtsbericht vom 21. Februar 1945 zu erkennen, in dem es hieß:

»In der Tucheler Heide und westlich der Weichsel wird um jeden Fußbreit Boden gekämpft...«

Am 23. Februar 1945 war dann für einige Kadetten »Essen in der Offiziersmesse« angesetzt. Der Verfasser notierte:

»Im Vorraum zur Messe wartete ich auf meinen D.O., Oberleutnant (Ing.) Vollmer, der mich dann in der Messe den anwesenden Herren Offizieren vorstellte. Dann, nach Eintritt des I.O., dem ich ebenfalls vorgestellt wurde, begann das Diner.«

Am 24.2.1945 kam die Bewährungsprobe für die »Schwere Flak« des Kreuzers. Von 13.50 bis 15.05 Uhr richteten sich die sechs Rohre der 8,8 cm Doppelflak auf eine Scheibe, die ebenfalls in der Putziger Wiek lag.

Am 28.2.1945 kam der Chef der 2. Kampfgruppe, Vizeadmiral Thiele, an Bord. Seine Flagge wurde um 16.35 Uhr gesetzt. Bis zum 3.3.1945 blieb der Admiral an Bord der *Leipzig*, um morgens um 09.35 Uhr von Bord zu gehen. Der geplante Gefechtsdienst vor dem Admiral fiel wegen eines Schneesturms aus.

Am Montag, dem 5. März 1945 stand für die Besatzung – bis auf die Wache – erneut die Betreuung Rückgeführter auf dem Dienstplan. Die Flüchtlinge wurden u.a. im Varieté »Alhambra« untergebracht. Hierzu notierte der Verfasser:

»Nicht so sehr Körperkräfte sondern Geisteskräfte waren gefordert, denn es galt ja den oft verzweifelten Menschen, meist Frauen, Kinder oder alte Männer, Trost zuzusprechen und auch oft als eine Art »Beichtvater« geduldig und ohne Widerrede zuzuhören. Von persönlichem Leid, von Kälte, Hunger und auch von Empörung über das Verhalten der Parteigenossen war zu hören. Wir betreuten diese armen... Menschen, brachten sie von dem aus Libau über Pillau gekommenen Schiff und geleiteten sie in die verschiedenen Notunterkünfte...«

Am Nachmittag war erneut Gefechtsdienst angesetzt. Diesmal schoß die Mittelartillerie auf eine Scheibe in der Putziger Wiek. Nach 40 Minuten war alles vorbei.

Am 7. März 1945 hatten die Kadetten Unterricht in Motorenkunde und wurden über Steuerungseinrichtungen belehrt. Um 12.50 Uhr, mitten im Unterricht, hieß es plötzlich: »Artilleriemannschaften heraustreten«! Der A.O. gab bekannt, daß der Russe durchgebrochen und in die Reichweite der 15 cm-Türme (250 hm = 25 km) gekommen sei.

Am Abend konnte man an Oberdeck des Kreuzers und im ganzen Hafen- und Stadtgebiet ein bislang nie gehörtes Grollen und Grummeln vernehmen. Am südwestlichen Horizont zuckte rötlicher Schein – die Front nahte!

Wie nahe sie schon war unterstrichen am 9. März mehrmalige Fliegeralarme auf der *Leipzig*. Am Abend wurden gegen mögliche Sabotageakte polnischer Partisanen Sicherheitswachen aufgestellt. Wieder waren es die Kadetten, die diese Aufgabe übernahmen. Am Abend erneut Fliegeralarm, Leuchtbomben fielen. Das Ziel der Bomber war Danzig und Zoppot. Nach dem Angriff stand dort blutroter Schein am Himmel.

Am 9. März meldete der Wehrmachtsbericht:

»... Im Brennpunkt der großen Abwehrschlacht in Westpreußen drangen feindliche Panzerverbände trotz unserer verbissenen Gegenwehr zwischen Behrend und Preußisch-Stargard in unsere Stellungen ein und gewannen weiteren Raum nach Norden. Ihre Spitzen wurden zwischen Karthaus und Schöneck zum Stehen gebracht.«

Die beiden letztgenannten Orte lagen rund 25 km südwestlich von Gotenhafen.

Der Kampf beginnt –

Einsatz als Schwimmende Batterie

Am 10. März 1945 wurde die Besatzung des Leichten Kreuzers *Leipzig* morgens um 05.00 Uhr aus dem Schlaf gerissen. Über den Bordlautsprecher tönte es: »Reise, reise, aufstehen, überall zurrt Hängematten«. Kurz darauf eine weitere Durchsage: »Mit Beeilung anziehen, Backschafter Essen fassen, 06.30 Uhr Mittelartillerie antreten im Gefechtsanzug auf der Schanz«.

Dort erfuhren die Bedienungsmannschaften der 15 cm-Geschütze, daß der Gegner jetzt in Reichweite der *Leipzig*-Geschütze eindrang und mit der kurzfristigen Anforderung des Waffeneinsatzes durch die Front zu rechnen sei.

Dazu notierte Wönne:

> »Danach werden die Türme B und C besetzt. Draußen Regen und Kälte. Wir sind auf Gefechtsstation. Gegen 08.00 Uhr laufen über den Haupt-BÜ an die BÜ's der beiden Türme die ersten Kommandos. [Genau 08.03 Uhr lt. Aufzeichnung Schiffbuch *Leipzig*] »Schießen nach VB [Vorgeschobener Beobachter] auf die Bereitstellung in 148,8 Grad, Entfernung 162 hm (16,2 km), mit Sprenggranaten laden und sichern«! Danach noch einige Korrekturen für Höhe und Seite (Einstellwerte) und – endlich »Turm B und C, je ein Rohr Salve – Feuerrr«. Im Turm C feuert zuerst das linke Rohr.[1] [Nach diesen Angaben befand sich das Ziel im Raum Karthaus, so nachträgliche Recherchen]. Nach erneuter Korrektur der Schußwerte (über VB an A.O. und dann in die Türme) wurde dann turmweise mit allen drei Rohren im Salventakt geschossen. Turm Cäsar feuerte 41 Schuß, Turm Bruno 19 Schuß. Innerhalb von 30 Minuten war das Ziel, eine gegnerische Bereitstellung, vernichtet, die Salven lagen deckend, so die Angaben des VB.«

---

[1] Die Türme feuerten entweder rohrweise oder mit allen drei Rohren gleichzeitig. Bis zur genauen Ziellage wurden Einzelschüsse abgegeben, danach folgten alle drei Rohre im Salventakt.

Dies also war der erste Einsatz der *Leipzig* als Schwimmende Batterie am Liegeplatz Hafenbecken I in Gotenhafen. Hier lag das Schiff mit Bug zur offenen See und mit Backbordseite an der Pier in Richtung Oxhöft.

Noch einmal wurde die Hauptartillerie des Leichten Kreuzers an diesem Vormittag angefordert. Gegen 10.00 Uhr verließen elf Schuß die Rohre der Türme B und C. Anschließend kam der Befehl »Wegtreten von Gefechtsstationen, Schießpause. MA (Mittelartillerie) weiterhin Bereitschaft.«! So kamen alle zu einem geregelten Mittagessen, und am Nachmittag wurde eine Sonderzuteilung von 50 Zigaretten oder gleichwertige Mengen Tabak oder Zigarren ausgegeben. Die Flak des Schiffes ging Kriegswache, weil für feindliche Anflüge über See keine Vorwarnungen kamen.

Am späten Nachmittag schrillten abermals die Alarmglocken, begleitet von der Durchsage »MA auf Gefechtsstationen«. Angefordert wurde aber nur das linke Rohr Turm C, das sieben Granaten verfeuerte. Anschließend wurden die leeren Kartuschhülsen von Bord gebracht und auf der Pier gestapelt.

Der Wehrmachtsbericht vom 11. März 1945 meldete:

> »... In Westpreußen verhinderten unsere schwer ringenden Verbände eine Aufspaltung der Front und brachten in verkürzten Stellungen die Durchbruchsversuche starker sowjetischer Panzerkräfte gegen Gotenhafen und Danzig unter hohen feindlichen Verlusten zum Scheitern...«

Die folgende Nacht war für die Besatzung an Bord des Kreuzers erneut kurz. Bereits um 04.30 Uhr ertönte das Wecksignal und die Durchsage: »Ab 05.30 Uhr MA auf Gefechtsstationen«. Diesmal bekämpfte Turm C mit 22 Schuß eine Bereitstellung sowjetischer Panzer. Anschließend blieben die

Die Türme B und C beim Feuern einer Turmsalve.

Bedienungsmannschaften in »Bereitschaft in den Türmen«. Der Verfasser notierte damals u.a.; »... übrigens ist heute Heldengedenktag! Also ein »Ehrensalut« für alle toten Helden.« Die Besatzung erfuhr Näheres über den Erfolg des Einsatzes am Vortag. Die Granaten der *Leipzig* hatten von Anfang an »deckend« gelegen, die Masse einer Panzerdivision sei vernichtet, der Rest zersprengt worden. Ein eindrucksvoller Anfangserfolg, vor allem für die so kurzfristig an den Waffen eingewiesenen Kadetten.

Am Nachmittag beschoß der Kreuzer zwei weitere Ziele in 140 hm und 170 hm Entfernung. Die Besatzung erfuhr, daß eine Infanteriebereitstellung »zerhämmert« und eine Aufmarschstraße »beharkt« worden war. Dabei fielen Ortsnamen wie *Kölln* und *Tuchum*. Wer konnte sich darunter schon etwas vorstellen? Heute ist dem Verfasser bekannt, daß es sich bei Kölln um eine alte westpreußische Ortschaft südwestlich von Gotenhafen handelte, die hart umkämpft wurde. Wönne notierte folgendes Ereignis:

> »... Ein Schlepper und ein Schwimmkran kommen an die Back des Schiffes und schleppen unseren Anker in die Hafeneinfahrt (Becken I), so können wir notfalls allein, ohne Schlepperassistenz, ablegen und auslaufen...«

Wie notwendig diese vorausschauende Maßnahme der Schiffsführung war, sollte sich schon am nächsten Tag (12.3.45) zeigen. Zunächst standen die Geschützbedienungen schon um 05.00 Uhr in Bereitschaft an den Geschützen und warteten auf die Anforderungen durch die Front. Aber wegen schlechter Sicht für den VB erfolgte kein Einsatz. Also

In die Abwehrkämpfe um die Danziger Bucht griff der Kreuzer *Leipzig* mit den Türmen seiner 15 cm-Geschütze wirkungsvoll ein. Vom 17. bis 25. März 1945 verschoß das Schiff ca. 1000 Chargierungen (Granaten und Kartuschen). Hier hat soeben Turm B gefeuert. Im Vordergrund die achtere 8,8 cm Doppel-Flak und die abgeklappten Motorenschornsteine.

»Wegtreten auf Gefechtsstation!« und »Kadetten Unterricht nach Plan!«. Und welches Thema wurde den Kadetten vorgetragen? – »Seekriegsgeschichte der Wikinger- und Hanse-zeit«.

Nach dem Unterricht wurde Munition von Turm A nach Turm C gemannt, eine schweißtreibende Arbeit.

Am Abend dieses 12. März antwortete der Gegner auf den Einsatz des Leichten Kreuzers. Hierzu notierte der Verfasser:

> »... um 19.00 Uhr heult und jault es plötzlich durch die Luft. Rrums, krach, Iwans Antwort ist da. Die Alarmglocken schrillen. »Alle Mann auf Gefechtsstationen, Schotten dicht!«

Die Einschläge der russischen Artillerie lagen in Nähe der *Gneisenau* (Hafenbecken V), im Becken II und dann im Becken I, nur wenige Meter achteraus der *Leipzig* an Steuerbord und Backbord und nur ca. 5 Meter vor dem Bug. Aufgrund des anhaltenden Störfeuers auf das Hafengebiet, vermutlich von 17 cm Geschützen, entschloß sich die Schiffs-führung zum Auslaufen auf Reede.

Beim Ablegemanöver mußten die Männer der Bootsmanns-gruppe mehrmals in Deckung gehen. Zudem fiel auch noch das Bugankerspill aus, aber die »Spezialisten« brachten es

rasch wieder zum Anlaufen. Dann donnerte der Auspuff der Marschmotorenanlage. Abgasschleier kräuselten über »Max und Moritz« (so nannte die Besatzung liebevoll die beiden abklappbaren Motorenabgas-Schornsteine). Der Leichte Kreuzer *Leipzig* fuhr zum ersten Mal nach der Havarie mit *Prinz Eugen* auf Gotenhafen-Reede und ankerte. Die erste Nacht auf See seit jenem 15.10.1944!

Während einer Feuerpause werden die leeren 15 cm-Kartuschhülsen hinter Turm B gestapelt. Zur Geschützbedienung gehörten auch zahlreiche Ing.-Kadetten. V.l.n.r. die Kadetten (Ing.) v. Bandian, xx, xx, Skozek, xx. Im Hintergrund die »Übungskanone« und das Einstiegsluk Turm B.

Über dieses Ereignis vermerkt das »Schiffbuch« des Kreuzers[2]:

> »12.3.45 Wegen Artilleriebeschuß Gotenhafen Ankerplatz verholt.
>
> 13.3.45 Hafenbecken I wieder festgemacht.«

An diesem 13. März 1945, einem Dienstag, schwojte der Kreuzer zunächst noch vor Anker, auf Gotenhafen-Reede, aber noch in Sichtweite des Hafens. Seeroutine herrschte, geweckt wurde um 06.00 Uhr. Für Mannschaften und Kadetten war Zeugdienst angesetzt mit anschließender Spindmusterung. Unversehens kam der Befehl »Klar zum Ankermanöver!«, anschließend »Alle Mann auf Gefechtsstationen!«. Die *Leipzig* lief zum Hafenbecken I zurück, auf Befehl des Kampfkommandanten, wie es hieß. Um die Mittagszeit machte der Kreuzer am alten Liegeplatz fest. Wie zu vernehmen war, soll *Prinz Eugen* die feindlichen Batterien zum Schweigen gebracht haben.

Als der Kreuzer an die Pier kam, stand diese voller Flüchtlinge. In Gotenhafen sollten es inzwischen 80.000 sein!

Kurze Zeit nach dem Anlegemanöver schrillten bereits die Alarmglocken: »Mittelartillerie auf Gefechtsstation!« Im folgenden Einsatz feuerte allein Turm C 16 Schuß auf Bereitstellungen des Gegners in 123 hm und 129 hm. Der Feind erwiderte das Feuer, aber im Hafengebiet wurden nur vereinzelt Einschläge beobachtet.

An diesem Tage erhielten die Ing.-Kadetten eine weitere Aufgabe zugeteilt. Es hieß lapidar: »Die K-Division stellt ab sofort je Wache einen Mann als Posten Signaldeck«. So hatte z.B. Kadett Wönne »Wache Signaldeck« von 22.00-24.00 Uhr und der Verfasser von 00.00-02.00 Uhr. Beide berichteten von Störfeuer auf den Hafen mit je ein bis zwei Einschlägen alle zehn Minuten. Die Einschläge lagen rund um die *Leipzig*, 900 m, 300 m und einmal nur 50 m ab. Befehlsgemäß blieb der Kreuzer an der Pier liegen, obwohl der Gegner auch am nächsten Morgen weiter ins Hafengebiet hineinfeuerte. Das hatte zur Folge, daß die Schiffsführung »Alle Mann auf Stationen« zur Durchführung einer Schiffssicherungsübung befahl. Dabei zeigte sich, daß der intensive Unterricht und

---

[2] Schiffbuch II Kreuzer *Leipzig*, Abschnitt IV Lebensgeschichte, ohne Seitenangabe. Aus dem privaten Besitz von Herrn Fkpt. a.D. Klopp, seinerzeit Ltn.z.S. und Adjutant Kreuzer *Leipzig*. Kopie im Besitz des Verfassers

An der Pier des Hafenbecken I: Die *Leipzig* feuert mit den achteren Türmen B und C.

der Rollendienst der Kadetten gefruchtet hatten. Der Verfasser notierte:

> »... Der Erfolg unserer Ausbildung zeigt sich darin, daß wir dem »Stamm« (Stammmannschaft) in bezug auf Rohrleitungs- und Schiffskunde doch »turmhoch« überlegen sind. Ein Grund mehr, mit uns zufrieden zu sein. Im Donner feindlicher Granateinschläge und dem dumpfen Grollen der immer näher rückenden Front, treten wir in aller Selbstverständlichkeit auf der Schanz zur Musterung an.

Nach dem Mittagessen des 14. März wurde erneut Artilleriealarm gegeben. In größter Eile wurden die Gefechtsstationen besetzt. Vom Haupt-BÜ kam die Durchsage... »Ziel ist der Durchbruchsraum bei Zoppot«. Das war neu, denn vor nicht allzulanger Zeit war Zoppot noch Ziel für Landurlauber der *Leipzig* gewesen! Die Türme B und C waren im Einsatz, Turm Cäsar allein gab 22 Schuß ab. Auch der Schwere Kreuzer *Prinz Eugen* und das alte Linienschiff *Schlesien*, Schwesterschiff der am 18.12.1944 in Gotenhafen zerbombten *Schleswig-Holstein*, feuerten von See in Richtung Zoppot. Für die deutschen Truppen, die sich hinhaltend kämpfend auf Gotenhafen zurückzogen, brachte der Beschuß sowjetischer Panzer- und Infanterieverbände durch die Schiffsartillerie entscheidende Entlastungen, wie man heute weiß.

Die Besatzung der *Leipzig* begrüßte die Erwähnung der Marine im Wehrmachtsbericht vom 14. März 1945:

> »... Vorwärts Gotenhafen und Danzig fügten unsere Divisionen in anhaltendem schweren Ringen dem Gegner hohe Verluste zu und verhinderten eine Aufspaltung der Front.
>
> Schwere und leichte Seestreitkräfte griffen wiederholt mit nachhal-

FESTUNG ⚓ GOTENHAFEN

| NUMMER 2 | Herausgegeben vom Kampfkommandanten in Verbindung mit der Kreisleitung und dem Oberbürgermeister der Stadt Gotenhafen | 16. MÄRZ 1945 |

Durchbruch bei Quassendorf vereitelt

Neuer Ansturm gegen den Brückenkopf Ostpreussen
Kolberg kapituliert nicht

Aus dem Führerhauptquartier, den 15. 3. 45

Das Oberkommando der Wehrmacht gibt bekannt:

Südlich des Plattensees brachen unsere Kampfgruppen gegen zunehmenden Widerstand der Sowjets in das stark verminte feindliche Hauptkampffeld ein. Beiderseits des Sarviskanals wurden in harten Kämpfen weitere stark ausgebaute Stützpunkte der Bolschewisten genommen, unsere Front dadurch begradigt und heftige Gegenangriffe abgewehrt.

Schlacht- und Jagdflieger unterstützten die Angriffe und fügten besonders dem sowjetischen Nachschubverkehr schwere Schäden zu. In Luftkämpfen und durch Flakartillerie der Luftwaffe wurden 36 feindliche Flugzeuge abgeschossen.

Im slowakischen Erzgebirge blieben vereinzelt weiter vorgedrungene Angriffsgruppen der Sowjets südlich Heiligenbrunn und bei Altsol vor unseren rückwärtigen Stützpunkten liegen.

Der gestrige Kampftag brachte bei Schwarzwasser unseren immer wieder zu entschlossenen Gegenangriffen antretenden Panzern und Grenadieren einen vollen Abwehrerfolg.

Feindliche Stellungen nordöstlich Striegau wurden in kühnem Vorstoss erobert und gegen alle Angriffe der Bolschewisten gehalten.

Die Festung Breslau wird in verbissenen Häuserkämpfen gegen den von Norden und Süden andrängenden Feind erfolgreich verteidigt. Auch die Besatzung der Festung Glogau hält ihre Stellungen in tapferem Abwehrkampf.

An der Oder vor Stettin und am Brückenkopf Diewenow blieben zusammenhanglose Angriffe der Bolschewisten in der Mehrzahl vor unseren Stellungen liegen. Die Verteidiger von Kolberg hielten unter schwerem Beschuss den anhaltend starken Angriffen des Feindes stand und liessen die zweimalige Aufforderung zur Uebergabe unbeantwortet.

Am Frontbogen von Gotenhafen und Danzig, besonders im Raum von Quassendorf, wurden die Durchbruchsversuche der mit starken Panzerkräften angreifenden Bolschewisten wiederum in schweren Kämpfen vereitelt.

In der Abwehrschlacht um Ostpreussen zerbrachen zwischen Riesenberg und dem Festungsbereich von Königsberg fortgesetzte Angriffe der feindlichen Armeen am hervorragenden Kampfgeist unserer Infanterie.

Eingebrochene sowjetische Kräfte wurden vor rückwärtigen Stellungen aufgefangen oder in Gegenangriffen zurückgeworfen. Die Vernichtung von 88 feindlichen Panzern kennzeichnet die Härte der Schlacht. Der volle deutsche Abwehrerfolg während der fünften Schlacht in Kurland zwang den Feind seine Durchbruchsversuche auch im Kampfraum von Frauenburg einzustellen.

Bewegungen und Ansammlungen des Gegners am Niederrhein wurden unter wirksames Artilleriefeuer genommen.

Trotz starken Widerstandes gewannen unsere Truppen im Gegenangriff östlich Rehmagen Höhen und Ortschaften zurück. Nach erneutem Antreten konnten jedoch die Amerikaner wieder einige Einbrüche erzielen, die abgeriegelt wurden.

Gegen unsere Front westlich des Rheins ist der Feind an der Mosel, an der Saar und im Unterelsass zum Grossangriff angetreten. Unter starkem Einsatz von künstlichem Nebel gelang es ihm nordöstlich Kochem und Ürzig auf dem Ostufer der Mosel Fuss zu fassen.

Zwischen dem Ostberger und dem Schwarzwälder Hochwald dauern schwere Abwehrkämpfe an. Auch um unsere Stellungen zwischen Vorbach und Hagenau sind schwere Kämpfe entbrannt.

In Italien vernichtete ein Stosstrupp von Fallschirmjägern bei Imola einen feindlichen Stützpunkt, brachte zahlreiche italienische Gefangene ein und fügte dem Feind hohe blutige Verluste bei.

Kopf hoch halten

Kampf den Klüglern
und Besserwissern

Die Zeit ist ernst, verflucht ernst sogar. Die bolschewistischen Bestien sind unserer Festung nahe gerückt. Namenloses Elend droht auch diesem Land.

Der Kampflärm der nahen Front dringt täglich und stündlich an unser Ohr. Wir aber lassen uns nicht erschüttern, mag kommen, was da wolle. Wir werden stark sein. Stark und gläubig. Wir sind eine Kampfgemeinschaft geworden, ob Mann ob Frau ob Kind, wir stehen zusammen trutzig wie ein Fels.

Lasst den Kopf nicht hängen, ihr ändert damit nichts an der Lage! Ihr helft aber viel, wenn ihr gläubig und zuversichtlich seid. Dann seid ihr nicht nur Glaubensträger, sondern auch Glaubensverbreiter. Und solche Menschen brauchen wir. Hört nicht auf die elenden Klügler und Besserwisser, die durch ihr Kopfhängen und ihr saudummes Geschwätz unseren Glauben zerstören wollen!

Hört ihr Deutschen und vergesst es nie, diese Klügler und elenden Besserwisser gehen einher und lauern auf ein geeignetes Ohr, solange es noch Menschen gibt! Sie leben, ja, sie leben vielleicht in uns selbst als ein Teil und wollen als ein Teil mitleben, wie das Moos am Baum.

Habt acht, dass sie nie zu Macht und Ehren kommen! Sie bringen uns um die Kraft, um diese Stärke und den Glauben. Sie stellen das Kleine vor das Grosse, das Jämmerliche vor das Tapfere, das Alltägliche vor das Gewaltige und Erhabene. Sie stellen den Magen über die Ehre. Gebt acht! Sie gehen mit vielerlei Gesicht. Und sie gehen als elende Gedanken und Gerüchte. Sie bringen nichts mit sich als die Nichtigkeit und die Leere eines Herzens.

Damit aber meistern wir nicht unser Schicksal. Habt acht darauf und bleibt wach! Seid stolz, dass ihr heute hier stehen dürft als Kämpfer und Arbeiter. Jetzt könnt ihr eure Haltung für Führer und Volk dokumentieren.

Denn nur die Starken behalten das Recht in der Welt! Niemals ist die Nichtigkeit des Herzens stark gewesen. Wäre uns nicht die Macht

Die zweite Nummer der im März 1945 erschienenen Zeitungs-Notausgabe »Festung Gotenhafen«.

tiger Wirkung in die Abwehrkämpfe entlang der westpreußischen Küste ein...«

Am 15. März entwickelte sich eine BÜ-Übung zum Ernstfall. Um 09.45 Uhr schrillten die Alarmglocken: »Mittelartillerie auf Gefechtsstation!«. Kaum waren die Turmbesatzungen an den Geschützen folgte auch schon die Zielansprache. Geladen wurden diesmal »Granaten mit BdZ« (Bodenzünder), die gegen eine feindliche Bereitstellung in einem Dorf eingesetzt wurden. Der Kreuzer feuerte 96 Granaten. Noch während des Schießens wurde »Fliegeralarm« gegeben, russische Tiefflieger und Bomber waren im Anflug. Aber statt der erwarteten Bomben fielen massenweise Flugblätter vom Himmel, welche die »Lords« für »hinterlistige Zwecke« nutzten. Auch das Störfeuer auf den Hafen setzte wieder ein. Kadett Wönne vertraute seinem Logbuch an:

> »Ein klarer Himmel und Sonnenschein. Unsere Flak macht rasendes Feuer auf Tiefflieger und Bomber. Der I.O. krallt sich zwei Mann, die draußen an Deck stehen, also nicht auf Gefechtsstation sind. Bestrafung! Wir erhalten Sonderzuteilungen von Tabak und Zigaretten. Auch nachts strengste Wache...«

Am Freitag, dem 16. März, nach sechstägigem Einsatz der Mittelartillerie, wurde »Geschützreinigen rohrweise« befohlen. Damit sollte sichergestellt werden, daß bei einer Anforderung der Artillerie durch VB mindestens zwei Rohre je Turm feuerbereit waren. Das Reinigen der drei Rohre eines Turmes samt Verschlüssen und Zubehör nahm fast zwei Stunden in Anspruch. Gegen 10.00 Uhr war die Aktion beendet. Kaum 15 Minuten später wurde MA-Alarm gegeben. Die frisch gereinigten Rohre von Turm C verfeuerten 14 Schuß auf eine Artilleriebereitstellung, die nach VB-Angaben vollständig vernichtet wurde.

Am Nachmittag feuerte Turm C 8 Schuß in Richtung 183 Grad (also fast achteraus) auf eine fahrende Abteilung, und damit war auch das für jeden Turm vorgegebene Pensum von 50 Schuß/Tag erreicht. An Bord zeichnete sich schon eine Knappheit von 15 cm Geschoßen ab. Auch die BÜ-Anlagen waren manchmal unklar, weil der Turm B so rüttelte, daß im Turm C teilweise auch noch das Licht ausfiel.

Während des »Reinschiff« am 17. März, einem Samstag, riefen um 09.30 Uhr die Alarmglocken die Mannschaften der Mittelartillerie an die Gefechtsstationen. 24 Schuß verließen die Rohre von Turm C in Richtung einer »gegnerischen Bereitstellung«. Dabei trat am mittleren Rohr ein Hülsenreißer auf. Diese Störung wurde aber rasch beseitigt. Noch während des Schießens gab der I.A.O. den Türmen ein Telegramm des 7. Panzerkorps bekannt. Wortlaut: »Wir danken für hervorragendes Schießen«.

Diese Durchsage und die Kunde von zwei anerkannten Flugzeugabschüssen trugen zu einer »Hochstimmung« bei, die durch die Postausgabe noch verstärkt wurde. Dazu der Verfasser:

> »... Für mich gab es am Nachmittag, nach langer Zeit, zwei Briefe aus der Heimat. Sie berichten von neuen Terrorangriffen. Heute erhielten wir auch die ersten Exemplare der Festungszeitung«.[3]

Für das zur Festung ernannte Gebiet Gotenhafen hatte der Kampfkommandant in Verbindung mit der Kreisleitung und dem Oberbürgermeister der Stadt Gotenhafen eine Notzeitung herausgegeben. Darin war u.a. der Wehrmachtsbericht vom 15. März 1945 und ein Eigenbericht über die Großangriffe im Raum Gotenhafen und Danzig enthalten. Dabei wurden als Kampfschwerpunkte Danzig-Langfuhr, Zoppot und Gotenhafen genannt. Ortsnamen wie Schmelztal, Rahmel, Espenkrug und das Gebiet Dohnasberg waren dort verzeichnet. Alles Ortsnamen aus der unmittelbaren Umgebung Gotenhafens, so nahe also war der Gegner! Nach der Lektüre dieser Notzeitung, einschließlich des Durchhalteartikels »Kopf hoch halten«, gab sich auch der letzte Mann an Bord der *Leipzig* keinen Illusionen mehr hin. Der Endkampf um Gotenhafen hatte begonnen.

---

[3] Die Festungszeitung wurde unter dem Titel »Festung Gotenhafen« herausgegeben vom Kampfkommandanten in Verbindung mit der Kreisleitung und dem Oberbürgermeister der Stadt Gotenhafen.

Feuern bis zur letzten Granate –

Der Endkampf um Gotenhafen

In Gotenhafen standen die Zeichen auf Sturm – die Sowjets zielten auf die größte deutsche Marinebasis an der Ostsee. Die 2. Weißrussische Front stieß in mehreren Stoßkeilen über die untere Weichsel vor. Einer dieser Stoßkeile drehte nach Norden in Richtung Dirschau ein, das am 8. März fiel. Ein zweiter Stoßkeil drang durch die Tucheler Heide vor, um dann ebenfalls nach Norden einzuschwenken in Richtung Stolp/Stolpmünde bzw. Kolberg zur Ostsee. Aus diesem Stoßkeil der 65. Armee zweigten die 49. Armee und die 5. Panzerarmee nach Nordosten ab und rückten gegen Karthaus und Lauenburg in Richtung Gotenhafen vor; bzw. über Neustadt gegen die Putziger Wiek und die Halbinsel Hela. Lauenburg fiel am 10.3., Karthaus am 11.3. und Neustadt am 12.3..

Über die Kämpfe und das Leid der Bevölkerung und der Flüchtenden wurden zahlreiche, zum Teil erschütternde Schilderungen veröffentlicht. Der interessierte Leser findet dazu Angaben im Literaturverzeichnis.

Zurück zu den Geschehnissen in und um Gotenhafen. Festungskommandant von Gotenhafen war Konteradmiral Sorge. Seinem Kommando unterstand auch die Schiffsführung des Leichten Kreuzers *Leipzig*, der noch immer an der Pier von Hafenbecken I lag. Am Sonntag, dem 18. März 1945 war das übliche, morgendliche Reinschiff im Gange, als um 09.00 Uhr die Alarmglocken ertönten. Hierzu der Verfasser und sein Kamerad Wönne:

>»... Bis 13.00 Uhr waren wir auf Gefechtsstation. Kaum hatten wir das Mittagessen verschlungen, Fliegeralarm. Heute hat es Iwan scheinbar nur auf uns abgesehen, denn am Nachmittag kommen wir kaum zur Ruhe. Es ist der große Tag unserer Flak. Nicht einmal

unser Abendbrot konnten wir in Ruhe genießen! Zwei Abschüsse allein erzielte unser Kreuzer. Auch wir von der MA haben heute 120 Schuß auf verschiedene Ziele abgefeuert...« ...»An den Tieffliegern sehen wir oft Treffer der leichten Flak (2 cm), doch die fliegen weiter.«

Bei den Tieffliegern handelte es sich zumeist um gepanzerte Schlachtflugzeuge des Typs Iljuschin IL-2, gegen die 2 cm und 3,7 cm Geschosse wenig Wirkung zeigten. Deshalb montierte die Kriegsmarine gegen Ende des Krieges zunehmend 4 cm-Bofors-Fla-Geschütze auf ihre Schiffe, deren Geschosse die Panzerung der IL-2 durchschlugen.

Weiter aus den Notizen des Verfassers und seines Kameraden Wönne:

>»Der Hafen ist fast leer (von größeren Schiffen der Kriegsmarine), nur die Leipzig hält die Stellung. Um 19.30 Uhr geben wir einzelne Schüsse auf Quassendorf ab. Am Tage war ein feindlicher Fesselballon aufgestiegen, lebte aber nicht lange...«

Der 19. März schien ein relativ friedlicher Tag zu werden. Kein Störfeuer lag auf dem Hafengebiet, nur an der Front auf und hinter den Bergen um Gotenhafen war Gefechtslärm zu hören. Für die Kadetten war wieder einmal Unterricht angesetzt und danach bei strahlendem Sonnenschein »Musterung an Oberdeck«. Die Idylle währte nicht lange.

Willi Schultz:

>»Plötzlich MA-Alarm! Kurz darauf Fliegeralarm!«, diesmal wurde es brenzlig für uns. Die Bomben rauschten in deutlicher Nähe von uns nieder. In unserer Nachbarschaft wurde ein Lagerschuppen getroffen. Also kam der Befehl: »Kadetten heraustreten zur Löschhilfe!« Beim Ausräumen der gefährdeten Hallen kamen die besten Eßsachen zu Tage. Butter, Eier, Kekse, Schinken und Zucker. Alles Dinge, die wir lange schon entbehrten! Doch die Verantwortung war

Gotenhafen, Mitte März 1945: Die *Leipzig* am Liegeplatz Hafenbecken I. Der ausgeschwenkte Bootskran deutet auf Materialübernahme hin. Die 2 cm Fla-Waffen sind besetzt, denn russische Tieffliegerangriffe gehören inzwischen zum Alltag. Die Wache an der Pier schirmt das Schiff gegen »schaulustige« Flüchtlinge ab.

größer als die Genußsucht. In zweifacher Hinsicht hatte ich Glück, ich bekam erstens 3 Pfund Zucker vom Lagerverwalter, und zweitens entkam ich bei einem Tieffliegerangriff dem Bordwaffenbeschuß....«

Wolfgang Wönne:

»... Wir erwidern das russische Störfeuer und landen einen Volltreffer in der feindlichen Batterie. Dort ist die Munition in die Luft geflogen! Wir schießen nur noch mit den Rohren, die nach Verbrennungsraummessung noch gut sind. Wir schießen einen Tiefflieger ab, ein anderer wird von einer ME 109 abgeschossen. Ein Bomberverband vermag nicht viel auszurichten, die Einschläge sind weitab (vom Schiff). Die Tiefflieger schießen viel mit Bordwaffen auf uns, aber auch in die Flüchtlinge (auf der Pier und vor den Lagerschuppen). Abends Leuchtbomben am Himmel, Danzig brennt! Die Schiffseinheiten auf Reede ballern wüst...«

Dazu die »Lage Ostsee 19.3.45 08.00 Uhr«:[1]

»... *Leipzig* ebenfalls erfolgreich in Landkämpfe eingegriffen. Verschußmeldungen liegen noch nicht vor.«

Am Rande des Brückenkopfes Danzig/Gotenhafen hatten Reste der II. deutschen Armee inzwischen einen Abwehrring gebildet. Die Häfen der Danziger Bucht mußten so lange wie möglich für die flüchtende Zivilbevölkerung und zur Einschiffung von Truppen offengehalten werden. Boote aller Art brachten die Flüchtenden zu den auf Gotenhafen-Reede liegenden Transportern. Heftige Fliegerangriffe wechselten mit dem Beschuß durch sowjetische Artillerie.

An Bord der *Leipzig* wurde die Nachtruhe vom 19. auf den 20. März nachhaltig gestört. Der Hafen und mit ihm das Becken I lagen unter ständigem russischen »Störfeuer«; mehrere Alarme und eine entsprechende Wacheinteilung ließen der Besatzung letztlich nur drei Stunden Schlaf. Am 20. März gegen 01.00 Uhr nahm der Beschuß an Heftigkeit zu. Um 04.30 Uhr erwiderte die *Leipzig* mit 48 Granaten das Feuer.

Um 10.15 Uhr machte der Kreuzer »Seeklar«. Die Geschützbedienungen aller Waffen waren auf Gefechtsstation. Den zur Fremdversorgung längsseits liegenden Heizprahm verholte ein Schlepper an die Pier. Wolfgang Wönne:

...»Der Schlepper übernimmt dann unsere Trosse. Von Brücke an Schanz kommt die Frage »Abstand melden«, Antwort »Abstand 30 m«. Kommando an die Maschine »Mittelmaschine langsame Fahrt voraus«! Da, ein Einschlag an unserem Liegeplatz. Frage von Brücke »Ist das Heck frei«? Antwort »Ist frei«. »Achterer Schlepper los!« Schwimmwesten geholt. Die Hafeneinfahrt bleibt achteraus. Abstand zur »Unitas« (Walfangmutterschiff) 500 m. Neben der *Schlesien* (Rufzeichen SN = Sophie Nanni) ankern wir. Mittags MA-Alarm...«

Die *Leipzig* wurde häufig von russischer Artillerie beschossen und aus der Luft angegriffen. Die Einschläge der 17 cm-Granaten und der Bomben trafen aber nur die Pier oder die angrenzenden Lagerschuppen.

[1] BA-MA RM 7 /852 KTB 1.Skl, Teil D, Lagemeldungen vom 14. März bis 30. April 1945, Bl. 56.

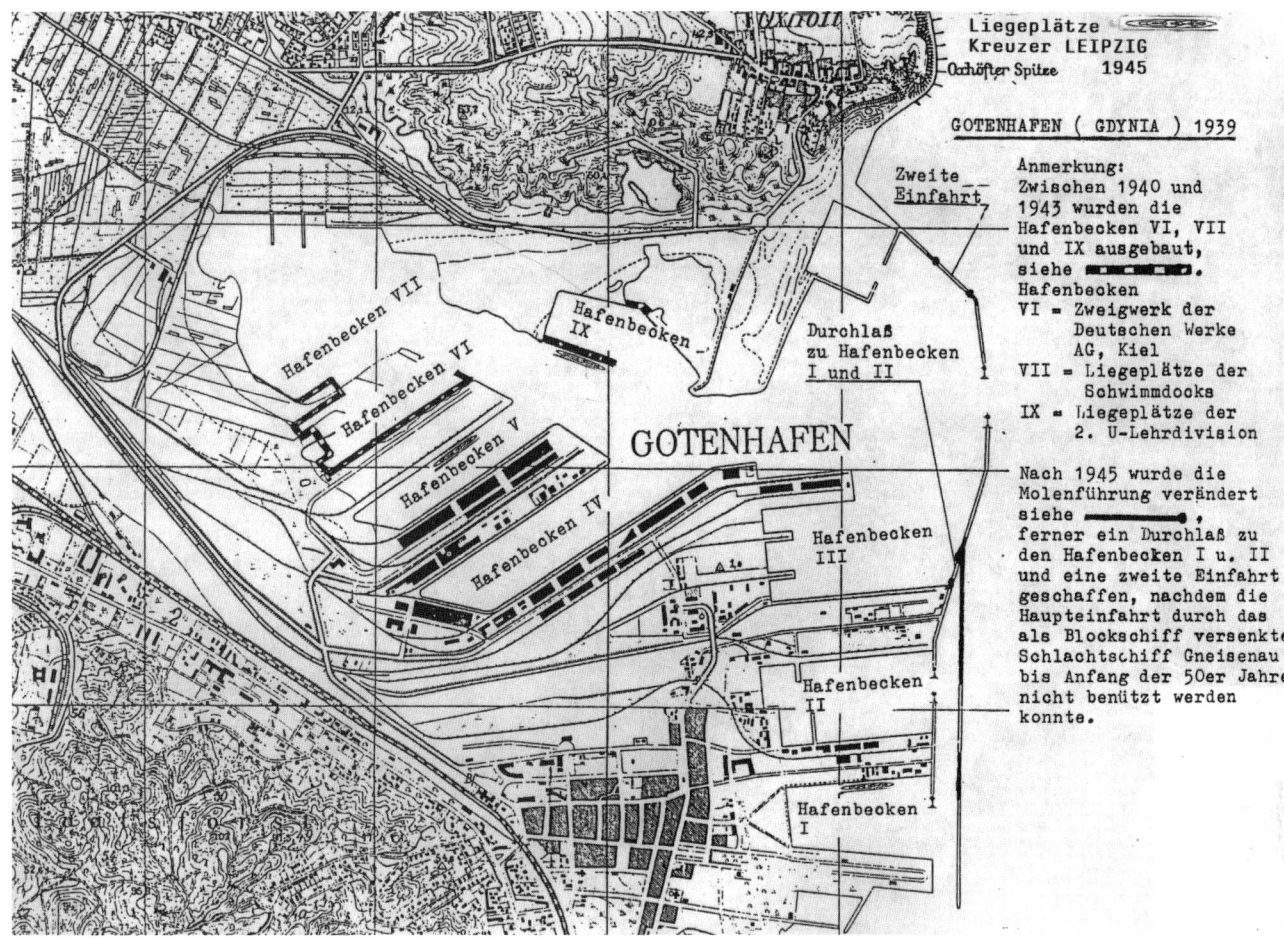

Dieser (vom Verfasser überarbeitete) Lageplan stellt die verschiedenen Liegeplätze des Kreuzers *Leipzig* von Januar bis März 1945 dar.

Der Verfasser notierte:

> »... Als »Spezialisten« bemannen wir von Turm C nun Turm A und 58 Schuß donnern zum Gegner...«

Zum ersten Mal lag die *Leipzig* in einer Position, die den Einsatz des vorderen Turmes, Turm A (Anton), erlaubte. Für das Schiff bedeutete dies eine erneute Festigkeitsprobe. Doch die U-Schienen-Schweißverbindungen am Leck verkrafteten die Erschütterungen beim Schießen mit dem vorderen Turm.

Die *Leipzig* verfeuerte gegen 22.30 Uhr und gegen Mitternacht noch weitere 58 Granaten nach Weisungen der VB gegen Ziele bei Groß-Katz und Quassendorf. Da das Schiff vor Anker stark schwojte, mußte die Seiteneinstellung der Geschütze laufend korrigiert werden. Der A.O. äußerte spä-

ter, daß die Artilleristen der *Leipzig* sehr gute Treffer erzielt hätten. »Eine beachtliche Leistung ohne Rechengeräte«, erinnert sich Wolfgang Wönne.

Über die artilleristischen Einsätze des Kreuzers bis zum 20. März 1945 schrieb der damalige Kommandant Kkpt. Walter Bach:[2]

> »... Anfang März kamen die ersten Einsatzbefehle für das Schiff. Mit vorgeschobenen Artilleriebeobachtern des Heeres bestand Funkverbindung, und von hier wurde der zu beschießende Raum angegeben. Es war ein indirektes Schießen nach Quadratkarten, eine für Seezielartilleristen einfache Aufgabe. Dieses Schießen hat viel Aner-

[2]Zeitschrift Marine, Heft 3/79, Seiten 6 u. 7, Koblenz 1979

kennung eingebracht; der Gegner war beeindruckt.«

Auf Grund dieser Tatsache mußte auch gefolgert werden, daß neben der Beschießung von Stadt und Hafen durch den Feind das Hafenbecken I mit dem Liegeplatz des Kreuzers *Leipzig* besonders unter Feuer genommen wurde.

Am 19. März 1945 erfolgte ein Luftangriff mit 15 russischen Bombern. Die Flak trieb den Verband auseinander und schoß 2 Flugzeuge ab. Einige gezielte Bombenabwürfe konnten aber nicht verhindert werden. Bis auf ein kleines Loch am Flakleitstand durch einen Bombensplitter (es waren nur 50 kg Bomben) und eine gründliche Benetzung der Back und Schanz durch die zusammengestürzten Wassersäulen war nichts passiert.

Am nächsten Tag [20.3., der Verf.] wurde das Hafenbecken I unter sehr starkes Artilleriefeuer genommen. Alle Fahrzeuge, die im Hafenbecken lagen, verließen ihre Liegeplätze. Auch der Kreuzer *Leipzig* wollte nicht durch stilles Verharren am Liegeplatz unnötig Schaden erleiden und lief aus. Von Gotenhafen-Reede aus wurde die Aufgabe fortgesetzt. Ständiger Artilleriebeschuß sowie Luftangriffe mit Granat- und Bombeneinschlägen, teilweise in nächster Nähe des

Am 21. März 1945 verholte der Kreuzer mit eigener Kraft hinaus in die Danziger Bucht (drei der vier Marsch-Dieselmotoren waren mit Bordmitteln instandgesetzt worden). Hier ein Blick von der *Leipzig* auf das Linienschiff *Schlesien* mit Flottentender *Gazelle*.

Schiffes, waren inzwischen ein Dauerzustand geworden. Es war zu diesem Zeitpunkt auch schon wieder ein gewohntes Bild, den Kreuzer *Leipzig* außerhalb des Hafens fahren zu sehen...«

Am Morgen des 21. März 1945 herrschte Seeroutine auf dem Schiff, also wurde um 06.00 Uhr geweckt. Nach dem Frühstück »Reinschiff«. Im Laufe des Vormittags wurde die Artillerie des Kreuzers erneut angefordert. Von 09.30 Uhr bis 12.30 verschoß Turm A insgesamt 58 Schuß in mehreren

Etappen. Auch die Türme B und C kamen zum Einsatz. Insgesamt feuerte die Leipzig 149 Chargierungen auf den Gegner. Viele an Bord dachten damals wie Kadett Wönne:

>»... im stillen hoffen wir, daß unser Einsatz viel dazu beitragen möge, möglichst viele Flüchtlinge aus der Festung Gotenhafen rauszubringen.«

Allmählich wurde die Munition knapp. Um 21.00 Uhr wurde »Anker auf« befohlen, der Kreuzer verholte auf einen anderen »Standort«.

Über die folgenden Stunden notierte Kadett Wönne:

>»... Ich habe Wache von 00.00-02.00 Uhr, Ankerseeposten Bb. An Land sieht man (in der Dunkelheit) viel Kampftätigkeit. Leuchtgeschosse mit großem Rauchschweif, wohl Werfer. Der Russe soll drei Kilometer vor der Stadt stehen. Die Stadt, wie auch Hafenbecken I und II liegen unter starkem Beschuß. Die *SN (Schlesien)* ist ankerauf und fort. Wir haben stärkeren Wind, leicht bewölkten Himmel. Morgens (22. März) wieder herrliches Wetter. Unterricht an Oberdeck. Dann Fliegeralarm! Bombenwürfe, daneben! MA-Alarm, die Munition muß wegen Knappheit von vorn (Turm A) wieder nach Turm C. Da ein Bombenreihenwurf an Stb-Seite und Bordwaffenbeschuß. Der Auspuff »Max und Moritz« wird durchgeschossen. Mit Turm Cäsar haben wir 84 Schuß im Salventakt gefeuert. Jetzt haben wir im Turm nur noch zwei, aber im Turm Anton noch 44 Schuß. Ankerauf! Gotenhafen achteraus. Wieder Bombenangriffe, eine Bombe geht genau in unser Kielwasser. Aber auch Gotenhafen, Zoppot und Danzig werden stark heimgesucht von den russischen Kampfbombern. Wir schlafen im Turm auf Schwimmwesten...

Am 22. März verlegte der Kreuzer *Leipzig* seinen Ankerplatz weiter nach See, Richtung Zoppot, nachdem er insgesamt 150 Schuß auf verschiedene Landziele abgefeuert hatte. An Bord bewegte inzwischen alle nur noch eine Frage: wann und woher kommt Munitionsnachschub? Die Munitionskammern der 15 cm Granaten und Kartuschen hatten sich bedenklich geleert.

Mit der Munitionsfrage befaßte sich auch die »Lage Ostsee 22.3.«:[3]

>»... Mun. Verbrauch Leipzig
>19.3. = 198 x 15, 159 x 8,8, 192 x 3,7, 796 x 2 cm.
>*Schlesien* 20.00 Uhr (21.3.) nach Westen.
>Munitionsbestände: LE 445 x 15 cm (für 20.3. 100 Schuß freigege-

---

[3] BA-MA RM 7/852 KTB 1.Skl, Teil D, Lagemeldungen vom 14. März bis 30. April 1945, Bl. 86.

ben). Auf »Franken« noch 1000 Schuß 15 cm für *Nürnberg*. LE in wenigen Tagen leergeschossen.«

Am Morgen des 23. März 1945 meldete die »Lage Ostsee« um 08.00 Uhr:[4]

Feuerschläge von LE und 10,5 cm-Batterie Prinz Eugen in Nacht zum 21. haben feindliche Bereitstellung bei Groß-Katz empfindlich gestört. Munitionsverbrauch LE 129 x 15 cm...«

Während also die »Lage Ostsee« mit ihren Angaben zwei Tage »hinterherhinkte«, hieß es an Bord der *Leipzig*: *Warten auf weitere Einsatzbefehle und Munition.*

An die Situation erinnerte sich der ehem. Kommandant (im Jahre 1979):

»... Die feindliche Front rückt immer näher; Gotenhafen war bereits eingeschlossen. Am 23. März 1945 erhielt der Kreuzer *Leipzig* folgendes Telegramm: – Feind steht bei Zoppot, schießt mit 15 cm-Geschützen, Liegeplatz verlegen –.

Diese Mitteilung war von besonderem Wert, weil das Schiff gerade vor Zoppot zu Anker lag und es im Morgengrauen leicht eine unangenehme Überraschung hätte geben können. Noch in der Dunkelheit konnte der Liegeplatz in Richtung Hela-Reede verlegt werden.«

Am 23. März 1945 wurde schon um 04.30 Uhr geweckt. Anschließend herrschte Hochbetrieb auf allen Stationen. An Stb.-Seite hatte der Schlepper »Kondor« festgemacht. Er brachte nochmals Munition aus den Magazinen Gotenhafens. Insgesamt 150 Chargierungen wurden an Bord gemannt. Auch an der Bb.-Seite des Schiffes hatte ein Dampfer festgemacht. Schläuche wurden ausgebracht und angeschlossen. Der Kreuzer füllte seine Vorratszellen mit Trink- und Waschwasser auf. Wolfgang Wönne:

»... Wir sind weit draußen auf Reede zwischen Zerstörern und Geleitbooten. Die *Lützow* schießt einige Salven. Fliegeralarm! Die Bombenwürfe sind wieder daneben. Im Turm Cäsar jetzt eine Rohrerhöhung von 24 Grad! [Anmerkung: Die maximale Rohrerhöhung betrug 40 Grad.] Vorerst je Rohr fünf Schuß.«

Der Verfasser hielt in seinem Logbuch fest:

»... Nach langer Zeit konnten wir auch mal wieder ruhig und gut zu Mittag essen; und so fiel uns der Unterricht auf der »Hütte« nicht schwer, zumal wir einsehen, daß der Unterricht sein muß. Ab 16.00 Uhr Zeugdienst und Bereitschaft für die MA befohlen. Zwischendurch öfters Fliegeralarm...

Am frühen Abend wurden die Geschütze der *Leipzig* erneut angefordert. Das Kontingent für diesen Tag, 100 Schuß, wurden restlos zur Entlastung der kämpfenden Front verschossen. Das beschossene Dorf Adlershorst brannte und war von Bord aus sichtbar. In einer Schießpause ertönte der Befehl: »Alle Mann achteraus«! Dazu Wönne:

»... Die Türme bleiben in Feuerstellung 283 Grad stehen. Meldung an den Admiral. [Anmerkung: Die Besatzung ist divisionsweise im Gefechtsanzug auf der Schanz angetreten, Meldung an Vizeadmiral Rogge, Befehlshaber der Kampfgruppe, durch den Kommandanten]. Er spricht von der großen Leistung der *Leipzig* und übermittelt den Dank der höchsten Stellen an Land wie auch vom Kommandierenden Admiral östliche Ostsee, Generaladmiral Kummetz. Es sei möglich, daß wir noch während der Schönwetterperiode im Geleit nach Westen fahren. Dann werden Auszeichnungen verliehen. Der Kommandant erhält das EK I, mit dem EK II werden ausgezeichnet der BÜ-Offizier (Lt.z.S. Klopp), der Fla-AO (Oberleutnant z.S. Thorey), der BNO (Lt.z.S. Schröder), der Abschnittsoffizier Motorenanlage (Olt.Ing. Lange), ferner Männer der E-Anlage, Mechaniker und die beiden Gefechts-BÜ der Türme B und C, die Kadetten (Ing.) Ortner und Dohse [Anmerkung: Die Auszeichnungen für die beiden Kadetten waren zugleich eine Anerkennung für die gesamte Kadettendivision]. Auch Männer der M.A., darunter Siegfried Kubera, und Geschützführer der Flak wurden ausgezeichnet. Danach »Auf Gefechtsstationen«, die Türme schießen weiter. Die Sabotageposten entfallen, da die Flak Kriegswache geht. Zwei Mann (von den Kadetten) müssen Horchraumwache gehen [einer war der Verfasser].

Proviantübernahme vom Schlepper »Pinguin«. An Land sollen noch 1000 Schuß Munition sein, doch die *Nürnberg* soll diese erhalten. – Die Russen sind an der Stadtgrenze, doch der »Lange Heinrich« (Schwimmkran) und der Bagger sind auch hier auf Reede...«

Das »Schiffbuch« der *Leipzig*, Abschnitt Lebensgeschichte,[5] kommentiert die vorgenannten Ereignissen lapidar:

»23.3.45 18.30 Uhr Vize-Admiral Rogge, Befehlshaber Kampfgruppe Rogge, an Bord. E.K.-Verleihung.«

Der Wehrmachtsbericht vom 23.3.1945 meldete:

»... Beiderseits der Danziger Bucht stehen unsere tapferen Truppen in anhaltend schwerem Kampf gegen den Ansturm von zehn Sowjetarmeen... Schwere Seestreitkräfte zerschlugen starke feindliche Bereitstellungen westlich Danzig...«

---

[4] wie zuvor, jedoch Bl. 96/97

[5] Fußnote 2, Seite 109

Nach dem Kriege wurde bekannt, daß an diesem 23. März 1945 Großadmiral Dönitz einen Befehl von Hitler erwirkte, wonach die Zerstörungen in den Seehäfen der Genehmigung des Großadmirals bedurften. (Aufweichung des »Befehls Nero« = Verbrannte Erde.)

Der Großadmiral äußerte darüber: [6]

> »... In den am 25. März 1945 vom Oberkommando der Wehrmacht erlassenen Ausführungsbestimmungen wurde dies angeordnet. Ich beauftragte in den Seestädten die Kriegsmarinedienststellen als meine Organe mit diesem gesamten Fragenkomplex.«

Soviel zu dem für die *Leipzig* so ereignisreichen 23. März 1945. Das Schiff lag weit draußen in der Danziger Bucht, näher an Hela als an Gotenhafen. Am Samstagmorgen wurde »Seewache« gegangen. Traditionsgemäß stand »Reinschiff« auf dem Tagesdienstplan. Danach war für die Kadetten-Division »Gruppenführer-Unterricht« angesetzt: Themen wie Bugspill, Rudermaschine und Hilfseinrichtungen an Bord standen auf dem Plan. Plötzlich ertönte »MA-Alarm«! Noch während die Bedienungsmannschaften auf ihre Gefechtsstationen in die Türme B und C eilten, wurde »Fliegeralarm« ausgelöst. Willi Schultz:

> »... Der Sonnabend sah uns noch einmal an den Geschützen, die, wie wir erfuhren, zum letzten Mal auf den Gegner in der Nähe Gotenhafens gerichtet waren. Nachdem die 25 Schuß raus waren, hieß es »Mittelartillerieschießen voraussichtlich beendet«. Zunächst wurde es uns nicht klar, was das bedeutet...

Klarheit brachte der nächste Tag. Am Samstagnachmittag wurde Geschützreinigen durchgeführt. Sogar die Verschlüsse wurden ausgebaut, gereinigt und eingeölt. Danach griff die Seeroutine. Für die Ing.-Kadetten hieß dies nach langer Zeit »Maschinenwachdienst«, also Wache im E-Werk III, am Hilfskessel oder im Horchraum. Seit die *Leipzig* weiter auf See verholt hatte und mit russischen U-Booten gerechnet werden mußte, war das »Gruppen- und Nahhorchgerät« (GHG und NHG) rund um die Uhr besetzt.

Das Schiffsbuch, Abschnitt Lebensgeschichte, vermerkt unter dem 24.3.45: [7]

> »24.4.45 15.04 Uhr Schießen für M.A. beendet. 15 cm Munition bis auf 26 KZ (Kopfzünder) verbraucht.«

Die »Lage Ostsee« vom 24.3.45 meldete: [8]

> »... Schwerer Artilleriebeschuß auf Stadt und Hafen Gotenhafen. Reede nicht mehr benutzbar. *Lützow* u. *Z 34, Z 43 nach Gotenhafen verlegt...*«

An diesem Tage wurde das Schlachtschiff *Gneisenau* in die Hafeneinfahrt von Gotenhafen geschleppt wurde, um zu gegebenem Zeitpunkt versenkt zu werden. Auch das ehem. Wohnschiff der Ing.-Kadetten, der Dampfer »Gravenstein«, wurde durch Öffnen der Flutventile und Sprengung an seinem Liegeplatz versenkt. Ebenfalls wurde das bereits auf ebenem Kiel gesunkene Linienschiff *Schleswig-Holstein* durch zusätzliche Sprengungen im Brückenbereich weiter zerstört. [9]

Die Ereignisse zwischen dem 20.3. bis zum 24.3.1945 schilderte Kommandant Kkpt. Bach dem Verfasser wie folgt:

> »... Die *Leipzig* war in diesen Tagen für den Gegner äußerst unbequem, ihre Einsätze erfolgreich. Der mehrmalige Wechsel des Liegeplatzes diente letztlich der vollen Erhaltung der Kampfkraft des Schiffes. Ein besonderes Erlebnis hatte ich, als die Sowjets die Pier und angrenzende Lagerschuppen beschossen. Aus einem der brennenden Schuppen bargen Besatzungsmitglieder u.a. einen Hund (Teckel) und brachten ihn mir an Bord. Ich taufte ihn »Seppl«, und er blieb an Bord bis zum Einlaufen in Wilhelmshaven. Dort wurde er von der Pier weg »geklaut«.
>
> Zu den Einsätzen von den verschiedenen Liegeplätzen aus muß ich noch etwas ausholen. Der Kreuzer wurde während des immer härteren Ringens um Gotenhafen laufend von der Heeresgruppe angefordert und auch einmal im Heeresbericht erwähnt. Am 22. März 1945 z.B. liegt die *Leipzig* vor Zoppot vor Anker und setzt von hier aus, außer Reichweite der russischen Geschütze, ihre Einsätze fort bei zunehmender Munitionsknappheit. In der Nacht erhalte ich ein sehr wichtiges Telegramm – Feind steht vor Zoppot, schießt mit 15 cm, Liegeplatz verlegen –. Ich fuhr mit dem Schiff, zum besseren Einsatz der Artillerie, in Richtung Hela in die Nähe des Schweren Kreuzers *Prinz Eugen* und ankerte in dessen Sichtweite. Nun fühlte sich Vizeadmiral Rogge, Befehlshaber der »Kampfgruppe Rogge« und auch Befehlshaber des Ausbildungsverbandes der Flotte, plötzlich für uns verantwortlich.
>
> So kam es auch zur Verleihungszeremonie am 23. März, während einer Feuerpause. Die Türme blieben in Feuerstellung, Richtung

---

[6] Dönitz, Karl: *Zehn Jahre und zwanzig Tage*, S. 427. München 1975.

[7] wie Fußnote 2 Seite 109

[8] wie Fußnote 1 Seite 113, jedoch Bl. 107/108.

[9] Schultz, Willi: *Linienschiff »Schleswig-Holstein«* – *Flottendienst in drei Marinen*, S. 237-246. Herford 1991.

283 Grad, stehen – wir hatten gerade das Dorf Adlershorst beschossen! Ich befahl »Alle Mann achteraus« und meldete dann die Besatzung dem Admiral. Dieser spricht dann von den großen Leistungen der *Leipzig* ... Mit der dann folgenden Verleihung des E.K.I an mich und einer Anzahl E.K.II endete die Zeremonie vor dem Hintergrund der kämpfenden Front. Bei der Verleihung der E.K.II folgte der Admiral meinen Vorschlägen, Auszeichnungen an in den vergangenen Einsätzen besonders bewährte Abschnittsoffiziere, Unteroffiziere und Mannschaften von Mittelartillerie, Flak und des technischen Abschnitts zu vergeben.

Am Morgen des 25. März 1945, einem Sonntag, befand sich der Leichte Kreuzer *Leipzig* auf einem neuen Liegeplatz auf Hela-Reede, nahe der Spitze der Halbinsel. Hier sammelten sich Transporter und Kriegsschiffe, nachdem weder Gotenhafen noch Danzig mehr als sichere Hafenplätze verfügbar waren. Dort stand schon der Russe oder wurde stündlich erwartet. Somit lief der gesamte Schiffsverkehr, Material- und Menschentransporte zur und von der Front über Hela. Hier sollte auch die *Leipzig* Verwundete und Flüchtlinge übernehmen, bevor das Schiff mit einem Geleit nach Westen in Marsch gesetzt werden sollte. Für diese »Seereise«, eine weitere Zerreißprobe für Schiff und Besatzung in Anbetracht der starken Schäden des Kreuzers, wurden an Bord fieberhaft Vorbereitungen getroffen. Es begann damit, daß sämtliche Mannschaftswohndecks mit Hängematten ausgelegt wurden, um dort Platz für Leichtverwundete sowie Frauen und Kinder zu schaffen. Für Schwerverwundete wurden die Messen und Kammern der Unteroffiziere entsprechend vorbereitet. Besonders im Sanitätsabschnitt unter Führung von Marinestabsarzt Dr. Gäthje herrschte Hochbetrieb, es wurden alle Vorbereitungen zur Versorgung und Operation der erwarteten Schwerstverletzten getroffen.

Eine weitere Maßnahme der Schiffsführung für den bevorstehenden Kriegsmarsch bestand in der »möglichen Täuschung« gegnerischer U-Boote. Dazu wurde am Schiff eine »weiße Bugwelle« aufgepönt, um eine wesentlich höhere Fahrtstufe vorzutäuschen, als sie das Schiff mit seinen Havarieschäden laufen konnte.

Es herrschte jedenfalls hektische Betriebsamkeit an Bord. Hierzu und über die Situation im Raum Danzig-Gotenhafen an diesem Tag nun eine Reihe von Einzelschilderungen und -meldungen:

Die »Lage Ostsee«, 25.3.45 meldete um 08.00 Uhr:[10]

»... LE bei Völtzendorf und Koliebken Panzer- und Infanteriebereitstellungen bekämpft. Schiff ab 24.3. 2. Kampfgruppe (Rogge) unterstellt...«

Der Verfasser notierte in seinem Logbuch:

»... Hier [Hela Reede] liegt alles voller großer Transporter und diese werden vollbeladen mit Verwundeten und Flüchtlingen... Am Vormittag Bootsdienst, da wir »Universalkadetten« nun auch die Kuttermannschaften stellen. Ich selbst gehöre zum Backbord-Kutter, und wir haben gleich am ersten Tag den Steuerbordkutter um drei Bootslängen geschlagen. [Man stelle sich vor, daß dieser Kutter-Race vor Hela-Reede im Zeichen einschlagender Granaten und zahlreicher Fliegerangriffe stattfand, am Horizont der Feuerschein der Front und deren unüberhörbarer Gefechtslärm.] Kurz vor dem Mittagessen kam der erste Fährprahm mit Verwundeten längsseits, und wir begannen mit deren Übernahme. Unser Mittagessen nahmen wir an Deck »stehend freihändig« in einer kurzen Arbeitspause ein«.

Ein weiterer Bericht stammt vom ehem. Fähnrich Karl-Otto Niemann, heute Pfarrer i.R.:

»... Als die *Leipzig* auf Reede lag... hatte ich die Verbindung zwischen Schiff und Hafen herzustellen. ... Oft gelang es nur mit Mitteln der Gewalt zu verhindern, daß die Menschen (die auf der Pier warteten) über das gesetzte Maß hinaus unsere kleine Barkasse stürmten, die nur eine verhältnismäßig geringe Anzahl von Menschen aufnehmen konnte. Die Anlegemanöver am Schiff, das Heraufholen der Menschen die Bordwand entlang mittels einer Schiffsleiter (Fallreep) war – auch für mich – gerade bei bewegter See recht schwierig...«

Kadett Wönne notierte:

»... Die übernommenen Verwundeten meinen, Gotenhafen ist nicht mehr zu halten ohne Munition und Kraftstoff für die Panzer. Ein V-Boot mit Lazarettpersonal legt an. Gegen 18.00 Uhr bringt ein Prahm nur Flüchtlinge. Die *Leipzig* bekommt plötzlich Schlagseite nach Backbord. Eine Zelle in K 2 ist gerissen... Mit acht Mann wird der Backbordkutter besetzt und abgefiert. Am Bug wird eine astreine Bugwelle, die der Fahrt von 20 Knoten entspricht, aufgepönt. Zwischendurch Fliegerangriffe, unsere Flak schießt. Wir haben ca. 1000 Mann mehr an Bord [hier irrte Wönne], alle müssen unter Deck. Seeklar!...«

---

[10] wie Fußnote 1, Seite 113, jedoch Bl. 115/116.

Während auf der *Leipzig* alle Vorbereitungen für den vorgesehenen Kriegsmarsch nach Westen auf Hochtouren liefen, spitzte sich die Lage in Gotenhafen dramatisch zu. Stadt und Hafengebiet waren von den Russen eng umschlossen. Im Osten stand der Gegner an der Küste zwischen Adlershorst und Zoppot, im Westen verlief die Kampflinie auf den Höhen der Oxhöfter Kämpe in Richtung Putzig an die Hela-Bucht. Auf der Werft der Deutschen Werke AG

> »wurden etwa 700 männliche Werksangehörige – die weiblichen waren schon seit Wochen entfernt – in der Nacht zum 25. März auf dem Tankschiff »Wikinger« (14.772 t) nach Westen abgeschoben. Ein kleiner Reparaturtrupp des Werkes zog auf die Halbinsel Hela, wo er sich noch bis Anfang Mai betätigte. Es ist bemerkenswert, daß die Belegschaft erst dann das Werk verlassen hat, als auch das letzte Schiff auf den Weg gebracht war. Am 16. März waren noch 33 Fahrzeuge auf dem Werk, darunter ein Zerstörer, drei Torpedoboote und drei U-Boote. Der am 25. März eintreffende Befehl zur Zerstörung der Werftanlagen befaßte sich sozusagen nur noch mit einem schon vorhandenen Trümmerhaufen...«[11]

Wie Gotenhafen stemmte sich auch Danzig gegen den Druck der Sowjets. Es war aber nur das Hinauszögern des unabwendbaren Falles. Aber jede gewonnene Stunde brachte Tausenden von Flüchtlingen und Verwundeten die Chance, mit einem Schiff noch über See entkommen zu können. Dabei wurde Danzig in der Nacht vom 24. auf den 25. März laufend bombardiert. Der Feuerschein der brennenden Stadt war auch auf der *Leipzig* zu sehen, die an diesem Palmsonntag 1945 auf Hela-Reede lag, an der Innenseite der Halbinsel-

Südspitze. Das Schiff war inzwischen vollgestopft, zumeist mit Schwerverwundeten und Flüchtlingen. Im Schiffslazarett wurde fieberhaft gearbeitet, operiert, Verbände gewechselt. Auf den Hängematten in den Wohndecks lagen die Menschen, oft Bilder des Jammers. Keiner durfte an Oberdeck. Der Verfasser notierte:

> »Bis um 17.00 Uhr hatten wir etwa 500 Mann übernommen, einschließlich der wenigen Flüchtlinge. Aber wie sah unser sauberes Schiff aus! Wie ein Lazarettdampfer. Aber die Hauptsache war ja, daß wir unsere Verwundeten aus der Kampfhölle Gotenhafen wegbrachten.«

Der LE-Kommandant äußerte zu den Ereignissen:

> »... Die Munition für die 15 cm-Türme war bald verschossen und damit die Aufgabe des Kreuzers *Leipzig* im Raum Gotenhafen beendet. Das Schiff erhielt Befehl, mit 350 verwundeten Kameraden und ebensovielen Flüchtlingen die Fahrt zum Westen anzutreten...«

Als einziger Leichter Kreuzer[12] der Kriegsmarine in der Danziger Bucht hatte die *Leipzig* während der vorausgegangenen Einsätze über 1000 15 cm-Chargierungen gegen den Feind verschossen, mehr als in den verflossenen Kriegsjahren bis zur Kollision mit *Prinz Eugen* zusammen. Nach den Aufzeichnungen des Verfassers und seiner Crewkameraden verschoß der Kreuzer während der Kampfhandlungen insgesamt 1041 15 cm-Granaten. Folgt man den Unterlagen des Bundesarchiv-Militärarchives in Freiburg, so waren es ca. 1000 Schuß.

---

[11] Neuerburg, Otto: *Menschenwerk im Mahlstrom der Macht, die Deutschen Werke. Aufstieg und Untergang einer Großwerft.* Manuskript im Bestand der Stadtbücherei Kiel.

[12] 1939 besaß die Kriegsmarine sechs Leichte Kreuzer: *Emden, Köln, Karlsruhe, Königsberg, Leipzig* und *Nürnberg*. Durch Kriegseinwirkung gingen 1940 *Karlsruhe* und *Königsberg* verloren. 1945 lagen *Köln* in Wilhelmshaven zur Werftüberholung, *Emden* in Kiel zur Werftüberholung und *Nürnberg* in Kopenhagen außer Kriegsbereitschaft. Somit konnte nur *Leipzig* bedingt eingesetzt werden.

Einsätze der Mittelartillerie (15 cm) des Leichten Kreuzers *Leipzig* in der Danziger Bucht

Datum	Uhrzeit	Zielgebiet	Entfernung	Turm A	Turm B	Turm C	Summe
16.2.	14.20	Wrack/Reede	170 hm —	-	3	6	9
5.3.	?	Wrack/Reede	170 hm —	-	4	3	7
10.3.	9.00	Raum Karthaus	162 hm	—	19	41	60
	10.00	Raum Karthaus	162 hm	—		7	7
11.3.	5.30	Raum Tuchum/	142 hm	?	8		8
	14.00	Kölln	140 hm —	?	9		7
13.3.	13.00	Bereitstellung	123/129 hm	16	?	16	32
14.3.	13.00	Durchbruchsraum Zoppot	132 hm —	27	?	22	49
15.3.	9.45	Bereitstellung	156 hm–	48	?	48	96
16.3.	10.15	2 Dörfer	? ?	14	?	14	28
?	Nachm.	Fahrende Abtlg.	? —	8	?	8	16
17.3.	9.30	Munit.-Lager	? —			24	24?
18.3.	19.30	Quassendorf	? —		60	60	120
20.3.	5.15	Quassendorf	? —		24	24	48
	14.00	Groß-Katz	?	58			58
21.3.x	0.10	Groß-Katz	?	58	-	-	58
x	9.30	Quassendorf	?		45	46	91
22.3.y	13.00	?	? —	66	?	84	150
23.3.	15.00	Adlershorst	? —		15	15	30
	18.00	Zoppot (283 Grad)	? —		39	31	70
24.3.z	9.15	Völtzendorf/Koliebken	? —	12	?	13	25

x = Liegeplatz Gotenhafen-Reede
xx = gegen Hela
y = Hela-Außenreede
z = Hela-Innenreede

Munitionsübernahme am 23.1. = 200 15 cm Chargierungen (Granaten u. Kartuschen)

	10.2. = 227 15 cm
	23.3. = 150
Munitionsbestand	19.3.45 = 445 x 15 cm
	24.3.45 = 26 x 15 cm mit KZ

Zu den artilleristischen Einsätzen des Kreuzers *Leipzig* bleiben dennoch einige Fragen offen:

1. Warum erhielt der Kreuzer keine 15 cm Munition mehr, obgleich die in der Danziger Bucht liegende »Franken« 1000 Schuß für das Schwesterschiff *Nürnberg* an Bord hatte?

2. Hatte die »Franken« möglicherweise nur 15 cm Granaten und keine Kartuschen an Bord?

3. Welchen Sinn hatte es, die 15 cm Munition für *Nürnberg* aufzubewahren, nachdem doch bekannt war, daß *Nürnberg* wegen   fehlenden Treibstoffs und der Anbordnahme neuer Kadetten zum 1.2.1945 nicht mehr zum Einsatz in der Danziger Bucht   kommen konnte?

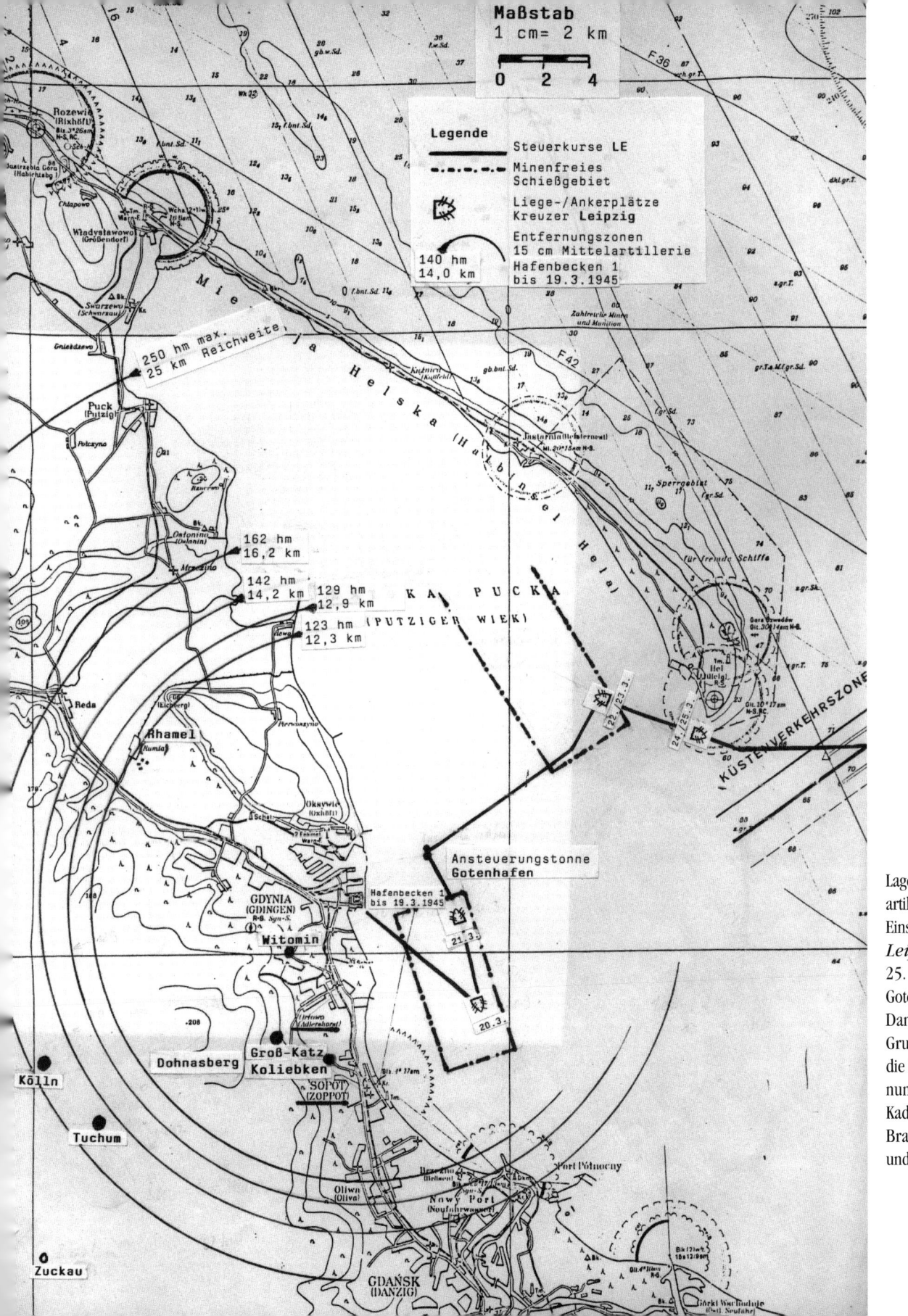

Legende

Steuerkurse LE

Minenfreies Schießgebiet

Liege-/Ankerplätze Kreuzer **Leipzig**

140 hm 14,0 km — Entfernungszonen 15 cm Mittelartillerie Hafenbecken 1 bis 19.3.1945

250 hm max. 25 km Reichweite

162 hm 16,2 km

142 hm 14,2 km   129 hm 12,9 km

123 hm (PUTZIGER WIEK) 12,3 km

Lageskizze über die artilleristischen Einsätze des Kreuzers *Leipzig* vom 17.-25. März 1945 in Gotenhafen und der Danziger Bucht. Grundlage bildeten die Logbuchaufzeichnungen der ehem. Kadetten (Ing.) v. Brandian, Wönne und des Verfassers.

Kriegsmarsch nach Westen

Am Abend des Palmsonntags 1945 (25.3.45) lichtete der Leichte Kreuzer *Leipzig* um 19.30 Uhr die Anker auf Hela-Reede. Zusammen mit einer Anzahl Geleitfahrzeugen und Dampfern verließ das »Geleit *Leipzig*« auf dem Zwangsweg Hela und die Danziger Bucht. Es war eine Fahrt ins »Ungewisse«, denn noch war das Fahrtziel nicht bekannt. Besatzungsmitglieder erinnern sich an die letzten Stunden dieses Tages.

Der Kommandant:

»... Ich erhielt alle Weisungen für diesen Tag durch den Ausbildungsverband der Flotte (Vizeadmiral Rogge). Für die Einschiffung von Verwundeten und Flüchtlingen erhielt ich nähere Anweisungen vom Flottenkommando in Hela. Auch für das Geleit, das aus sechs Handelsschiffen und einigen kleineren Kriegsmarineeinheiten, darunter TS 4, bestand.[1]

Zur Einschiffung der Verwundeten und Flüchtlinge ist noch anzumerken, daß deren Zahl offen war. Es kamen immer mehr Boote und Fährprähme und brachten Menschen zur *Leipzig*.

Schließlich ließ ich an Prinz Eugen einen Winkspruch abgeben – »Abstoppen Flüchtlingstransport wegen Überfüllung!« Nachdem die vorgesehene Fahrt durch ein von russischen U-Booten und Flugzeugen beherrschtes Gebiet führen sollte, veranlaßte mich dies zu folgenden Maßnahmen:

---

[1] BA-MA RM 7/852 KTB 1.Skl, Teil D, Lagemeldungen vom 14. März bis 30. April 1945, Bl. 133/134 dokumentiert u.a.: Geleit Leipzig mit M 401, HSK Herkules, 2 Dampfern, 3 Schleppzügen 25.3. 19.00 Uhr Hela nach Westen.
In der Zeitschrift Marine Heft 3/79 schreibt der Kommandant der Leipzig: »TS 4 wirft Wasserbomben...«. Egbert Kieser schreibt in seinem Buch Danziger Buch 1945 auf S. 246 u.a. »... Im selben Geleit wie die »Urundi« hatte die Herkules Hela verlassen. Hinter ihnen fuhr der Kreuzer *Leipzig*. Vermutlich handelte es sich bei einem der beiden Dampfer um die »Urundi«. Unklar bleibt bis heute die Anwesenheit von TS 4«.

1. Zunächst ließ ich eine sehr schöne Bugwelle aufmalen. Damit sollte eine weit höhere Fahrtstufe vorgetäuscht werden als unsere maximal möglichen sechs Knoten.

2. Der Feuerwerker mußte mir von Landeinheiten in Hela eine Anzahl Panzerfäuste und Zeitzünder für die 15 cm Granaten besorgen. Beides war als Ersatz für nicht vorhandene Wasserbomben, zur Abschreckung von U-Booten gedacht.

3. Wichtig war mir, das Horchgerät mit einer sehr gewissenhaft arbeitenden Besatzung auszustatten, die rund um die Uhr verfügbar war.

Am 25. März 1945 abends ging der Kreuzer *Leipzig* mit einem zusammengestellten Geleit in See. Die Geschwindigkeit des Geleits bestimmte die durch Havarie stark beschädigte *Leipzig*. Wegen der schon erwähnten U-Boot-Gefahr und der feindlichen Überwachung des Luftraumes über der gesamten Ostsee waren für das Gelingen der Fahrt nach Westen erhöhte Wachsamkeit und eine Portion Glück notwendig«.

Kadett Wönne notierte:

»... Seeklar! Der Kriegsmarsch beginnt, ab 20.00 Uhr rumort die Welle [Mittelwelle]. Wir fahren peinlichst abgeblendet, haben ruhige See, aber hellen Mondschein. Die Türme sind besetzt...«

Kadett Schultz vertraute seinem Logbuch an:

»... An der Spitze des Geleits verlassen wir Hela in nördlicher Richtung. Zum ersten Mal während meiner Bordzeit sollte ich nun den Schiffsbetrieb auf Kriegsmarsch – oder Feindfahrt – kennenlernen. Allerdings nicht in der »Maschine«, sondern im Horchraum... Während meine Kameraden in den Türmen Wache hielten und »Klar zum Torpedofliegerbeschuß« waren, rief mich und drei weitere Kameraden eine andere Pflicht. Wir waren schon in den vorhergehenden Tagen in den Betrieb der Unterwasserhorchgeräte eingewiesen worden und sollten nun dort, während des Kriegsmarsches, unsere, wie wir bald merkten, nicht ganz leichte Aufgabe erfüllen. Unser »Marsch«, der ja in der Nacht begann, war vom Feind durch U-Boote stark gefährdet, die nachts mit dem Auge kaum auszumachen sind. Dafür traten wir mit dem Horchgerät an die Stelle der Ausguckposten. Was es aber heißt, vier Stunden mit Kopfhörer dazusitzen und stur, wieder und immer wieder, die Skala nach fremden Geräuschen abzusuchen, vermag einer... gar nicht zu ermessen. Denn es ist ja bei weitem nicht ruhig (unter Wasser). Die eigenen Geräusche, die der begleitenden Boote und das Geräusch des Wassers sind ständig da. Nun daraus nahende Fahrzeuge, Dampfer mit Turbinen, U-Boote mit E-Motoren oder Dieselmotoren zu erkennen, ist eine wahre Kunst; und das wurde von uns verlangt.

Auf der peinlichst abgeblendeten *Leipzig* wurde volle Kriegswache gegangen. Die Freiwache schlief angezogen auf den Gefechtsstationen. Unter Deck schliefen die Flüchtlinge, im Operationsraum des Schiffes hatte der Arzt alle Hände voll zu tun.

Das »Geleit *Leipzig*« lief befehlsgemäß auf dem Tiefwasserweg und hatte inzwischen auf nordwestlichen Kurs gedreht. An Bord des Kreuzers wartete die »Hundswache« sehnlichst auf ihre Ablösung. Plötzlich wurde U-Boot-Alarm gegeben. Der Verfasser:

»... Kurz vor der Zeit meiner Ablösung [von der Horchraumwache] war da plötzlich ein neuer, unbekannter Ton im Kopfhörer zu vernehmen. Ein ˉklirrendes, singendes und schlagendes Geräusch«. Trotz meiner verständlichen Erregung drehte ich am Anzeiger der Skala (Gradeinstellung) nochmals hin und her, aber das fremde Geräusch war immer noch da und wurde lauter und stärker. Ich weckte sofort den nebenan »filzenden« (schlafenden) Horcher vom Dienst (HvD) mit der Meldung – unbekanntes Geräusch peilt in 220 Grad! –, der HvD war sofort wach und am Gerät, horchte mit geübtem Ohr und meldete: »An Brücke, U-Boot-Geräusch an Backbord in 220 Grad!« Auf unserem Schiff und den Begleitfahrzeugen wurde U-Boot-Alarm ausgelöst. Alle Schiffe »zackten«, und die Begleitfahrzeuge begannen mit der Jagd auf das geortete U-Boot, drängten es mit Wasserbomben vom Geleit ab. Für unsere »Gute Wache« sprach uns der Kommandant seine besondere Anerkennung aus«

Inzwischen war die kritische Zeit der Morgendämmerung angebrochen. In den 15 cm-Türmen wurden die letzten Vorbereitungen für ein evtl. notwendiges »Zonenschießen« getroffen. (Zonenschießen = turmweises Feuern auf bestimmte Entfernungszonen mit Zerlegermunition zur Abwehr von Flugzeugen.) An Deck waren Doppel-Ausguckposten aufgezogen. Das Geleit fuhr weiterhin Zick-Zack-Kurs. Es bestand akute U-Boot-Gefahr! Dazu der Verfasser:

»... Am Vormittag gegen 09.15 Uhr hörten der HvD und ich gemeinsam das erneut zum Angriff anlaufende U-Boot erst, als die Aus-

stoßgeräusche eines Torpedofächers an unsere Ohren drangen. Nach »Meldung an Brücke« wurde mir beim weiteren Horchpeilen doch recht flau im Magen. Ein eigenartiges Gefühl war es, den Ausstoß der Torpedos, das Blubbern der Preßluft und dann das helle Singen des auf uns zukommenden »Aals« zu hören. Ein beklemmendes Gefühl, als das Geräusch immer lauter und lauter wurde. Doch unser Schiff hatte Glück, alle drei Aale gingen achtern vorbei.«

Der damalige Kommandant Walter Bach sieht die Ereignisse dieses Morgens so:

»... Schon in der ersten Nacht werden von dem Horchgerät U-Boot-Geräusche gemeldet. In den frühen Morgenstunden überfliegt ein russischer Aufklärer in großer Höhe das Geleit. In den Vormittagsstunden des gleichen Tages (26.3.45) wird ein Sehrohr gesichtet. Leipzig dreht hart steuerbord und weicht der ersten Torpedolaufbahn aus. TS 4[2] wirft Wasserbomben und vernichtet wahrscheinlich das feindliche U-Boot.« (Ein mitgehörtes Unterwassertelegramm feindlicher U-Boote kann nicht entschlüsselt werden.)

Inzwischen hatte das Geleit das Gebiet der »Stolper Bank« erreicht. Die Sonne schien und die »Badegäste«, Flüchtlinge und Leichtverwundete, durften erstmals an Oberdeck. Die *Leipzig* befand sich zu dieser Zeit in dem Seegebiet, in dem am 31. Januar 1945 die »Wilhelm Gustloff« torpediert versenkt worden war. Kein Wunder, daß darüber und über die eigene Situation gesprochen wurde.

»... Wir, auch ich«, so notierte Wolfgang Wönne, »haben Vertrauen zum Kommandanten und unserer Technik. Unser Horchraum ist bestimmt unsere Stärke. Wenn wir rechtzeitig orten, können wir hoffentlich immer noch ausweichen.«
Mitten in diese Gedanken schrillten die Alarmglocken »Fliegeralarm!«

Der ehemalige Kommandant erinnert sich:
»... Am 26.3.45 mittags erfolgte der erwartete Luftangriff. In weitem Bogen umfliegen, von achtern kommend, sechs russische Torpedoflugzeuge das Geleit und setzten nach einigen Minuten zum Angriff, aus der Sonne kommend, auf den Kreuzer *Leipzig* an. Die Flak schießt aus allen Rohren und bringt ein Flugzeug zum Absturz. Ich lasse die Flugzeuge das Schiff anfliegen und drehe es kurz vor der geschätzten Angriffsentfernung in die Angriffsrichtung hinein, so daß die Flugzeuge für den vorgesehenen Torpedoangriff keinen geeigneten Angriffskurs mehr haben. Im Bereich der leichten Flak drehen

---

[2] siehe Fußnote 1 Seite 122

sie ab. Wahrscheinlich ist nur ein Torpedo geworfen worden, der als Kreisläufer ausmanövriert werden konnte. Die Verfolgung durch U-Boote und Flugzeuge hält weiter an. Auf erneute Meldungen über U-Boote, Geräusche, Torpedoabschüsse bzw. Torpedolaufbahnen reagiert die Schiffsführung sofort. Ich lasse auch Panzerfäuste zur Abschreckung des Gegners über Bord werfen. Es ist sicher, daß nicht alle Ausweichmanöver begründet waren, vielleicht lag aber auch hierin das Glück und letzten Endes der Erfolg des Gelingens der Überfahrt. Die mit allen Dienstgraden besetzten Ausguckposten und der Horchraum halten die Schiffsführung jedenfalls noch eine Zeitlang in Bewegung. Zu dem Torpedofliegerangriff erinnere ich mich jetzt noch an folgende Einzelheit. Die Flugzeuge kamen in 3000 m Höhe und griffen, wie ich erwartete, aus der Sonne heraus an, im Tiefflug zum Torpedoabwurf. Gleichzeitig feuerten sie mit allen Bordwaffen auf uns. Auf der Brücke waren dabei mehrere Einschläge zu verzeichnen.«

Andere Besatzungsmitglieder schilderten die Ereignisse aus der Sicht der unterschiedlichen Gefechtsstationen.
Kadett Wönne:
»... Tieffliegerverband an Steuerbord. Torpedoflieger? Turm Cäsar richtet an, kommt aber in Anschlag. Die Flak schießt eine Boston [Douglas A20-Boston] ab. Der Russe wird von einem M-Boot aufgenommen. Der Torpedo geht vorn vorbei. Kreisläufer voraus! Torpedolaufbahn 220 Grad! Zwei Boston fliegen an, eine Bombe fällt 100 m an Backbord. Von K. an alle Stelle: »U-Boote arbeiten mit Flugzeugen zusammen!« Neuer Anflug von Backbord, laufend werden die Entfernungen für die Türme gegeben. Mit dem »Zonenschießen« wird der Verband auseinandergebracht. U-Boot an Backbord, das M-Boot wirft Wasserbomben, unser Schiff erschüttert davon. Unser M-Boot nebelt uns ein. Torpedos laufen am Bug vorbei. Das M-Boot lief zum Teil neben uns, noch langsamer, daher mußten wir als sehr schnell erscheinen, mit der aufgemalten Bugwelle. Stop!! Das M-Boot ortet, wieder Wasserbomben, Signal »UV« (U-Boot vernichtet). Mit Panzerfäusten haben auch wir den Gegner erschreckt. Ein Gegengeleit passiert, dort bleibt der Gegner dran.«

Der ehem. Oberbootsmaat und Geschützführer im Turm B, Franz Kopal, erlebte die Angriffe wie folgt:
»... Im Turm B waren auch Kadetten eingesetzt... Als wir einige Seemeilen von Gotenhafen entfernt waren, wurden wir von zehn russischen Torpedoflugzeugen in geringer Höhe und Abstand mit Torpedos angegriffen, die jedoch alle ihr Ziel verfehlten, so daß anschließend der K. vor der ganzen Besatzung dies als Wunder bezeichnete... Ich selbst hatte ja auch die Flugzeuge im Visier und konnte sehen, wie die Torpedos ausklinkten. Obwohl wir das Ziel

aufgenommen hatten, bekamen wir keine Feuererlaubnis, obwohl unsere Munition auf »Zonen« eingestellt war.[3]

Brückenfähnrich Niemann erinnert sich:
»... daß ich mich während der Überfahrt neben dem Kommandanten auf der Brücke als Befehlsübermittler befand, alle Angriffe in ihrer Entwicklung miterlebte, mit allen anderen nach U-Boot- und Torpedo-Spuren suchte und so während dieser Reise überhaupt nicht geschlafen habe. Erst als wir Kap Arkona (Insel Rügen) passierten, wußten wir, nun kann uns nichts mehr geschehen.«

Zum Schluß noch einige Zeilen aus dem Logbuch des Verfassers:
»... Fliegeralarm! Russische Flugzeuge, zwölf Boston, waren im Anflug. Wir im Horchraum merkten von dem ganzen Rummel herzlich wenig. Nur anschließend wurde uns berichtet, und das reichte uns! Zuerst hatten uns die Flugzeuge umkreist und waren dann, dicht über der Wasserlinie fliegend, zum Torpedoangriff übergegangen. Zwölf Torpedolaufbahnen rasten auf unser schon demoliertes Schiff; es gelang unserem meisterhaft manövrierenden Kommandanten, allen Laufbahnen geschickt auszuweichen. ... Am Nachmittag hatten wir erneut U-Boot-Alarm, allerdings nicht durch unsere »Horcherei«, sondern die Begleitfahrzeuge hatten ein Sehrohr ausgemacht. Wir konnten nichts »hören«, da die Eigengeräusche zu stark waren. (Das Horchgerät war für einige Zeit sogar ausgefallen.) Am Abend aber war unser Gerät wieder klar.«

So turbulent gestaltete sich für die *Leipzig* der 26. März 1945. Am 27. März wurde bereits gegen 01.00 Uhr erneut U-Boot-Alarm gegeben. Es schien, als ob der Russe alles daran setzte, die *Leipzig* auszuschalten. Kadett Wönne:
»Lagen auf Stop um zu horchen. Fahrt wird aufgenommen, das U-Boot war dicht an Backbord gesichtet. Leuchtraketen, Wasserbomben, die Torpedos laufen achtern vorbei. Dann ein Fliegeralarm ohne Vorkommnisse. Die Freiwache schläft im Turm. Von K an Maschine: »Dank daß all diese Manöver möglich waren!«...«

---

[3] Zonenschießen (»Zonen«) = Eine Art Sperrfeuer gegen Luftziele. Dazu werden die Zeitzünder der Granaten auf eine dem gewünschten Schußentfernungsbereich (Zone) entsprechende Zeiteinheit eingestellt.

Lage krisenhaft

Amtliche Darstellung der Ereignisse vom 26. bis 28. März 1945 in der »Lage Ostsee«.[4]

26.3.45 Lage Danzig/Gotenhafen 24. Abends krisenhaft. Schwerster Beschuß auf alle Hafenbecken und weit hinaus auf Reede. Feind schießt mit Stalinorgeln in die Stadt.

27.3.45 »Leipzig« mit M 401, HKS »Herkules«, 2 Dampfern, 3 Schleppzügen 25.3. 19.00 Uhr Hela nach Westen.

26. 06.57 Uhr in AO 9427 (nördliche Leba) von Aufklärer erfaßt. Jagdschutz erbeten. 10.56 Uhr Schlauchboot mit 3 russischen Fliegern geborgen.

11.57 Uhr AO 8429 (nördl. Stolpe Bank) geortetes Feind-U-Boot mit Wabos bekämpft.

15.14 Uhr AO 8452 (nordwestl. Stolpe Bank) Angriff von 10 Boston. Bombenabwurf, keine Ausfälle, 1 Abschuß.

15.40 Uhr AO 8443 (westl. Stolpe Bank) einwandfrei Sehrohr gesichtet, mit 13 Wabos bekämpft, Angriff von 13 Boston, 1 Abschuß.

15.47 Uhr fdl. U-Boot geortet, 3 Blasenbahnen gesichtet. In Anfangsstellung Wabo-Wurf, Luftblasen und schwerer schwarzer Ölfleck, überlaufen und nochmals Wabos geworfen. Weiterbekämpfung durch M-Boot nicht möglich, muß beim Geleit bleiben, da nur »Leipzig« und »M401« mit S-Gerät ausgerüstet. Fühlungshalter beim Geleit. Erneut Jagdschutz erbeten...

28.3.45 Am 27. Gotenhafen Feind in Stadt bis Hafenbecken 1 vorgedrungen. Hafenbecken 1 und 2 zerstört und verblockt. 27. morgens AO 8399 (südl. Bornholm) erneut Fliegeangriff mit Bombenwurf auf Geleit »Leipzig«. LAT »Orion« Bombentreffer. Gegen 12.00 Uhr in AO 8399 treibendes Schwimmdock gesichtet.

27. 07.00 Uhr Geleit »Leipzig« Arkona passiert...

Kadett Willi Schultz:

»... Am Morgen des Dienstag kam an Backbordseite Kap Arkona in Sicht, und damit hatten wir auch den gefährlichsten Teil unseres Kriegsmarsches durch die Ostsee hinter uns... An eine Weiterfahrt war allerdings nicht zu denken, denn »dicker Nebel« verbot dies. Also wurde geankert, und wir konnten endlich eine Nacht durchschlafen, nachdem zwei Nächte ohne Schlaf dahingegangen waren...«

[4] siehe 1 KTB 1.Skl, BA-MA RM 7/852, Bl. 125 bis 134.

An Bord herrschte friedliche Stimmung; das Schiff lag wie in »Watte gepackt« in gespenstischer Stille. Unter Deck eine ahnungslose, friedliche Atmosphäre. Der Schiffsarzt und sein Hilfspersonal hatten zur Versorgung der verwundeten Kameraden alle Hände voll zu tun, und Mütter mit kleinen Kindern wurden liebevoll betreut, so erinnerte sich der Kommandant, der die Ereignisse des 27. März wie folgt beschrieb:

»... In der Nacht zum 27. März wird es noch einmal recht kritisch. Bevor das Grundminengeleit auf dem befohlenen Zwangsweg aufgenommen wird, tritt das Geleit auf der Stelle. Ein schon vorher gehorchtes U-Boot setzt zum Angriff an, zur gleichen Zeit erfolgt aus der Luft ein Angriff. Der durchbrechende Mond begünstigt die Angriffsabsichten. Im gleichen Augenblick, als sich die *Leipzig* nach Steuerbord vom Geleit absetzt, meldet das Horchgerät einen Torpedoschuß. Es decken sich später die Horchpeilungen mit den Meldungen der Ausguckposten auf der Schanz, daß 10 bis 20 m achteraus eine Torpedolaufbahn an dem drehenden Schiff vorbeizieht. Die Flugzeuge erzielen einen leichten Treffer auf einem Handelsschiff, der nur wenig Schaden anrichtet...«

Auf Kreuzer *Leipzig* gab es eine ruhige Nacht auf See. Die wachfreie Besatzung schlief angezogen auf den Stationen. Die Kälte des Märznebels kroch in die unbeheizten Geschütztürme. Mehrmals ging das Schiff »ankerauf«, um bald erneut zu ankern, der Nebel war für eine Weiterfahrt einfach zu dick. Zwei Begleitboote meldeten sich nach Warnemünde ab. Bis Mittwoch 28. März gegen 15.30 Uhr hielt der Nebel an, dann wurde er lichter, es klarte auf. Der Kreuzer nahm wieder Fahrt auf.

Etwa auf Höhe von Rostock-Warnemünde wurde erneut Fliegeralarm gegeben. Inzwischen war auch das endgültige Fahrtziel bekannt: Der dänische Hafen Apenrade.

Kommandant Walter Bach erinnert sich, »daß mit der Aufnahme des Grundminengeleits die akute Gefahr vorbei war. Begünstigt von diesigem, teilweise stark nebligem Wetter, geht es weiter westwärts....«

Wolfgang Wönne kramt aus dem Gedächtnis:

»....daß wir zwei Wracks passierten. Der I.O. bestraft, weil Flüchtlinge sich den Turm C von innen besehen. Auch wird ein Signalgast bestraft, der wegen Torpedolaufbahn »U-Boot-Alarm« gegeben hat, ohne Erlaubnis des I.O., der Mann wollte gefragt werden.«

Inzwischen hatte der Kreuzer im Minengeleit die Mecklenburger Bucht durchquert, den Fehmarnbelt passiert und lief in die äußere Kieler Bucht ein. Kadett Wönne:

»Ich habe Ausguck Brücke von 02.00-03.00 Uhr [nachts, 29.3.45]. Besonders ist auf Leuchtfeuer zu achten. Der »K« meinte, wir hätten wohl jetzt »englisches Hoheitsgebiet« erreicht! Um 03.00 Uhr passieren wir das Feuerschiff Kiel und gehen auf Kurs Nord. Der Turm B feuert um 09.00 Uhr die zwei noch geladenen Rohre ab in Richtung 120 Grad (achteraus). Die Geschütze werden gereinigt und konserviert!«

Schon um 10.00 Uhr war Land in Sicht: die Inseln Aerö und Alsen beiderseits des Kleinen Belts. Nach dem Ankern in der Apenrader Bucht lief ein fast friedensmäßiges Reglement ab. Ordnung in und auf allen Decks wurde hergestellt. Letzte Vorbereitungen für das rasche »von Bord geben« der Verwundeten und Flüchtlinge wurden getroffen. Die Geschütze der Mittelartillerie waren in Zurrstellung. Die Fla-Waffen aber blieben weiter kriegswachmäßig besetzt.

Am 25. März 1945 verlegte die *Leipzig* von Hela-Reede, nur 6 Knoten laufend, in einer turbulenten und ereignisreichen Fahrt nach Apenrade. Hier liegt das Schiff wohlbehalten an der Kohlepier des dänischen Städtchens. Die noch vor Hela aufgepönte »Bugwelle« ist deutlich zu erkennen.

Gegen 15.00 Uhr Ankermanöver. Der Leichte Kreuzer *Leipzig* nahm erneut Fahrt auf. Voraus war schon die Stadtsilhouette mit bloßem Auge zu erkennen. Nach viertägiger Überfahrt von Hela Reede näherte sich das Schiff langsam der Pier von Apenrade. Letzte Fahrt- und Ruderkommandos. Auf Back und Schanz standen die Leinenkommandos klar. Fender wurden außenbords gehängt. Die Leinen flogen an Land.

Maschinen stop! Die *Leipzig* lag an der Pier und wurde fachmännisch vertäut.

Der ehem. Kommandant erinnert sich,

»daß am 29. März 1945 der Kreuzer den befohlenen Hafen Apenrade anläuft. Ein Lazarettzug steht bereit und nimmt die verwundeten Kameraden auf, die Flüchtlinge werden von der (örtlichen) Flüchtlingsorganisation übernommen«.

Karfreitag, 30. März 1945. In dem kleinen dänischen Städtchen, das bis 1919 zum Staatsgebiet des Deutschen Reiches gehörte und dessen Bevölkerung überwiegend »deutschfreundlich« gesinnt war, lag nun der Kreuzer *Leipzig* an der Pier mit der charakteristischen Verladebrücke und den hohen Silos. Am Morgen hieß es »Reinschiff« auf allen Stationen. Überall wurde gefeudelt, Farbe gewaschen und das Oberdeck geschruppt. Hängematten samt Kojenzeug wurden zur Reinigung und Entlausung von Bord gegeben, nachdem sie Verwundeten und Flüchtlingen vier Tage als Lagerstätte gedient hatten. Kurz nach »Ausscheiden mit Dienst« und noch vor dem Mittagessen wurde »Alle Mann antreten in Kesselraum 2« befohlen.

Der Kommandant sprach zur Besatzung. Nach den vorliegenden Aufzeichnungen des Verfassers und anderer Teilnehmer sprach er den Dank und die Anerkennung des Befehlshabers (des Ausbildungsverbandes) für das gezeigte Verhalten bei der Überfahrt aus. Besonders erwähnt wurden die Verdienste des Horchraumes. Ferner erläuterte er die Schwierigkeiten der Überfahrt. Es war bekannt, daß vor Stolp und Kolberg feindliche U-Boote und Torpedoflieger operierten. Etwa 16 Torpedos seien auf *Leipzig* abgeschossen worden und das Schiff hatte Glück. Die Fahrt mit ihren vielfältigen Ereignissen hatte von allen Besatzungsmitgliedern letzten Einsatz verlangt, teilweise bis zur Erschöpfung. Auf die Entwicklung im Raum Gotenhafen-Hela ging der Kommandant nicht weiter ein, weil die Besatzung laufend über Bordrundfunk die Wehrmachtsberichte hören konnte.

Hier auszugsweise der Wehrmachtsbericht vom 30. März 1945:

»... Im Bereich der Danziger Bucht dauern auf der Westerplatte und in der Weichselniederung die harten Kämpfe an. Nach erbitterten Häuserkämpfen und gründlicher Zerstörung der Hafenanlagen fielen Gotenhafen und Danzig in die Hand des Gegners...

Am Niederrhein verhinderten unsere Truppen im Abschnitt von Emmerich feindliche Umfassungsversuche und die Ausweitung des Rheinbrückenkopfes nach Westen...

Zwischen Ruhr, Rhein und Sieg hat sich die Lage nicht verändert. Übersetzversuche zwischen Düsseldorf und Leverkusen scheiterten.

... Aus dem Raum Marburg sind amerikanische Panzerabteilungen weit nach Norden und Nordosten vorgestoßen...

Im Odenwald wird vor allem östlich der Stadt Michelstadt-Eberbach und am unteren Neckar gekämpft...«

So also sah »die Kriegslage« am 30. März aus. Der Krieg tobte im Reichsgebiet. Überall wurde gekämpft und gestorben – doch die *Leipzig* dümpelte friedlich im Hafen eines kleinen dänischen Städtchens, eben noch der Hölle Gotenhafen-Hela entronnen.

Am 30. März wurde die gesamte Besatzung »divisionsweise« entlaust. Die transportable Entlausungsanstalt war vor dem Schiff aufgefahren. Danach wurden frisch gereinigtes Kojenzeug und Hängematten empfangen. Ein »klinisch reines« Schiff und seine Besatzung warteten nun auf das Osterfest 1945.

Warten hieß Dienst nach Tagesdienstplan, mit Musterung durch die Divisionsoffiziere. Dabei wurde die Besatzung auf die Vorzüge dieses »Schlaraffenlandes« hingewiesen und erhielt entsprechenden Wehrsold in »Dänischen Kronen«. (Der Verfasser erhielt damals als erste Rate 45 Kronen.)

Die Freiwache erhielt »Landgang«. Um 16.00 Uhr war Urlaubermusterung. Die gegen 22.00 Uhr zurückkehrenden Landurlauber berichteten von Bohnenkaffee und Bratkartoffeln mit Spiegeleiern! Offensichtlich befand sich die *Leipzig* im »gelobten Land«. Es erschien wie ein Traum – vor wenigen Tagen noch Bomben, Torpedos und Geschützfeuer... und nun im »Schlaraffenland«. Unglaublich, aber wahr!

Reise ins Schlaraffenland

Aus den amtlichen Unterlagen (Lage Ostsee) und den persönlichen Einzelaufzeichnungen verschiedener Besatzungsmitglieder wurde der folgende Fahrtverlauf nach Apenrade rekonstruiert:

25. März 1945	Hela-Reede. Seeklarbefehl für *Geleit Leipzig.* (Lage Ostsee)
19.00 Uhr	Schiffe sammeln und gehen nacheinander »Anker auf«.
19.30 Uhr	Kreuzer *Leipzig* »Anker auf« (Einzelaufzeichnung)

Zum *Geleit Leipzig* gehören (Lage Ostsee):

Kreuzer *Leipzig*
Minensuchboot M 401
2 Dampfer (»Urundi« und »....«)
3 Schleppzüge mit den Schleppern »Bruno Dreyer«, »Mercur«, »Pinguin«
HKS *Herkules* (2883 BRT, Schiffsartillerieschule Saßnitz)
Torpedoschulboot TS 4.
(Einzelbeobachtung).[5]

Auf dem minenfreien Zwangsweg 76 lief das Geleit zunächst in nordöstlicher Richtung und schwenkte dann auf Nordwest zu West ein. Die See war ruhig, das günstige Wetter, das die *Leipzig* aufgrund der Kollisionsschäden unbedingt benötigte, hatte sich eingestellt.

26. März 1945

04.00 Uhr	1. U-Boot-Alarm (Einzelbeobachtung)
06.57 Uhr	Aufklärer erfaßte das Geleit in Planquadrat AO 9427 (nördlich Leba). Jagdschutz wurde erbeten. (Lage Ostsee). Geleit befand sich auf dem Tiefwasserweg.

---

[5] siehe Fußnote 1 Seite 122

09.15 Uhr	2. U-Boot-Alarm (Einzelbeobachtung)
10.56 Uhr	Schlauchboot mit drei russischen Fliegern geborgen. (Lage Ostsee).
11.57 Uhr	Planquadrat AO 8429 (Nördlich Stolpe Bank) geortetes Feind-U-Boot mit Wabos bekämpft. (Lage Ostsee) 3. U-Boot-Alarm (Eigenbeobachtung). Vermutlich U-Boot L 21, Kapitän 3. Ranges Mogilevskij.
15.14 Uhr	Planquadrat AO 8452 (Nordwestlich Stolpe Bank), Fliegeralarm. Angriff von 10 Boston-Flugzeugen, Bombenwurf, keine Ausfälle, 1 Abschuß. (Lage Ostsee). Angriff von 6, 10 oder 12 Boston (Einzelbeobachtung)
15.40 Uhr	Planquadrat AO 8443 (Westlich Stolpe Bank) 4. U-Boot-Alarm. Einwandfrei Sehrohr gesichtet, mit 13 Wabos bekämpft, Angriffe von 13 Boston-Flugzeugen, 1 Abschuß. (Lage Ostsee). Begleitfahrzeuge werfen Wabos, *Leipzig* Panzerfäuste. (Einzelbeobachtungen).
15.47 Uhr	Planquadrat AO 8443, feindliches U-Boot geortet, 3 Blasenbahnen gesichtet. In Anfangsstellung Wabo-Wurf, Luftblasen und schwerer schwarzer Ölfleck, überlaufen und nochmals Wabos geworfen. Weiterbekämpfung durch M-Boot nicht möglich, muß beim Geleit bleiben, da nur *Leipzig* und M 401 mit S-Gerät ausgerüstet. Fühlungshalter beim Geleit, erneut Jagdschutz erbeten. (Lage Ostsee). S-Gerät *Leipzig* zeitweise unklar. (Einzelbeobachtung)

27. März 1945

Morgens (05.00 Uhr)	Planquadrat AO 8399 (südlich Bornholm), erneuter Fliegerangriff mit Bombenwurf auf *Geleit Leipzig*. LAT »Orion« Bombentreffer. (Lage Ostsee)
07.00 Uhr	*Geleit Leipzig* Arkona passiert. (Lage Ostsee). Kap Arkona passiert (Einzelbeobachtung). Geleit teilt sich. D. »Urundi« nach Kopenhagen, HSK *Herkules* nach Swinemünde. *Leipzig* ankerte mehrfach wegen Nebel im Bereich Kap Arkona-Wesermünde. (Einzelbeobachtungen).

28. März 1945

15.30 Uhr	Bei besseren Sichtverhältnissen Weiterfahrt Richtung Fehmarn Belt, gemeinsam mit den Schleppern »Bruno Dreyer«, »Mercur« und »Pinguin«. 2 Begleitboote nach Warnemünde abgemeldet. (Einzelbeobachtung).

29. März 1945

03.00 Uhr	Feuerschiff Kiel passiert. Kurs Nord.
09.30 Uhr	Turm B feuert zwei Schuß aus geladenen Rohren ab in Richtung 120 Grad. Fahrt durch den Kleinen Belt.
12.00 Uhr	Ankern in der Bucht von Apenrade.
15.00 Uhr	Anker auf, Fahrt nach Apenrade.
16.30 Uhr	Anlegemanöver unter Assistenz der Schlepper »Bruno Dreyer« und »Mercur« im engen Hafen von Apenrade beendet. (Einzelbeobachtung).
17.00	Kreuzer *Leipzig* Apenrade fest. (Lage Ostsee).

Neuer Stützpunkt Apenrade –
Im Land, wo Milch und Honig fließen

In Apenrade beging die *Leipzig*-Besatzung das Osterfest 1945. Der Dienstplan:

07.00 Uhr Wecken Uhr
09.00 Uhr Reinschiff
10.00 Uhr Divisionsmusterung. (Für die Kadetten Musterung durch den Leitenden Ingenieur).
11.00 Uhr Freizeit
12.00 Uhr Backen und Banken (Kotelett, Rotkohl, Kartoffeln, Pudding)
13.00 Uhr Urlauber-Musterung
21.00 Uhr Urlauber an Bord.

Aus den Aufzeichnungen jener Tage geht hervor, daß für den Hilfskessel »Feuer aus« befohlen wurde. Der Dampf für Heizung, Kombüse und Warmwassererzeuger wurde von einer Dampflokomotive bezogen. Diese stand auf dem Geleise der Pier und wurde vom Maschinenpersonal des Kreuzers bedient und gewartet. Auch die Kadetten gingen dort regelmäßig ihre Maschinenwache.

Kadett Schultz erlebte seinen ersten Landgang in Apenrade wie folgt:

»Um 14.00 Uhr erster Landgang! Seit ca. acht Wochen durften wir uns erstmals an Land in unserer Ausgehuniform wieder frei bewegen. Welch herrliches Gefühl! Schönes Wetter, als wir von Bord gehen und in das dänische Städtchen zu Fuß dahin schlenderten. Unser Hauptaugenmerk galt natürlich dem leiblichen Wohl. Alle Sachen, auf die wir uns schon lange gefreut hatten, traten uns in Natur gegenüber. Wie die Wölfe stürzten wir uns auf die »guten Sachen« und in wenigen Minuten waren Torte und Schlagsahne gegessen... Dann ein Stadtbummel, in den Läden waren die schönsten Dinge zu sehen. Um 19.00 Uhr war der Hunger bereits wieder da, zum Glück hatten wir eine passende Gaststätte gefunden. Spiegeleier, Beafsteak und Bratkartoffeln, eine wahrhafte Göttermahlzeit.

Als wir an Bord zurückkehrten, wartete auf uns Bohnenkaffee und nochmals Kuchen. So wurde der Osterfeiertag würdig beschlossen.«

Der Ostermontag zeigte wieder ein ganz anderes Gesicht: Dienstbetrieb an Bord. Für die Kadetten wurde am Nachmittag überraschend »Spindmusterung« befohlen. Der vorgesehene Landurlaub konnte erst mit erheblicher Verzögerung beginnen. Dafür war Kinoabend in Kesselraum 1.

Am folgenden Tag, dem 3. April 1945, begann der Dienstbetrieb für die »kampferprobten« Kadetten in gewohnter militärischer Frische. Der Dienstplan glich dem aus der Anfangszeit in Gotenhafen. Vormittags Gruppenführer- oder Divisionsoffizier-Unterricht. Am Nachmittag Unterricht auf den verschiedenen Stationen. Hinzu kamen Bootsdienst, Zeugdienst, Sport, vorwiegend an Land mit viel Waldlauf, dazu Waffenreinigen bzw. -konservieren.

In Apenrade begann, wenige Wochen vor Kriegsende, wieder ein normaler Bord- und Ausbildungsdienst. Zuerst wurden die 15 cm Geschütze und alle übrigen Waffen gereinigt. Der Verfasser (re.) am mittleren Rohr von Turm C.

Es ist heute kaum mehr verständlich und zu begreifen, daß in einer Zeit, in der der Krieg in seine härteste und schrecklichste Phase getreten war und mitten in Deutschland wütete, die Ausbildung der Kriegsmarine-Offiziersanwärter in geplanter Weise (nach 08/15) erfolgte.

Auf der *Leipzig* fand für die Ing.-Kadetten eine Art Endspurt statt. Schließlich galt es, Versäumnisse wegen des Kampfeinsatzes in der Danziger Bucht nachzuholen und das vorgesehene Ausbildungsvolumen rechtzeitig bis zur Schlußbesichtigung abzuarbeiten.

Neben Wiederholungen wurden auch neue Themen im Gruppenführer-Unterricht behandelt (Gruppenführer waren Maschinenmaate, und zwar die Maschinenmaate Vorbeek und Rückriem sowie die Obermaschinenmaate Strohte, Hischer und Schlick). So zum Beispiel:

* Benehmen an Bord und in den Booten (aus aktuellem Anlaß, denn es wurde wieder fleißig Bootsdienst, Kutterpullen, Kuttersegeln und Fahrten mit Kraftbooten geübt).

* Seemannschaft (Gründe wie oben)
* Handfeuerwaffen (noch immer bestand die Möglichkeit eines infanteristischen Einsatzes. Die Wachen auf und um das Schiff wurden verstärkt, da mit Handlungen dänischer Freiheitskämpfer gerechnet wurde). Vor allem am MG 42, an der Maschinenpistole 40 und an der Pistole 08 wurde geschult.

Hinzu kam der Gruppenunterricht auf den Wachstationen, hier besonders die Themen

* Haupt- und Hilfslenzleitungen
* Flutleitungen
* Treibölförderleitungen
* Wasch- und Trinkwasserleitungen
* Leckraumbezeichnungen

Im Unterricht des Kadettenoffiziers (K.O.), Oberleutnant (Ing.) Vollmer, der zugleich Divisionsoffizier war, wurden folgende Themen abgearbeitet:

* Elektrotechnik und Anfahren der dieselelektrischen Strom-

An Bord wurde bis zur letzten Minute Kadettenausbildung nach Ausbildungsplan betrieben. Dazu gehörte u.a. der Bootsdienst. Die Aufnahme zeigt auch die beiden neben der *Leipzig* liegenden Schlepper sowie die charakteristische Verladebrücke und das Silo des Apenrader Hafens.

erzeuger
* Dieselmotorentechnik und Anfahren der Dieselmotorenanlage
* Frischwasseraufbereitung
* Hilfskesselanlage.

Zu diesen Themen wurden auch Prüfungsarbeiten geschrieben, mündlich geprüft und auch benotet.

Dem theoretischen Unterricht folgte die Praxis als Maschinendienst, bzw. während der Wache auf den Wachstationen. So wurden im Maschinendienst u.a. Druckventile abgedichtet, Bedienungsgestänge für Pumpen, Schieber oder Ventile gangbar gemacht oder Stopfbuchsen neu verpackt.

Auf den Wachstationen mußten z.B. Speisewasser umgepumpt oder, bei Versorgung mit Dampf aus der Lokomotive, Kohlen getrimmt und Kesselwasser nachgefüllt werden. Manometer wurden beobachtet und die ermittelten Werte in eine

Während der Liegezeit in Apenrade diente eine dänische Dampflokomotive dem Kreuzer als Heizwerk um den Hilfskessel des Schiffes zu schonen. Eine Persenning deckte die Kollisionsschäden vom Oktober 1944 ab.

Kladde eingetragen.

Bei der Wache in einem der drei E-Werke, meist war E-Werk III und das Hilfs-E-Werk IV an Oberdeck in Betrieb, mußte auf richtige Spannung geachtet werden; beim Hilfs-E-Werk u.a. auf ausreichende Kraftstoffzufuhr und richtigen Ölstand in der Ölwanne. Bei diesem »Eigenbau« kam es hin und wieder zu kleineren Störungen. Ein »Kolbenfresser« trat dagegen im E-Werk III auf.

Gemeinsam mit der Mannschaft wurde »Rollendienst« geübt:
* Klarschiff- oder Gefechtsrolle
* Kriegswachrolle
* Feuerrolle
* Boots- und Landungsrolle
* Verschlußrolle.

Dazu kam Sport, vorwiegend Freiübungen und Gelände- bzw. Waldlauf und gelegentlich Boxen. Weiter wurde Zeugdienst angesetzt, meist mit Spindmusterungen verbunden. In der kargen Freizeit hatten die Kadetten auch noch ihr Logbuch zu führen und andere schriftliche Arbeiten, Skizzen, Beschreibungen usw. anzufertigen.

Für die gesamte Besatzung gab es dann routinemäßig »Reinschiff« und am Sonnabend »Backsgeschirrmusterung«!

Mit diesem dichtgedrängten Programm vergingen die knapp 20 Tage bis zur vorgesehenen Abschlußbesichtigung der Kadetten wie im Fluge, denn auch jede Landgang-Gelegenheit wurde wahrgenommen.

Selbstverständlich ereigneten sich in diesen Aprilwochen des Jahres 1945 noch andere Dinge an Bord, an Land oder wurden über die täglichen Bordnachrichten bekannt. Wesentliche Begebenheiten sollen hier an Hand von Aufzeichnungen des Verfassers, seiner Kameraden und verschiedener Besatzungsmitglieder stichwortartig wiedergegeben werden.

Woche vom 2. bis 7. April 1945:

»Wir rechnen mit Sabotage der Dänen! Ich [der Verf.] habe am 5.4. Zugdienst, Aufsicht beim Geschützreinigen, Wacheinteilung vorgenommen. Am Abend im Wehrmachtbericht vom Terrorangriff auf meine Heimatstadt Plauen gehört.«

7.4. »Bootsdienst, das macht Laune. 14.00 Uhr Musterung im Besichtigungsanzug und das am Sonnabend-Nachmittag! Vom Landurlaub gehen zwei Stunden verloren!! Kinobesuch in Apenrade »Die Frau meiner Träume«. Natürlich Kaffee und Kuchen einverleibt und eine Torte mit an Bord genommen.«

8. bis 14.4.

»Weil es bei der Musterung »Ausstellungen« gab, erneute Musterung zur Übung um 18.00 Uhr und nochmals um 19.00 Uhr!... Exerzierdienst mit Achtungsschritt... Kein Landgang am 9. und 10.4. wegen Jahrestag der Besetzung Dänemarks vor fünf Jahren. Erhöhte Bereitschaft, Wachen werden verstärkt. Die militärische Lage und die Nachrichten sind besorgniserregend. Zwar wird immer wieder von »Wunderwaffen« gemunkelt, auch über neue U-Boote mit »Wasser« als Brennstoff!« (Heute wissen wir, daß von den Walther-U-Booten die Rede war.)

Am 14.4. notierte der Verfasser:

»Ich habe Wache als V-Bootsgast. Diesmal großes Glück, denn um 13.00 Uhr fuhr das V-Boot los zu einer Erkundungsfahrt zur Insel Barsö. Ausgerüstet mit allen möglichen nautischen Instrumenten und zahlreichen Maschinenwaffen (MG 42 und Maschinenpistolen) ging es los. Herrliches Wetter ließ die einstündige Fahrt zu einem Naturerlebnis werden, das ich nie vergesse. Der Zweck der Fahrt war die Besichtigung einer gefundenen Luft-E-Mine. Der militärische Zweck wurde mit dem nützlichen verbunden. In der örtlichen Molkerei wurde Butter eingekauft. Gegen 18.00 Uhr waren wir wieder an Bord.«

15. bis 21.4.

Im Logbuch des Verfassers ist dieser Zeitabschnitt mit »Die Woche der Prüfungen« überschrieben. 17. April:

»Der Dienstag erhält durch die Eintragung im Befehlsbuch *Vorbereitung zur Prüfung* seine Prägung, dementsprechend war auch der Tagesablauf. Lernen und nochmals lernen war die Parole. Aber was man in vier Monaten nicht mitkriegt, lernt man auch in 24 Stunden nicht mehr.«

»Mittwoch, Schriftliche Prüfung. Anzug Blau! Mit klopfendem Herzen gings zur Prüfung. Wir, die Gruppe B, hatten zunächst Maschinenkunde, Thema »Aufbau und Wirkungsweise unserer Marschmotoren, PV-Diagramm mit Erklärung«. Anschließend E-Technik, Thema »Prinzip der elektrischen Stromerzeugung als Wirkung im magnetischen Feld«. Nach dem Mittagessen Dienstkunde mit dem Thema »Die Befreiungskriege 1813 und ihr Appell an unsere Zeit«. Am Abend Vorbereitung zur mündlichen Prüfung.«

Diese fand in der OF-Messe (Oberfeldwebel-Messe) statt. Die gestellten Fragen bezogen sich auf die Themen E-Technik, Maschinen- und Dienstkunde und dienten zur Klärung und Beurteilung des Wissens- und Kenntnisstandes der Ing.-Kadetten.

So führten die Kadetten in jenen Apriltagen 1945 ein »Eigenleben«. Weiterhin lag ihr Ausbildungsschiff, der Kreuzer *Leipzig*, an der Pier von Apenrade. Die übrige Besatzung hatte »Dienst nach Hafendienstplan«.

Am 20. April 1945, an Hitlers Geburtstag, notierte der Verfasser:

»... Der ganze Tag erhielt sein Gepräge durch den befohlenen »Anzug, Erste Garnitur Blau«. In einer kurzen, schlichten Feierstunde auf der Schanz des Schiffes sprach der Kommandant zur Besatzung und erinnerte an den Geburtstag des Führers.«

Vermerk im Schiffbuch des Kreuzers:

»20.4.45 08.00-20.35 Führergeburtstag, kleiner Flaggenschmuck.«[1]

Der damalige Kadett Tödt erinnert sich:

»Am Nachmittag des 20.4.45 hatten wir Unterricht in einem Raum achtern von unserem Wohnraum, als plötzlich die Rede des Führers über Bordradio übertragen wurde.« [Die Rede wurde seinerzeit verlesen.]

In diesen Tagen ging die *Leipzig*-Besatzung verstärkt Streife an Land, es wurde mit Aktionen dänischer Partisanen gerechnet.

Vom Bordradio erhielt die Besatzung Kenntnis darüber, daß die Patenstadt des Kreuzers, Leipzig, hart vom Feind bedrängt wurde. Diese Meldung und weitere von den Fronten im norddeutschen Raum wurden mit gemischten Gefühlen aufgenommen. Wird das Schiff nochmals zum Einsatz gerufen werden? Das war die Frage, die alle bewegte.

Die Kadetten an Bord hatten überwiegend jedoch ganz andere Probleme. Vorrangig war die Sorge um einen guten Verlauf der Schlußbesichtigung, aber auch um den weiteren Fortgang der Ausbildung. Würden sie auf die Marinekriegsschule zum Fähnrichslehrgang kommen oder erfolgte ein Einsatz bei einer der Marinedivisionen an Land? Eine Antwort auf beide Fragen mußte die Woche vom 22. bis 27. April 1945 bringen. (Planmäßiges Ende der Bordzeit.)

22. bis 27.4.45

---

[1] Schiffbuch II, Kreuzer *Leipzig*, Abschnitt IV Lebensgeschichte, ohne Seitenangabe, aus dem privaten Besitz von Herrn Fkpt.a.D. Klopp, seinerzeit Ltn.z.S. und Adjutant Kreuzer *Leipzig*. Kopie im Besitz des Verfassers.

Am Ende dieser Woche sollte die Schlußbesichtigung stattfinden. Um deren Ablauf zeitlich und themenmäßig richtig zu gestalten, wurde eine sogenannte »Vorbesichtigung« angesetzt, über deren Vorbereitung der Verfasser vermerkte:

»Die praktisch letzte Woche unseres Bordlehrganges bringt uns die Besichtigung. Dies sagte uns der D.O. am heutigen Sonntag (22.4.). Die Vorbereitungen beginnen bereits heute. Zeugdienst und nochmals Zeugdienst. Dazu für uns als Backbordwache in der Nacht »Leitstand-Wache«. Montag (23.4.) erneut Zeugdienst. Diesmal werden das »Weiße Päckchen« (Arbeitsanzug) und Unterwäsche geschrubbt. Dienstag 24.4., Vorbereitung zur Vorbesichtigung und Besichtigung. Kutterpullen bis zum Umfallen! Endlich klappt der einheitliche Schlag der zehn Riemen. Zeugdienst, Spind aufklaren!«

Am Mittwoch, dem 25. April 1945 war »Vorbesichtigung«, die Generalprobe für die Abschlußbesichtigung. Diese sollte aus einer mündlichen und einer weiteren praktischen Prüfung der Kenntnisse im Betrieb der Maschinenanlage bestehen. Die Besichtigung sollte durch den I.O., den L.I. und den K.O. stattfinden. Dabei waren nacheinander verschiedene Themen der Dienstkunde vorzutragen, z.B.

* Rollenverteilung der Maschinenmannschaft
* Ehrenbezeugung an Bord und in den Booten
* Unterricht über ein technisches Thema durch den K.O.

Danach »Anzugwechsel von 1. Garnitur Blau in Arbeitspäckchen Weiß« und Antreten in einer oder mehreren Maschinen-Wachstationen. Dort praktische Vorführung der erworbenen Kenntnisse und Beantworten verschiedener Fachfragen. Danach »Antreten an Oberdeck« zu Sport und Seemannschaft. Anschließend erneut »Anzugwechsel« und antreten in »1. Garnitur Blau« zur Schlußansprache. So das vorgesehene Programm. Wie es wirklich verlief, schildern die Kadetten. Willi Schultz:

»Vorbesichtigung!! Schon beim Wecken die Frage: welcher Anzug? Besichtigungsanzug (1. Garnitur Blau). Als wir um 08.00 Uhr antraten, boten wir ein tolles Bild. Solche »übersteife« Hüte (Mützen mit eingelegtem Drahtring) hatte ich noch nie gesehen! Meldung an den I.O., anschließend »Anzugmusterung«, dann D.O.-Unterricht durch unseren K.O., hierauf Gruppenführerunterricht. Rascher Anzugwechsel. In Arbeitszeug auf Station T 2 (Turbinenraum 2). Dort kein Licht und – wir wurden nicht besichtigt –! Dann Tauklettern und Kutterpullen. Bei uns klappte es prima!«

Kadett Wönne:

»Besichtigung mit Prüffragen überall, im Motorenraum, am Hilfskessel. Bootsdienst mit Ehrenbezeugung (»Riemen hoch!«). Schlußansprache des I.O. auf der Schanz mit den Worten: »...Ihr Kadetten seid das Rückgrat der Besatzung. Ihr könnt alles, könnt Maschine fahren, könnt Schießen (M.A.)...«

Freitag, 27. April 1945. Der große Tag der Abschlußbesichtigung für den »letzten Kadettentörn« auf dem Leichten Kreuzer Leipzig war gekommen. Der Verfasser schrieb ins Logbuch:

»Freitag, der Tag der großen Überraschungen... 05.00 Uhr: Reise reise, aufstehen! In Windeseile wird eine gründliche Körperreinigung vorgenommen und reines, blütenweißes Unterzeug angezogen. Nachdem auch der Magen beruhigt war, wurde der »große Besichtigungsanzug« (1. Garnitur Blau) angezogen... Doch alle Mühe war vergebens. Um 9.00 Uhr »Alle Mann achteraus«! Nanu, fällt denn die Besichtigung aus, jawohl. Was ist denn nun passiert, die Frage hört man allgemein. Der I.O. beantwortet die Frage. Der Kreuzer Leipzig muß erneut ein Landungskorps abgeben.
Die Nachricht trifft alle wie ein Schlag, vor allem deshalb, weil auch unser D.O. und vier Gruppenführer sowie zehn der besten Kameraden (Kadetten) mit wegkommen. [Anzumerken ist, daß es bei der K-Division hieß »Freiwillige vor« und die ganze Division geschlossen vortrat. Daraufhin wählte der D.O. zehn Kadetten aus.]
Unsere im Kampf gehärtete Gemeinschaft wird nun jäh auseinandergerissen. Auch die anschließende Verleihung des Flottenkampfabzeichens [gestiftet für die Besatzungen der großen Kampfschiffe, auch Dickschiffabzeichen genannt] an alle Besatzungsangehörigen, einschließlich der Kadetten, kann unsere Stimmung nicht mehr heben. Trübe Stimmung herrscht bei allen. Wortlos helfen wir den Kameraden beim Packen. [Nur Tornister und feldgraue Uniform mit Mantel gehörten neben den verschiedenen Handfeuerwaffen zur Ausrüstung. Alles andere, Bekleidung und die meisten Privatsachen blieben an Bord in den Seesäcken.] Für mich ist der Tag besonders schwer, denn zwei meiner Landsleute, Oberleutnant (Ing.) Kunz und Oberfähnrich z.S. Stark, gehen mit von Bord. Aber klagen hilft nichts. Harte Zeiten erfordern harte Herzen! Nachmittag heißt es Abschied nehmen. Um 14.30 Uhr rückt das Kommando, von drei »Hurras« begleitet, ab zur kämpfenden Landfront.«

Ergänzend vertraute Kadett Wönne seinem Logbuch an:

»Ein Landungskorps... soll über Kiel nach Hamburg oder Berlin zum Einsatz kommen. Die meisten Kadetten bleiben an Bord...«

Das Offizierskorps des Kreuzers, aufgenommen im April 1945. V.l.n.r.; hintere Reihe: Oberleutnant (Ing.) Schmolke, Oberfähnrich zur See Stark, Oberleutnant (Ing.) Lange, Leutnant zur See Ostkamp, Oberleutnant (Ing.) Vollmer (Kadettenoffizier), Leutnant zur See d.R. Morsch, Oberleutnant zur See Munz, Leutnant zur See Schröder, Leutnant zur See Klopp, Oberleutnant zur See Thorey, Oberleutnant (Ing.) Kunz, Oberfähnrich zur See Frohnig, Leutnant zur See Becker.
2. Reihe: Kapitänleutnant (V) Vietig, Kapitänleutnant zur See Scheffler, Korvettenkapitän Bach, Korvettenkapitän Hinkeldeyn, Kapitänleutnant (Ing.) Bonnemeyer, Marinestabsarzt Dr. Gäthje.
Vordere Reihe: Fähnriche zur See xx, xx, xx, Niemann.
(Nicht auf dem Bild sind Korvettenkapitän Dr. Reidenbach und Leutnant zur See Bostelmann.)

Einer der Kadetten des Landungskorps, Dieter Tödt aus Tönning, schrieb am 10.12.1988 an den Verfasser:

»Ich erinnere mich noch an die Nacht vor der Abkommandierung. Es erfolgte ein Angriff dänischer Widerstandskämpfer auf unser Schiff, und zwar auf die Wache an Backbord. Ich weiß noch, daß die Alarmglocken schrillten und unsere 2 cm Flak schoß. Da sich im Deck keiner rührte, bin ich auch liegengeblieben. Nachher hieß es, »was, hier filzt noch alles!« Mit dem Landungskorps kamen wir noch bis Malente. Dort habe ich mich am 2. Mai [vermutlich 3. Mai] von unserem D.O., Oberleutnant (Ing.) Vollmer, sehr herzlich verabschiedet. Wir waren hier nach unserer Abkommandierung in Apenrade gelandet und wegen Auflösung der Einheit aus dem Wehrdienst entlassen worden. Ich glaube zehn Kadetten. Ich erinnere mich nur noch an die Namen Lange und Mayer. Schon von Apenrade aus kam Kadett Clausen am 25.4. ins Lazarett nach Flensburg. Nach dem Abschied (von Bord der *Leipzig*) sind wir nachmittags zum Bahnhof Apenrade marschiert und von dort mit dem Personenzug nach Flensburg gefahren. Vom dortigen Bahnhof ging der Marsch durch die Innenstadt zu einer Turnhalle, meiner Erinnerung nach die des dänischen Gymnasiums »Duborg Skolen«, in der wir übernachtet haben. Am nächsten Tag ging die Fahrt in einem Güterwagen nach Kiel. Beim Aufenthalt auf dem dortigen Bahnhof habe ich zum ersten Mal KZ-Häftlinge in gestreiften Anzügen gesehen... Von Kiel ging die Fahrt nach Preetz mit dem Personenzug. Unser Quartier in Preetz war ein Barackenlager am südlichen Ortsausgang, voll belegt mit Marineangehörigen, die wohl alle, wie auch wir zehn Kadetten, in Berlin zum Einsatz kommen sollten. Von denen habe ich außer den vorher Genannten noch die Namen Lipowski und Rink in Erinnerung... Am 1. Mai wurde uns morgens mitgeteilt, daß der Führer in Berlin gefallen und daß der Eid auf Großadmiral Dönitz übergegangen sei. Da dieser nicht mehr nach Berlin konnte, sondern sein Hauptquartier vorübergehend in Plön bezogen hatte, wurde es zu unserer Freude nichts mehr mit dem Einsatz in Berlin. Am 3. Mai mußten wir uns vormittags, in Erwartung der Engländer, im Gelände verteilen und wurden nachmittags entlassen mit dem Vermerk im Soldbuch: »Wegen Auflösung der Einheit aus dem Wehrdienst entlassen!«

Der ehem. Fähnrich zur See Niemann hielt fest:

»... Von heute auf morgen wurde ein großer Teil der Besatzung, zu dem auch ich gehörte, in Feldgrau eingekleidet und in Marsch gesetzt, um nach einer Kurzausbildung als Infanterist in das unmittelbare Kriegsgeschehen einzugreifen, wozu es dann aber glücklicherweise nicht mehr kam... Endlich erreichten wir in der Nähe von Preetz... ein Barackenlager, wo unsere Kurzausbildung beginnen sollte... Zu dieser kam es aber nicht mehr. Das Lager wurde von englischen Tiefliegern angegriffen, das Gerücht, der Krieg sei zu Ende, tat ein übriges...«

Das Schiffbuch des Kreuzers vermerkt zum Thema Landungskorps[2]

»27.4.45 2. Landungskorps in Stärke von 5 Offz., 2 Ob.Fähnr., 10 P.U.Offz., 4 Fähnr., 28 Uffz. und 51 Mann. Oblt. (Ing.) Kunz, Vollmer, Oblt.z.S. Munz, Lt.z.See Becker, Ostkamp von Bord.«

In Sachen »Landungskorps« bzw. Bewaffnung von Soldaten der Kriegsmarine trug Großadmiral Dönitz am 12.4.1945 Hitler vor, daß sie bewaffnet werden müßten, falls durch die erzwungene Stillegung der Schwimmenden Streitkräfte ihr Einsatz in der Verteidigung der Häfen notwendig werden sollte. Es gelte für 163 000 Mann Handwaffen zu beschaffen.[3] Vorausgegangen war am 10. April die Anordnung Hitlers, daß, wie Dönitz schrieb,

»....mir die Befehlsgewalt in Norddeutschland übertragen werden sollte, was aber nur besagte, daß ich, falls die Anordnung in Kraft träte, die notwendigen Entscheidungen auf dem zivilen Sektor zu treffen hätte. Der Befehl über die militärischen Operationen sollte nur an mich übergehen, falls Hitler und das Oberkommando der Wehrmacht sich nicht mehr im Nordraum befänden, sondern in den deutschen Südraum auswichen... Im Zuge dieser Anordnung Hitlers ging ich am 22. April 1945 unmittelbar vor der Einschließung Berlins durch die Russen nach Plön in Holstein.«[4]

Auf dem Kreuzer *Leipzig* herrschte nach Abmarsch des Landungskorps »eingeschränkter« normaler Hafendienstbetrieb. Eingeschränkt deshalb, weil durch die Abkommandierungen doch Lücken entstanden waren. Wichtig war jetzt ein verschärfter Wachdienst auf und vor dem Schiff, Streifen-

Wache und Freiwächter auf der Back des Kreuzers im April 1945 in Apenrade. Links eine 2 cm Flak mit Schutzschild, am Gefechtsmast die »Matratzen« (Antennen) der Funkmeßgeräte.

[2] siehe Fußnote 1, Seite 132

[3] Almann, Karl: *Großadmiral Dönitz. Vom U-Bootkommandanten zum Staatsoberhaupt*, S. 204, Berg am See 1983.

[4] Dönitz, Karl: *Zehn Jahre und 20 Tage*, S. 428. München 1975.

Der letzte Kommandant des Leichten Kreuzers *Leipzig*, Korvettenkapitän Walter Bach. Crew 32, geboren 1909, heute in Erkrath lebend (1996). Mit dem in Gotenhafen zugelaufenen Bordhund »Seppl« auf der Schanz des Kreuzers, April 1945.

»Es ist eine harte und schwere Zeit, in der ich den zweiten Teil meines Logbuches beginne. Deutschland steht im Endkampf um sein Schicksal. Der Russe steht in Berlin, mit dem Deutschland steht oder fällt. Meine Heimat beherrscht der Amerikaner, während ich hier in Dänemark ein gemütliches Leben führe. Heute Sonntag, 29. April 1945 nur »Reinschiff«, bei Schnee und starkem Wind. Sonderzuteilung von 50 Zigartten und am Nachmittag Landgang mit zwei Kinogängen, »Reisebekanntschaft« und »La Paloma«...

Am 30.4. werde ich als V-Bootsgast abgeteilt. Mein größter Wunsch hat sich erfüllt. Am Abend Wache als »Abwehrtrupp«, es wird eine unruhige Nacht, wiederum muß das umliegende Gelände durchstreift werden! Auch der Wehrmachtsbericht meldet nichts Gutes!«

So meldete der Wehrmachtsbericht am 30.4.45 »erbitterte Häuser- und Straßenkämpfe... aller Wehrmachtsteile, Hitlerjugend und Volkssturm im Stadtkern [von Berlin]«. Dies wurde als »leuchtendes Sinnbild deutschen Heldentums« bezeichnet.

Ganz anders sah es Großadmiral Dönitz, der am 30. April 1945 gegen 22.00 Uhr gegenüber Admiral Godt äußerte:

»Schluß machen, Heldenkampf ist genug gekämpft, Volkssubstanz erhalten, keine unnötigen Blutstropfen mehr. Um Menschen – Soldaten und Zivilpersonen – vor dem Bolschewismus zu retten, Fortsetzung des Kampfes gegen Osten, besonders mit Rücksicht auf die Flüchtlinge in Mecklenburg, die Armee Wenck in Brandenburg und die Armeegruppe Schörner im Protektorat; weiterkämpfen an der Elbe bei Lauenburg, um das Loch zwischen Lübeck und Lauenburg offenzuhalten.«[5]

Von diesen Überlegungen des Großadmirals wußten natürlich an Bord der *Leipzig* weder Kommandant noch Offiziere, Unteroffiziere und Mannschaften. Dort wurde »eisern« Dienst getan, aber auch die Vorzüge des Aufenthalts in Dänemark genossen.

Am 1.5.1945 kündigte der Rundfunk über das Bordradio eine »ernste, wichtige Mitteilung für das deutsche Volk« an. Der Verfasser notierte:

»Der Rundfunk brachte die erschütternde Meldung. Im Kampf für seine Idee, in dem Gebäude seines Schaffens, der Reichskanzlei, fand der Führer den Heldentod. Hatten wir alle schon eine schlimme Nachricht erwartet, so traf uns diese wie ein Keulenschlag. Die-

dienst in der Stadt und das »Klarhalten« aller Waffen. Dazu kam für die einzige noch bestehende technische Division des Schiffes Maschinen- oder Arbeitsdienst auf den verschiedenen Wach- und Gefechtsstationen, Zeugdienst und Gruppenführerunterricht. Hin und wieder gab es D.O.-Unterricht, der vorwiegend der aktuellen Information der Mannschaft diente aber auch Regeln für das Verhalten gegenüber der Bevölkerung weitergab. Auch der Sport, vor allem Freiübungen und Waldlauf, aber auch Bootsdienst stand auf den einzelnen Tagesdienstplänen. Dies galt auch für die seemännischen Divisionen.

D.O. der Technischen Division war Oberleutnant (Ing.) Schmolke, der sich besonders der in Backbord- und Steuerbordwache aufgeteilten restlichen Kadetten (Ing.) annahm. Der Verfasser, nun zur Steuerbordwache gehörend, notierte seinerzeit:

[5] ebenda, S. 436.
[6] ebenda, S. 438.
[7] ebenda, S. 438 und 439.

ser Staatsmann und Feldherr war nicht mehr. Noch konnte ich es nicht fassen. Doch aus dem Munde des neuen Staatsoberhauptes, unseres Großadmirals, hörten wir die Bestätigung.«

Großadmiral Dönitz gab in seiner Rundfunkansprache vom 1. Mai 1945 bekannt:

»Der Führer hat mich zu seinem Nachfolger bestimmt. Im Bewußtsein der Verantwortung übernehme ich die Führung des deutschen Volkes in dieser schicksalschweren Stunde. Meine erste Aufgabe ist es, deutsche Menschen vor der Vernichtung durch den vordrängenden bolschewistischen Feind zu retten. Nur für diesen Zweck geht der militärische Kampf weiter. Soweit und solange die Erreichung dieses Zieles durch die Briten und Amerikaner behindert wird, werden wir uns auch gegen sie weiter verteidigen und weiterkämpfen müssen. Die Angloamerikaner setzen dann den Krieg nicht mehr für ihre eigenen Völker, sondern allein für die Ausbreitung des Bolschewismus in Europa fort.«[6]

Entsprechend lautete auch der Tagesbefehl an die Wehrmacht:

»Der Führer hat mich zu seinem Nachfolger als Staatsoberhaupt und Obersten Befehlshaber der Wehrmacht bestimmt. Ich übernehme den Oberbefehl über alle Teile der deutschen Wehrmacht mit dem Willen, den Kampf gegen die Bolschewisten so lange fortzusetzen, bis die kämpfende Truppe und die Hunderttausende von Familien des deutschen Ostraumes vor der Versklavung oder Vernichtung gerettet sind. Gegen Engländer und Amerikaner muß ich den Kampf so weit und so lange fortsetzen, wie sie mich in der Durchführung des Kampfes gegen die Bolschewisten hindern.«[7]

Bereits am Abend des 30. April hatte Dönitz aus dem Führerbunker in Berlin über den sicheren, geheimen Marineschlüssel ein Funktelegramm erhalten:

.FRR Großadmiral Dönitz. An Stelle des bisherigen Reichsmarschalls Göring setzt der Führer Sie, Herr Großadmiral, als seinen Nachfolger ein. Schriftliche Vollmacht unterwegs. Ab sofort sollen Sie sämtliche Maßnahmen verfügen, die sich aus der gegenwärtigen Lage ergeben. Bormann.[8]

Auf der *Leipzig* herrschte nach einigen Stunden der Lähmung und Besinnung bald wieder gewohnter Dienstbetrieb, nein, eher betont militärischer Dienstbetrieb. Der Verfasser notierte: »... Die Kadettenzeit in etwas veränderter Form scheint wieder zu beginnen. Wir haben im Rahmen des Divisionsunterrichts Gruppenführerunterweisung mit den alten Themen! Vor dem Mittagessen (am 3.5.45) spricht unser

Kommandant zu uns über die Lage, und ungeschminkt gibt er uns ein ziemlich erschütterndes Bild.«

Ergänzend notierte Kadett Wönne:

»Kiel und Lübeck sind vom Gegner erobert. Die *Hipper* wurde gesprengt [in Kiel]. Die Besatzung verhält sich weiter diszipliniert. – Nachmittags ein zackiger Ausmarsch. Die Dänen staunen. Beim Ausgang wollen uns die dänischen Wirtsleute nichts mehr ausschenken. Es soll wohl für die Tommys bleiben. Zum Teil gibt es Ärger.«

An Bord des Schiffes wurden inzwischen Vorbereitungen zur Sprengung der Waffen und des Schiffsrumpfes getroffen. Diese Maßnahmen gingen auf die Anordnung »Regenbogen« zurück. Mit diesem Stichwort sollten alle Schiffe der Kriegsmarine versenkt werden. Am 3. Mai 1945 weilte auch der Oberbefehlshaber im dänischen Raum, Generaloberst Lindemann, einige Zeit an Bord des Kreuzers und besprach mit dem Kommandanten die Lage.

In seinen Erinnerungen schrieb Großadmiral Dönitz:

»Lindemann garantierte mir für seine Truppe in Dänemark. Sie sei in ihrer Kampfkraft ungeschmälert; Dr. Best [Reichsbevollmächtigter in Dänemark] warnte vor einer Fortsetzung des Kampfes auf dänischem Gebiet. Ich gab in voller Übereinstimmung mit Graf Schwerin-Krosigk [Finanzminister] dem Generalobersten Lindemann und Dr. Best die Anweisung, jede Friktion mit der dänischen Bevölkerung bis zur bevorstehenden Kapitulation dieses Gebietes zu vermeiden. Auch die Übergabe... Dänemarks klärte sich dann noch am nächsten Tage im Zuge der Kapitulationsverhandlungen mit Montgomery...[9]

Am Montag, dem 4. Mai, hielt Friedeburg [Hans Georg von Friedeburg seit 1.5.45 Generaladmiral und Oberbefehlshaber der Kriegsmarine] Schwerin-Krosigk, Keitel und Jodel eingehend Vortrag. Montgomery nähme unsere Teilkapitulation im norddeutschen Raum an. Er forderte jedoch zusätzlich, daß auch Dänemark und Holland in den Kapitulationsbereich einbezogen würden.«[10]

Und was geschah am 4. Mai 1945 auf der *Leipzig*?
Willi Schultz:

»....während des Dienstes, ich befand mich gerade an Bord des V-Bootes, kam der Befehl... alles Notwendige packen!... An das hätte ich zuletzt gedacht. Sollte es tatsächlich schon soweit sein? Diese Frage tauchte mehr als nur einmal auf. Die Lage scheint sich immer

[8] ebenda, S. 433 und 434.

[9] ebenda, S. 448.
[10] ebenda, S. 450.
[11] ebenda, S. 452.

Ab dem 5. Mai 1945 herrschte im Raum Dänemark Waffenruhe. Die Wache am Fallreep blieb.

mehr zuzuspitzen. Am Abend wird bereits von einer Waffenruhe gesprochen, doch daran glauben mag ich noch nicht. Heute bin ich Abwehrtrupp und würde den »Speckdänen« einmal ganz schön Zunder geben. Deshalb mache ich mein MG 42 vorsorglich klar. Aber die Nacht geht in Ruhe dahin.«

Wönne ergänzte:
    »....für alle Fälle sind unsere Seesäcke gepackt, die Kleiderkammer ist leer, eine Sonderzuteilung von 200 Zigaretten und vier Päckchen Tabak je Mann erhalten. Fliegeralarm, Mustangmaschinen geben Bordwaffenfeuer auf uns. Habe Arrestposten von 22.00-24.00 Uhr.«
    (Anm.: Fliegeralarm 11.25-11.45 Uhr).

An diesem Tage endete auch die »Kleine Flaggentrauer« zum Tode des Führers, die lt. Schiffbuch vom 2.5.-4.5.45 dauerte. Sonnabend, 5. Mai 1945. Bereits um 07.00 Uhr kam der

Befehl: »Alle Mann achteraus«! Der Kommandant, Korvettenkapitän Walter Bach, gab bekannt, daß ab 08.00 Uhr »Waffenruhe im dänischen Raum« eintreten sollte.
Hierzu notierte Wönne:

    »... Ganz Apenrade hat geflaggt... bei uns ist Dienst nach Plan, es wird nichts zerstört[11]
    ... Der I.O. setzt einen Ausmarsch für abends an bei strömendem Regen. Die Kadetten stellen einen Sonderposten bei zwei Flüchtlingsdampfern im Hafen. Unser E-Werk III läuft wieder, haben wieder volles Licht. Die Dänen ziehen provozierend, Fahnen schwenkend, am Schiff vorbei.«

Und der Verfasser notierte ergänzend:
    »... am Abend heißt es plötzlich... der Tommy ist in Apenrade... Es sollen acht Kraftwagen gewesen sein, die nur durchfuhren...!«

Waffenruhe, Kapitulation
– und was dann?

Im dänischen Raum herrschte nun Waffenruhe. Auf dem Leichten Kreuzer *Leipzig*, dessen Waffen und Schiffsrumpf zur Sprengung vorbereitet waren, wurden auf Befehl von Großadmiral Dönitz alle diesbezüglichen Maßnahmen eingestellt.

Der Großadmiral bemerkte in seinen Erinnerungen dazu:

»...Ich gab also in dieser Morgenbesprechung des 4. Mai Befehl an das Oberkommando der Wehrmacht, ein Verbot der Waffenvernichtung zu erlassen. Gleichzeitig bekam der Chef der Seekriegsleitung unter Angabe der Gründe Anweisung, das für Schiffsversenkungen vorgesehene Stichwort »Regenbogen« nicht in Kraft treten zu lassen. Versenkungen unterblieben daher...«[1]

Welche Bedingungen die ausgehandelte Waffenruhe noch enthielt, ist nachfolgendem Auszug zu entnehmen.

»1. Das Oberkommando der deutschen Wehrmacht erklärt sich einverstanden mit der Übergabe sämtlicher deutscher Streitkräfte in Holland, in Nordwestdeutschland einschließlich der Friesischen Inseln und Helgoland und aller anderen Inseln, in Schleswig-Holstein und in Dänemark, an den Oberbefehlshaber der 21. Heeresgruppe. Das schließt alle Schiffe in diesen Zonen ein. Diese Streitkräfte haben die Waffen zu strecken und sich bedingungslos zu ergeben.

2. Alle Kampfhandlungen auf dem Lande, zur See und in der Luft durch deutsche Streitkräfte in den vorgenannten Gebieten sind um 8.00 Uhr vormittags doppelte britische Sommerzeit am Sonnabend, den 5. Mai 1945, einzustellen.

3. Die betreffenden deutschen Befehlsstellen haben sofort und ohne Widerrede oder Kommentar alle weiteren Befehle auszuführen, welche durch die alliierten Mächte in jedweder Sache erteilt werden.

4. Ungehorsam in bezug auf Befehle und Mängel in ihrer Ausführung werden als Bruch dieser Übergabebedingungen angesehen und von den alliierten Mächten gemäß den anerkannten Rechten und Kriegsgebräuchen behandelt.«[2]

Der Wehrmachtsbericht vom 5. Mai 1945 meldete lapidar:

»... Nach Vereinbarung mit dem Oberbefehlshaber der 21. britischen Heeresgruppe, Feldmarschall Montgomery, ist seit heute früh 8.00 Uhr in Holland, in Nordwestdeutschland von der Emsmündung bis zur Kieler Förde sowie in Dänemark einschließlich der diesen Gebieten vorgelagerten Inseln Waffenruhe. Hiervon werden auch die gegen England gerichteten Operationen der Kriegsmarine und der Handelsmarine aus und nach den Häfen der genannten Räume betroffen...«

Am Sonntag, dem 6. Mai 1945, notierte der Verfasser:

»...Am Morgen stelle ich fest, daß das V-Boot (meine Wachstation) verschwunden ist! In den Decks tauchen die tollsten Meldungen und Gerüchte auf! So soll der U-Boot-Stützpunkt Kiel alle Mann entlassen haben, in Kopenhagen sollen dänische Freiheitskämpfer mit unserer Wehrmacht zusammen gegen die Kommunisten kämpfen. Seit Tagen warten wir vergeblich auf »wahre« Meldungen von einem deutschen Sender. Am späten Nachmittag meldet sich dann der »Reichssender Flensburg« und wir erfahren, daß im Osten und im Süden des Reiches noch immer gekämpft und gestorben wird.«

Auch am 7. Mai herrschte an Bord des Leichten Kreuzers normaler Dienstbetrieb. Das vermißte V-Boot war zurückgekehrt. Es war auf einer »Sonderfahrt« und hatte ein »Klein-S-Boot« im Schlepp! Das Boot wurde für eine neue Fahrt vorbereitet und »in rasender Eile sind 180 Liter Brennstoff nachgefüllt«, wie der Verfasser bemerkte, um dann fortzufahren:

»Um 10.00 Uhr ist das V-Boot klar. Waffen, Munition und feldgraue Bekleidung werden mitgenommen. Ich bin»Gast vom Dienst« und

---

[1] Dönitz, Karl; Zehn Jahre und 20 Tage, Seite 452, München 1975

[2] ebenda, S. 453

darf die Maschine allein fahren. Zunächst geht es zur Insel Barsö. Hier erfahre ich auch den Zweck unserer Fahrt. Suche nach zwei geflüchteten Unteroffizieren, also Fahnenflüchtigen! Die Spuren führen von der Insel zum Festland und zurück. Bis spät am Abend dauert die erfolglose Suchaktion. Bei einem deutschstämmigen Bauern auf Barsö essen wir am Abend. Wir werden sehr freundlich aufgenommen und bewirtet. Anschließend informiert uns der Gastgeber, daß Deutschland an allen Fronten bedingungslos kapituliert hat!

Wir alle waren wie gelähmt. Der mörderische Kampf um Deutschland hatte ein solch bitteres Ende gefunden. Was soll nun werden? Meine ganzen Zukunftspläne sind zerstört! Was uns nun winkt, ist Sklavenarbeit. O armes, geplagtes deutsches Volk!

An Bord des Kreuzers waren inzwischen um 16.00 Uhr die Reichskriegsflagge und der Kommandantenwimpel niedergeholt worden und »der Deutsche Gruß« wird untersagt, drei Flüchtlingsdampfer laufen aus, ohne Flagge. Wir erfahren, daß alle Schiffe 24 Stunden freies Geleit haben. Wir bleiben hier – Kutterpullen! Englische Truppen, Panzer, werden im Ort von den Dänen jubelnd empfangen. Wir sehen auch, wie sich deutsche Truppen und Engländer begrüßen. Anschläge in deutscher und dänischer Sprache besagen, daß die Dänische Freiheitsbewegung den Schutz übernimmt. Aber deutsche Truppen bleiben z.Zt. noch unter Waffen und unter Führung ihrer Offiziere. Ich besichtige im Hafen ein Torpedofangboot und ein Flugsicherungsboot. Die wollen nach Hause, befürchten hier interniert zu werden. Unser I.O. sorgt dafür, daß die Boote hier bleiben«.

Kadett Wönne schrieb zum 8. Mai in seinem Logbuch:

»... Landgang ist gesperrt, eine Grußpflicht dem Engländer gegenüber ist angeordnet. Der D.O. warnt uns, sich abzusetzen!«

Ergänzend hatte der Verfasser notiert:

»Über Nacht hatte sich alles geändert. Es gibt keine Verdunkelung mehr, und seit heute besteht wieder der alte militärische Gruß. Das heißt, der Nationalsozialismus ist tot! Die Idee eines Mannes und er selbst sind tot. An Bord Dienst nach Plan und ab 13.00 Uhr in Anbetracht der Lage Freizeit. Ich schlafe im V-Boot bei herrlichem Sonnenschein.«

Auszug aus dem Schiffslogbuch des Kreuzers *Leipzig,*
Woche vom 4.-9. Mai 1945.
(Klopp)

Dann brach der schicksalhafte 9. Mai 1945 an, den der Verfasser an Bord der *Leipzig* folgendermaßen erlebte:

> »Beim morgendlichen Antreten machen sich die ersten Anzeichen des beendeten Krieges bemerkbar. Aus unserer Division fehlen sieben Mann! Sie konnten ihren Drang nach Hause nicht mehr zügeln und sind über Nacht ausgekniffen. Nach Befehl »Alle Mann achteraus« spricht um 13.00 Uhr der Flottenchef, Vizeadmiral Meendsen-Bohlken, zur Besatzung. Er dankt uns für unseren Einsatz im Ringen um Gotenhafen. Gleichzeitig mahnt er uns, jetzt erst recht den Kopf hoch zu halten und gehorsam alle Befehle auszuführen. Das, worauf wohl alle warteten, nämlich Entlassung in die Heimat, erwähnt er nicht.«

Wönne notierte:

> »Den Kreuzergeist sollen wir bewahren, unsere Liegezeit hier sei unbestimmt. Anschließend Sport bzw. Kuttersegeln. Abends Kino: »Heimat«, ein passender Film!«

Der letzte Wehrmachtsbericht

Aus dem Hauptquartier des Großadmirals, den 9. Mai 1945. Das Oberkommando der Wehrmacht gibt bekannt:

...In Ostpreußen haben deutsche Divisionen noch gestern die Weichselmündung und den Westteil der Frischen Nehrung bis zuletzt tapfer verteidigt, wobei sich die 7. Infanterie-Division besonders auszeichnete. Dem Oberbefehlshaber, General der Panzertruppe von Saucken, wurden als Anerkennung für die vorbildliche Haltung seiner Soldaten die Brillanten zum Eichenlaub mit Schwertern zum Ritterkreuz des Eisernen Kreuzes verliehen. Als vorgeschobenes Bollwerk fesselten unsere Armeen in Kurland unter dem bewährten Oberbefehl des Generaloberst Hilpert monatelang überlegene sowjetische Schützen- und Panzerverbände und erwarben sich in sechs großen Schlachten unvergänglichen Ruhm. Sie haben jede vorzeitige Übergabe abgelehnt. In voller Ordnung wurden mit den nach Westen noch ausfliegenden Flugzeugen nur Versehrte und Väter zahlreicher Kinder abtransportiert. Die Stäbe und Offiziere blieben bei ihren Truppen. Um Mitternacht wurde von deutscher Seite, den unterzeichneten Bedingungen entsprechend, der Kampf und jede Bewegung eingestellt.

Die Verteidiger von Breslau, die über zwei Monate lang den Angriffen der Sowjets standhielten, erlagen in letzter Stunde nach heldenhaftem Kampf der feindlichen Übermacht.

Auch an der Südost- und Ostfront von Fiume über Brünn bis an die Elbe bei Dresden haben alle höheren Kommandostellen den Befehl zur Einstellung des Kampfes erhalten. Eine tschechische Aufstandsbewegung in fast ganz Böhmen und Mähren kann die Durchführung der Kapitulationsbedingungen und die Nachrichtenverbindungen in diesem Raum gefährden. Meldungen über die Lage bei den Heeresgruppen Löhr, Rendulic und Schörner liegen beim Oberkommando der Wehrmacht zur Stunde noch nicht vor.

Fern der Heimat haben die Verteidiger der Atlantikstützpunkte, unsere Truppe in Norwegen und die Besatzungen der Ägäischen Inseln in Gehorsam und Disziplin die Waffenehre der deutschen Soldaten gewahrt.

Seit Mitternacht schweigen nun an allen Fronten die Waffen. Auf Befehl des Großadmirals hat die Wehrmacht den aussichtslos gewordenen Kampf eingestellt. Damit ist das fast sechsjährige heldenhafte Ringen zu Ende. Es hat uns große Siege aber auch schwere Niederlagen gebracht. Die deutsche Wehrmacht ist am Ende einer gewaltigen Übermacht ehrenvoll unterlegen.

Der deutsche Soldat hat, getreu seinem Eid, im höchsten Einsatz für sein Volk für immer Unvergeßliches geleistet. Die Heimat hat ihn bis zuletzt mit allen Kräften unter schwersten Opfern unterstützt. Die einmalige Leistung von Front und Heimat wird in einem späteren gerechten Urteil der Geschichte ihre endgültige Würdigung finden.

Den Leistungen und Opfern der deutschen Soldaten zu Lande, zu Wasser und in der Luft wird auch der Gegner die Achtung nicht versagen. Jeder Soldat kann deshalb die Waffe aufrecht und stolz aus der Hand legen und in den schwersten Stunden unserer Geschichte tapfer und zuversichtlich an die Arbeit gehen für das ewige Leben unseres Volkes.

Die Wehrmacht gedenkt in dieser schweren Stunde ihrer vor dem Feind gebliebenen Kameraden.

Die Toten verpflichten zu bedingungsloser Treue, zu Gehorsam und Disziplin gegenüber dem aus zahllosen Wunden blutenden Vaterland.

»Kutterpullen« gehörte zur Kadettenausbildung. Auf der Pier stehen LKW bereit. Sie sollten im Falle einer Sprengung des Schiffes die Besatzung abtransportieren.

Über die Zeit in Apenrade bis zur Kapitulation am 9. Mai 1945 unterrichtete der damalige Kommandant den Verfasser:

»In Apenrade interessierte sich der »Admiral Skagerrak« für den Kreuzer *Leipzig*. Der Admiral war der Meinung, daß die Besatzung der *Leipzig* beim Heranrücken der Engländer die Straßen nach Apenrade im infanteristischen Einsatz unter Beschuß halten könnte. Das Schiff hatte keine 15 cm Munition mehr an Bord. Ich hätte aber doch lieber mit der Mittelartillerie geschossen. Generäle der Heerestruppen waren gar nicht für einen Einsatz. Ich habe dennoch eine »Abordnung« in den Hamburger Raum geschickt, denn dort sollten noch 15 cm Granaten sein. Die Abordnung kam aber wegen der sich überstürzenden Ereignisse – Vordringen der Engländer und Waffenruheverhandlungen – gar nicht mehr an Bord zurück... Vor der Waffenruhe habe ich das Schiff zur Sprengung klar machen lassen. (Anordnung lt. Stichwort »Regenbogen«). Aufgrund einer Anweisung des ObdM erfolgte der Widerruf... Für einen dann zwangsläufig notwendigen Rückmarsch der Besatzung in die Heimat (oder Gefangenschaft) ließ ich entsprechende Vorbereitungen treffen. Vor dem Schiff stehen schließlich fünf LKW und neun PKW. Ich hatte u.a. von der zuständigen Fahrbereitschaft einen Opel Kapitän mit roten Lederpolstern zugeteilt bekommen. Nach Einmarsch der Engländer mußte ich dieses Fahrzeug hergeben, erhielt aber einen anderen PKW dafür.«

Der damalige Adjutant und Leutnant zur See Klopp übergab dem Verfasser u.a. Schiffslogbuch-Aufzeichnungen vom 4. bis 9. Mai 1945 und schrieb dazu:

»... Die dienstlichen Aufzeichnungen (darunter Logbücher bis 3.5.1945) sind von mir in Apenrade vernichtet worden. Heute frage ich mich, warum eigentlich?...«

Die Tage nach der Kapitulation gingen mit normalem Borddienstbetrieb dahin. Hier ein Auszug für die »seemännische Besatzung«:

06.00   Wecken
07.30-08.30 Uhr   Reinschiff
09.00-11.30 Uhr   I. Division Arbeitsdienst
                       II. Division Divisionsdienst,
                          5. und 6. Zug Fachdienst
13.30-15.00 Uhr   I. und II. Division Zeugdienst und Selbst-
                       reinigen.

Die Technische Division, zu der auch die Ing.-Kadetten gehörten, hatte meist Arbeitsdienst auf den Stationen, Sport und mehr Freizeit als vorher. Diese wurde, besonders von den Kadetten, zur persönlichen Weiterbildung genutzt. Aber auch Kutterpullen, Kuttersegeln und Ausmarsch durch das Städtchen (staunende Dänen) gehörten zum Tagesablauf. Wolfgang Wönne:

»... Aufgrund unserer Haltung und Disziplin erlaubt uns der Engländer den Ausgang. Drei Engländer besichtigen abends (11.5.) unser Schiff, möchten mit uns ein Fußballspiel machen. Nehmen einen Drink in der Kantine!«

An Bord gab es nun reihum »Divisionsfeste«, so auch für die in der noch einzigen »Technischen Division« zusammengefaßten Kadetten. Wönne notierte am 17.5.1945:

»... Abends das Divisonsfest – Saufabend! Ich sitze neben dem Kommandanten. Er erzählt, daß die *Schlesien* vor Swinemünde gesunken sei, die *Lützow* erhielt Bombentreffer dort und wurde gesprengt. *Schleswig-Holstein* und *Gneisenau* wurden in Gotenhafen gesprengt. Festende 22.30 Uhr.«

Einen wesentlicher Einschnitt ins Bordleben brachte der 21. Mai 45. Dänische Wachtposten zogen vor dem Schiff auf und riegelten es gegenüber der Außenwelt ab. Eine »Übernahmekommission« erschien an Bord, Gerüchten zufolge sollte das Schiff in einen deutschen Hafen gebracht werden. Dazu paßte kaum, daß sämtliche erreichbaren LKWs und PKWs zusammengeholt und repariert wurden.

»Wir haben vor dem Schiff fünf LWK und neun PKW stehen, in einigen Tagen soll die Marschgruppe C von Bord«, notierte Wönne. Der damalige Kadett Kiesel teilte dem Verfasser mit:

> »...ich habe mich in Apenrade als Kraftfahrer gemeldet für die bereitstehenden drei LKW, ein Sanka und zwei PKW, für den Fall des »Aussteigens«.«

Der Verfasser kann sich erinnern, daß auch selbstgebastelte Handwagen in größerer Zahl bereitstanden.

Für die erwähnte Übernahmekommission verfaßte der *Admirality Salvage Officer*, Lieut.R.N.R. Quist, am 22. Mai 1945 einen »REPORT ON CASUALTY GERMAN CRUISER LEIPZIG CAPTURED IN ABENRAA HARBOUR«, indem er den Zustand des Schiffes beschrieb und seine Fahrfähigkeit für »5 miles« bestätigte.[3]

Am 24. Mai 1945, einem Donnerstag, mußten auf alliierten Befehl sämtliche Hoheitsabzeichen und Auszeichnungen mit Hakenkreuz entfernt werden. Der Verfasser notierte damals:

> »....damit ist auch äußerlich das Nazi-Regime beseitigt. Doch so leicht ist es doch nicht, das Symbol, unter dem man sein Leben einsetzte, nun zu entfernen. Aber, seid untertan der Obrigkeit!«

Hintergrund dieses Befehls war der Beschluß der Alliierten, die noch immer amtierende »Regierung Dönitz« zu beseitigen. Dies erfolgte mit der Gefangennahme von Großadmiral Dönitz und anderen Mitgliedern der Regierung am 23. Mai 1945.

Dazu schrieb Karl Dönitz u.a.:

> »... Ab Mitte Mai hörten meine Zusammenkünfte mit der Kontrollkommission auf. Die feindliche Presse und besonders der sowjetrussische Rundfunk begannen sich mit der »Regierung Dönitz« zu beschäftigen... Anscheinend stellte dann am 15. Mai 1945 Eisenhower die Forderung, daß ich im Interesse der Freundschaft mit Rußland beseitigt werden sollte...
>
> Am 22. Mai 1945 teilte mir mein Adjutant und Freund Lüdde-Neurath mit, der Leiter der Alliierten Kontrollkommsssion habe mich aufgefordert, mit Friedeburg und Jodel am nächsten Morgen auf dem Wohnschiff »Patria« zu erscheinen...
>
> Oben auf der »Patria« nahmen Jodel, Friedeburg und ich an der einen Seite eines Tisches Platz; auf der anderen saßen die Chefs der Kontrollkommission, in der Mitte der amerikanische Generalmajor Rooks, neben ihm der englische General Foord und der russische General Truskow... General Rooks gab uns eine Erklärung bekannt, wonach er auf Befehl Eisenhowers mich, die deutsche Regierung und das Oberkommando der Wehrmacht zu verhaften habe. Wir hätten uns von jetzt ab als Kriegsgefangene zu betrachten.
>
> Er fragte mich, etwas unsicher, ob ich irgend etwas erwidern wollte. Ich entgegnete: »Es erübrigt sich jedes Wort!««[4]

Von der Verhaftung des Reichpräsidenten Dönitz und seiner Regierung erfährt die *Leipzig*-Besatzung aus dem Radio. Es senden der Flensburger Sender und der Berliner Rundfunk, vorwiegend Nachrichten und Musik. Die strenge Bewachung des Schiffes wurde gelockert.

> »Ausgang wurde nur noch bis 20.00 Uhr erlaubt«,

notierte Wönne.

Am 31. Mai 1945, dem »Skagerraktag«, veranstaltete die Kreuzerbesatzung einen »Kutter-Race«, wie Wönne vermerkte:

> »Der Kutter wird poliert, unten mit Schmierseife eingerieben. Das V-Boot zieht uns an den Startplatz. Drei Kutter starten beim Schuß der Leuchtpistole. Der D.O. freut sich, daß wir Ing.-Kadetten den 2. Platz schaffen und gibt uns dienstfrei.«

Der 2.6.1945 war für die technische Division des Kreuzers ein besonderer Tag. Nach beinahe acht Wochen sollten alle technischen Anlagen des Schiffes probeweise eingeschaltet und auf Funktion geprüft werden, eine umsichtige Vorsichtsmaßnahme. Darüber berichtet Wönne:

> »Motorenpersonal auf Station! Der Hilfskessel wird gezündet, das F-Werk 1 angefahren, der Hilfsmotor läuft, dann die Hauptmotoren. Dann Ausstellungen (Fehler bzw. Störungen) beseitigen.«

In den ersten Junitagen wurde die *Leipzig*-Besatzung auch mit der Tatsache konfrontiert, daß Deutschland künftig in vier Zonen aufgeteilt sein würde. Dazu der Verfasser:

> »Heute, 7.6.1945, wurde durch Rundfunk bekanntgegeben, wie weit die Russische Besatzungszone reicht. Von Lübeck aus nach Süden umfaßt sie Mecklenburg, Provinz Sachsen, Anhalt, Thüringen und Sachsen, also auch meine Heimat, das Vogtland. Und ich liege hier im «Schlunz» [Schiffslazarett], während meine Kameraden in der Freizeit am Bullauge vorbeisegeln!«

---

[3] Ministry of Defence (Foreign Documents Section), S590/1945, Schreiben von Office of Flag Officer Denmark, Vesterport Copenhagen vom 23. Mai 1945 No. 7/24 an Allied Navel Commander-in-Chief, Expeditionary Force. Admirality Whithall, London SW 1. Angeheftet der genannte »Report«.

[4] siehe Fußnote 4, Seite 139, ebenda S. 465 und 466.

Auszug aus dem Schiffslogbuch, Woche vom 9. bis 14. Juni 1945. (Klopp)

Unter dem 12.6.1945 findet sich im Schiffslogbuch der *Leipzig* folgender Eintrag:

»... Today, 12 th June the Kreuzer Leipzig has been taken in prize on behalf of The Admiralty.
[nicht lesbare Unterschrift]
Lieutnant Commander R.N.V.R.«

Am 13. Juni herrschte helle Aufregung an Bord. Auf dem Backbord längsseits liegenden Schlepper »Mercur« war Feuer ausgebrochen. Doch die Leckwehr des Kreuzers war schnell zur Stelle und konnte den Brand nach kurzer Zeit löschen und so ein Übergreifen auf das eigene Schiff verhindern. Am Nachmittag, so Wönne, »ist Ausmarsch der Steuerbordwache der Kadetten angesetzt mit »Anzug Weiß«!«
Am Donnerstag, dem 14.6., verlegte der Kreuzer seinen Lie-

geplatz. Die Eintragung im Schiffslogbuch lautete:

07.30 Schiff 30 m voraus verholt. Schlepper »Bruno Dreyer« 08.15 achtern, Schlepper »Mercur« mittschiffs zur Hilfeleistung längsseits.

So verging ein Tag nach dem anderen mit Maschinendienst am Vormittag und Divisionsdienst am Nachmittag. Dazwischen war Mittagessen. Wie es mit der Verpflegung an Bord bestellt war, notierte sich der Verfasser am 16.6.45.

»Noch ein Wort über unser Essen. Es ist den Umständen entsprechend, nämlich, daß wir ja Gefangene sind und Deutschland kapituliert hat. Gemessen an der Verpflegung während des Einsatzes in und um Gotenhafen ist sie ziemlich flau! Aber zu Hause haben sie sicher keine so gute und reichhaltige Nahrung auf dem Tisch. Wir bekommen noch immer kleine Zuschüsse von Land in Form von Eiern, Speck, Käse und Wurst.«

Da wurden am Abend oft noch mit »organisierten« Kartoffeln Kartoffelpuffer gebacken, mit selbstgemachten Reibeisen, Bratpfannen und elektrischen Kochern.

Der ehem. Kommandant erinnert sich,

> »...daß das Schiff unter britischer Bewachung stand. Es durfte niemand an Bord, vor allem durften keine Lebensmittel aufs Schiff gebracht werden. Diese Anordnung wurde dadurch umgangen, daß die zum Entleeren an Land gebrachten Abfalltonnen dort mit Eiern, Speck etc. gefüllt wurden und an der Bewachung vorbei an Bord kamen.«

Am Sonntag, dem 17. Juni, fanden gleich zwei »Kutter-Races« statt. Dazu der Verfasser:

> »Diesmal bin ich auch mit bei den Akteuren, allerdings im V-Boot... Als wir die Kutter zum 2. Race hinausschleppen wollen, werden wir von dänischen Freiheitskämpfern beschossen.«

Am 18. Juni 1945 wehte dann die Flagge »Q« vom Mast: Das Schiff stand unter Quarantäne aufgrund mehrerer Diphtherieerkrankungen. So entfielen vorerst Ausmärsche und Sport auf der Pier.

Beim morgendlichen Antreten an Oberdeck erfuhr die Besatzung am 19.6.1945, daß nach Beendigung der Quarantäne der größere Teil der Offiziere und Mannschaften, etwa 200 Mann (von 294), aussteigen würden. Der Verfasser:

> »Das ist die Entscheidung über unser weiteres Schicksal. Endlich hat die Langeweile ein Ende. Es geht also los in Richtung Heimat! Nun hat jeder plötzlich etwas zu tun. Alles will bedacht sein, was nehme ich mit, das Gepäck ist begrenzt. Aus dem Seesack wird ein provisorischer Rucksack genäht, die sogenannte Absetzhose ist ja schon fertig.« [Absetzhose wurde eine abgeschnittene weiße Arbeitshose getauft, die für den Marsch bei warmem Wetter gedacht war].

Wönne hielt fest:

> »Der D.O. teilt uns mit, daß wir am 29.6. in Richtung Flensburg marschieren werden. Wir bauen unsere Seesäcke um zu Rucksäcken. Am 22.6. wird es amtlich, ein Teil der Besatzung steigt aus. Doch ein Funkspruch aus Flensburg besagt, alles bleibt an Bord. Das Schiff wird nach Wilhelmshaven überführt.«[5]

---

[5] An Bord befanden sich damals 313 Offiziere, Unteroffiziere und Mannschaften, einschließlich 38 Kadetten (Ing.). Davon sollten 189 Mann das Schiff verlassen.

Die getroffenen Vorbereitungen schilderte der Verfasser wie folgt:

> »Wir müssen eine Liste unseres gesamten Kleider- und Ausrüstungsbestandes aufstellen, da uns alles als Eigentum zufallen soll. Auf diese Weise kann uns beim Grenzübertritt, wenn die Liste vom »Tommy« unterzeichnet ist, von den Dänen nichts abgenommen werden. Heute abend kam auch »Chinchulani«, ein von uns so getaufter Heeressanitäter, an Bord. Er versorgte uns mit allen guten und begehrten Fressalien. Sein Entgelt sind nur Tabak und Zigaretten. Ich habe mir heute ein Pfund Butter geleistet!«

Am Sonntag, dem 24. Juni, »zeigte sich die Marine wieder von ihrer unangenehmsten Seite«, notierte der Verfasser, nachdem der I.O. die Anfertigung der »Absetzhosen« als Beschädigung von Marineeigentum bezeichnet hatte, obwohl noch vor einigen Tagen erklärt wurde, alle zur Mitnahme vorgesehenen Sachen seien persönliches Eigentum.

An Bord wurden nun einige Veränderungen bezüglich der Wacheinteilung vorgenommen, um bei der vorgesehenen Überführung des Schiffes alle wichtigen Stationen richtig – beziehungsweise neu – zu besetzen und die durch das Landungskorps entstandenen Lücken aufzufüllen. Der Verfasser:

> »Heute ist es ein Jahr her, daß wir als Matrosen zur Marinekriegsschule nach Heiligenhafen einberufen wurden. So macht sich ein jeder seine Gedanken über die seitherige Entwicklung. ... Was hat sich in dieser Zeitspanne alles ereignet! Eine Welt, in der wir groß wurden, ist zusammengebrochen... Was wir vor einem Jahr noch erträumten, Fähnrich und Offizier zu werden, ist nur noch traurige Erinnerung... Vorwärts schauen, neue Ziele suchen.«

Am 28. Juni 1945 stand im L.I.-Tagesbefehl »Probeseeklar«. Nur ein Wort, aber was steckte darin? Wönne interpretierte es so: »Alle Anlagen, wie auch Maschinentelegrafen, Ruderanlage, Bordkran werden durchgefahren.«

Aus dem Schornstein des Kreuzers stieg plötzlich brauner, dunkler Rauch, der Hilfskessel hatte gezündet. Dann wurde die schwache Rauchfahne immer heller, bis sie die zwischen schwach-braun und weiß liegende richtige Farbe zeigte, die Verbrennung war einreguliert. Kurz darauf stiegen auch kleine Rauchfahnen vor dem Schornstein auf, der Auspuff des E-Werk-Diesels vom E-Werk III. Das Sorgenkind der E-Anlage lief. Dann plötzlich ein bekanntes Geräusch, die Hauptmotoren hatten den Betrieb aufgenommen. Aus den beiden Motorenschornsteinen »Max und Moritz« blubberten die Dieselabgase. Das »Probeseeklar« hatte geklappt! Trotzdem gab es für die technische Division noch Arbeit. Am Nachmittag fiel der Strom aus. Wönne:

>»...eine Dose ist in den Zylinderraum des Dieselmotors gefallen und der Jockel an Oberdeck (Hilfs-E-Werk) ist altersschwach, läuft zeitweise nur auf drei Zylindern. Beim Probeseeklar sprang der Stb.-Hilfsmotor erst beim siebten Anlaßvorgang an und lief dann nur mit 6 Zylindern.«

Den Zustand der Hauptmotorenanlage beschrieb der ehem. E.I., Oberleutnant (Ing.) Schmolke:

>»... Von den vier Marschmotoren waren am Anfang drei, während der Überfahrt nur noch zwei betriebsklar. Geschwindigkeit 7 sm.«

Auch der folgende Tag galt den Vorbereitungen zur Überführungsfahrt. Rollendienst war angesetzt. Der Schiffssicherungsoffizier (S.O.) äußerte: »Es wird wohl das letzte Mal sein, daß wir bei der Kriegsmarine Rollenexerzieren haben«. Anschließend trat die Besatzung auf der Schanz des Schiffes an. Der I.O. teilte mit, daß »...morgen, Sonnabend den 30. Juni 1945 5.00 Uhr »Seeklar«

ist«. Der Verfasser:

>»...auf nach Wilhelmshaven. Am Nachmittag ist die große Stunde für uns Bootgasten. Pünktlich um 14.00 Uhr, trotz Regen, waren wir mit den Beibooten »Klar zum Einsetzen«. Die Boote wurden in nachstehender Reihenfolge eingesetzt (an Bord genommen), Pinaß, drei Kutter, Dingi und Verkehrsboot (V-Boot). Bis 16.00 Uhr dauerte das Einsetzmanöver, bei dem die gesamte Besatzung Zuschauer war. Die Beiboote wurden bis auf das Verkehrsboot festgezurrt, das V-Boot bleibt »Klar zum Aussetzen«. Um 17.00 Uhr kamen dann Frauen und Kinder, Flüchtlinge und Frauen von Besatzungsangehörigen an Bord, auch die Frau unseres Kommandanten.«

Gleichzeitig lief die Proviantübernahme und – die *Leipzig* erhielt die Verschlüsse der Mittelartilleriegeschütze und der 8,8 cm Flak zurück! (Lt. Aufzeichnung des Schiffsadjutanten, Leutnant zur See Klopp, »waren die Geschützverschlüsse der Türme sicher in den Türmen gelagert.«)

Auch der Tagesdienstplan für den kommenden Tag, den 30.6.1945, wurde wie folgt bekanntgegeben:

3.30 Uhr Wecken

4.30 Uhr Klar zum Manöver, Seeklar

5.00 Uhr Auslaufen.

Zurück in die Heimat –
Überführung nach Wilhelmshaven

Am Sonnabend, dem 30. Juni 1945, verließ der Leichte Kreuzer *Leipzig* ohne Flagge und Wimpel den Hafen von Apenrade mit Fahrtziel Wilhelmshaven, gemäß britischem Befehl.

Dieses Ereignis ist in den Logbüchern des Verfassers und seines Crewkameraden Wönne in allen Einzelheiten festgehalten und kann hier nur auszugsweise wiedergegeben werden.

Notiz Wönne:

> »Wecken um 3.30 Uhr. 4.30 Uhr klar zum Manöver! 1. Division auf der Back, 2. Division auf der Schanz antreten. 5.00 Leinen los! Bei uns [Maschinenpersonal] aber geht es so: Um 2.30 Uhr E-Kompaß anstellen, um 3.00 Uhr MES (Mineneigenschutz) und Hilfskessel, um 4.30 Uhr Hilfsmotor und E-Werk 3 und dann um 4.45 Uhr die Hauptmotoren anstellen. Ein Schlepper zieht uns langsam frei, Mädels stehen am Ufer und winken.«

Notiz Schultz:

> »Seit Gotenhafen sind wir nicht mehr so früh aufgestanden... Pünktlich 05.00 Uhr verließen wir das»Land wo Milch und Honig fließt«. Aber wie sah es an Land aus? Die ganze Pier stand voller Frauen und Mädchen – so beliebt war die *Leipzig*-Besatzung. Draußen auf Reede erwartete uns das Geleit. Es sind fünf moderne M-Boote mit Kohlenstaubfeuerung. Kriegsmarschverschlußzustand wird hergestellt«.

An Bord befanden sich neben der Besatzung und einigen Flüchtlingen auch ein Offizier der Royal Navy und zwei dänische Offiziere. Auf der ersten Fahrtetappe bis Kiel war die *Leipzig* nicht allein. Voraus liefen die M-Boote mit ausgebrachtem Räumgerät, dahinter der Leichte Kreuzer, gefolgt von den beiden Schleppern »Bruno Dreyer« und »Mercur«. Die Besatzung war auf ihren Kriegswachstationen. Der Verfasser z.B. beim Feuerlöschtrupp in Abtlg. XII, später als Wache in Kesselraum 2 und während der Freiwache in der Rollenschreibstube. Kurzzeitig fiel gegen 11.00 Uhr das E-Werk 3 aus. Während der Fahrt wurde das Schiff von einem englischen Flugzeug, einer Beaufighter, umkreist. Deutsche Räumboote überholten das langsame *Leipzig*-Geleit. Der Verfasser:

> »Ein englisches Geleit begegnet uns, frech und siegreich flattert der Union-Jack! ...plötzlich taucht an Backbord voraus ein »hohes Etwas« aus dem Dunst auf. Dahinter Masten, Schornsteine! Laboe, Laboe, Laboe in Sicht, der Seemann...! Wir hatten die Kieler Förde erreicht. Der Lotse kommt an Bord und das Schiff läuft ohne Ehrenbezeigung am Ehrenmal vorbei!«

Kadett Wönne vertraute seinem Logbuch an:

> »... Wir müssen von Oberdeck verschwinden. Durchs Bullauge (verboten) sehen wir ein Kriegsschiff, die *Emden*, völlig von Bomben zerschlagen. (Heikendorfer Bucht). Dann zwei Segelschulschiffe, die *Horst Wessel* und die *Albert Leo Schlageter*, vor Anker. Auch einige Dampfer, die damals mit in unserem Geleit fuhren, sind hier. In der Ferne ist der »Lange Heinrich«, der große Schwimmkran aus Gotenhafen, zu erkennen.«

Willi Schultz:

> »In der Kieler Förde liegen aber noch viel mehr Schiffe, darunter «Togo«, »Antonio Delfino«, »New York« und »Monte Rosa«....überall zeigt der Krieg sein Gesicht. Vor der Einfahrt Holtenauer Schleuse ankern wir.«

Im Schiffsbuch der *Leipzig* ist zu lesen:

> 30.6.34 17.31 Uhr vor Holtenau geankert. Englische Wache in Stärke von 15 Mann an Bord (Royal Artillery).

Sonntag, 1. Juli 1945, Schiffsort Kiel-Holtenau, steht im Logbuch[1] der *Leipzig*. Kadett Wönne beschrieb den Tagesbeginn:

---

1 Die Logbuchaufzeichnungen des Kreuzers *Leipzig* vom 4.5. bis 22.7.1945 befinden sich im Besitz von Herrn Fkpt. a.D. Klopp, der die erwähnten Kopien zur Verfügung stellte.

Kiel, 2. Juli 1945. Nachdem eine britische Kommission die Fahrfähigkeit der *Leipzig* zur Überführung nach Wilhelmshafen bescheinigt hatte, lief sie mit eigener Kraft von Apenrade nach Kiel. Diese Aufnahme zeigt das mit Holzbohlen behelfsmäßig abgedeckte Leck vom 15. Oktober 1944.

»Am Seefallreep lebhafter Verkehr!

Engländer kommen und gehen. Ein englischer Admiral braust heran und schimpft. Es wurde von uns nicht «Front gepfiffen«, wie es nach letzten Anweisungen zu tun wäre... Unsere beiden Schlepper legen ab und fahren zur Pier. Der »Mercur« soll hier bleiben, der »Bruno Dreyer« fährt mit uns nach Wilhelmhaven.«

Kadett Willi Schultz:

»Heute Gelegenheit, die Umgebung mit bloßem Auge und Fernglas anzusehen. An Backbord, ganz links, die Werft Deutsche Werke, rechts die Werft Krupp-Germania. Im Hintergrund das Kieler Rathaus und die schwer heimgesuchte und zerstörte Stadt. Davon ist hier in Holtenau wenig zu sehen. Die meisten Häuser sind unbeschädigt.

Obwohl Sonntag, so herrscht doch reger Verkehr auf dem Wasser. Wir übernehmen zunächst Öl. Vollgelutscht bis zur Halskrause können wir morgen die Weiterfahrt beginnen. Gegen Mittag lief das große Elektro-Motorschiff »Patria« ein (15.000 BRT). Ein herrlicher Anblick, aber am Mast die britische Flagge und der Stander »C«. [Die Kapitulationsflagge mußten alle deutschen Schiffe führen]. Es wird bekanntgegeben, daß die Lasten [Vorratsräume], die Kantinenwaren und andere leckere Sachen enthalten, nicht mehr geöffnet werden dürfen. In der Freizeit am Nachmittag ein erneuter »Hafenrundblick«. Ich entdecke den Schweren Kreuzer

Admiral Hipper, der gesunken ist, dann sehe ich zwei U-Boot-Bunker. Das Lazarettschiff in unserer Nähe entpuppt sich als der ehem. KDF-Dampfer »Der Deutsche«. Bei uns längsseits liegt der Frachtdampfer »Kurland«. Beide sahen wir auch in Gotenhafen. Am Abend wird bekanntgegeben, daß morgen Paradeaufstellung zur Vorbeifahrt eines englischen Admirals angesetzt ist!«

Das Logbuch des Kreuzers enthält folgende Aufzeichnung:[2]

Montag, 2. Juli 1945   Holtenau-Reede

03.45	S-Boote an B.B. und St.B. Seite abgelegt.
04.30	Ankerlaternen gelöscht.
06.00	Wecken.
07.30	Reinschiff.
08.50	
09.30	Front vor dem englischen Admiral.
11.00	
13.30	Zeugdienst.
15.00	
22.00	Ankerlaternen gesetzt.

---

[2] ebenda

Am 2. Juli 1945 lag der Kreuzer *Leipzig* vor der Schleuse Kiel-Holtenau vor Anker. Hier mußten Schiff und Besatzung samt britischer Wachmannschaft einem Admiral der Royal Navy die üblichen Ehrenbezeigungen erweisen, nachdem diese beim Einlaufen in Kiel unterblieben waren.

Über das Ereignis »Front vor dem englischen Admiral« hier die zusammengefaßten Logbuchnotizen von Wönne und Schultz:

> »... 09.00 Uhr, Besatzung an Oberdeck angetreten in Paradeaufstellung im »Anzug Blau, Ex-Kragen und seidenes Tuch«. Unsere Division (Technische Division) steht auf der Schanz. Es dauert lange, bis

der »hohe Herr«, ein englischer Admiral, endlich kommt. Vor ihm erscheint zuerst ein englisches Kriegsschiff mit Namen *Saphir*...Es ist das erste englische Kriegsschiff, das ich zu Gesicht bekomme. Es macht einen sehr guten, sauberen Eindruck. Die Besatzung steht an Deck in Passierstellung. Komisch wirkt die Uniform, vor allem der »hohe Hut« und die weiße Hemdenbrust. Dann erscheint auch der Admiral in einem Beiboot, vermutlich eine Pinass. Er umrundet

'SALUTE' WAS THE ORDER

The German cruiser Leipzig, at anchor in Kiel, ignored Rear - Admiral Baillie-Graham's barge when it passed flying the Admiral's flag.

So the Admiral, who is in command at Kiel, ordered the Leipzig's captain to fall in his crew next morning and pay proper respect.

At 10 a.m. he sailed past in his barge (picture on left).

This time his flag was not ignored, for all the cruiser's crew lined the deck (above) while her captain gave a salute.

Auszug aus einer britischen Truppenzeitung, vermutlich vom 3. Juli 1945, in der über die erzwungenen Ehrenbezeigungen des Kreuzers *Leipzig* in Kiel berichtet wurde. (Kramer)

unser Schiff und so gibt es mehrmals »Front nach Steuerbord« und »Front nach Backbord«. Auch unsere englische Wache ist mit angetreten und erweist ihre Ehrenbezeigung mit Gewehr!«[3]

Der damalige *Leipzig*-Kommandant:

»... Wir liefen ohne Flagge in Kiel ein und ankerten weisungsgemäß vor der Schleuse Holtenau. Ein normaler Vorgang. Kurze Zeit später wurde ich von bewaffneten Engländern von Bord geholt zum Rapport bei einem Admiral der Royal Navy (Rear-Admiral Baillie-Graham). Dort erfuhr ich den Grund für diesen außergewöhnlichen Vorgang. Angeblich hätten Schiff und Besatzung keine Ehrenbezeigung gegenüber dem in Kiel befindlichen Admiral gemacht. Ich stellte mich völlig ahnungslos. Weiter möchte ich mich heute zu diesem Vorgang nicht äußern. Jedenfalls hätte ich in gleicher Position einen solchen Tanz nicht veranstaltet, wie der englische Admiral am nächsten Tag.«

Kadett Wönne notierte seinerzeit:

»... Ich habe Wache mit Maat Hartmann... Wir betreuen auch die

[3] Auf einem Foto, das der Verfasser nach fast 50 Jahren vom Imperial War Museum in London erhielt, ist dieser Augenblick festgehalten (siehe Seite 149). Außerdem stellte Herr Reinhard Kramer einen Zeitungsausriß aus einer (vermutlich) englischen Truppenzeitung zur Verfügung. Erscheinungsdatum nicht bekannt, vermutlich 3. Juli 1945.

achtere Kreiselanlage im Stb. Getrieberaum. Zeugdienst, da auf Befehl des englischen Admirals bei uns an Deck und in der Freizeit nur »1. Garnitur« zu tragen ist. Morgen soll »Seeklar« sein.«

Das Schiffbuch der LE vermerkte unter »Wichtige Vorkommnisse«:[4]

30.6.45 17.31 Uhr vor Holtenau geankert. Englische Wache in Stärke von 15 Mann an Bord.
2.7.45 09.30-11.00 Uhr Div. auf Musterungsplätzen angetreten. N.O.I.C. Kiel umfährt das Schiff
3.7.34 14.00 Uhr Seeklar. Fahrt nach Wilhelmshaven.
3.7.34 13.48 Uhr Engl. Kriegsflagge gesetzt.

Für Dienstag, den 3. Juli 1945, lautete der Dienstplan der technischen Division:
6.00 Uhr Wecken
8.00 Uhr Maschinendienst
11.00 Uhr Zeugdienst
14.00 Uhr Seeklar.

Ein normaler Tagesdienstplan am Vormittag, nach dem Essen aber wurden alle Vorbereitungen für die Weiterfahrt Richtung Wilhelmshaven getroffen. Um 13.48 wurde die englische Kriegsflagge gesetzt. Nach Aufnehmen des Backbordankers bugsierte der Schlepper »Mariensiel« die *Leipzig* in die Schleusenkammer. Willi Schultz:

»... Zum ersten Mal erlebe ich das Schleusenmanöver. Das fördeseitige Schleusentor ist weit geöffnet, und wir werden hineinbugsiert. Dann schließt sich das Schleusentor, und nach einiger Zeit öffnet das kanalseitige Schleusentor. Der Weg durch den K-W-Kanal (Kaiser-Wilhelm-Kanal) ist frei. Mit uns wurden einige Kleinfahrzeuge durchgeschleust.«

Nach Aufzeichnungen von Wönne waren es: »Ein Fährprahm, zwei S-Boote (Schnellboote), auf einem der Eichenlaubträger Kkpt. Christiansen.«

Nun begann die Kanalfahrt. Zuerst passierte *Leipzig* das Lazarettschiff »Monte Rosa«, begleitet von Jubelrufen und Winken und fuhr dann mit ca. 5 Knoten Geschwindigkeit durch deutsches Land. »Hier winken die Menschen doch anders als in Dänemark«, schrieb Wönne in sein Logbuch, »...bis auf die Wachen ist die gesamte Besatzung an Oberdeck.«

[4] siehe Fußnote 1, Seite 132

Nach Passieren der Rendsburger Hochbrücke kam die Kolonialschule in Sicht. »Früher erwarteten hier immer deutsche Mädels die Schiffe und Matrosen, doch heute die Tommys«, schrieb der Verfasser, »doch eine kleine Überraschung erleben wir doch noch, als uns eine Schar Mädchen hinter Rendsburg vom Kanalufer aus zuruft und winkt. Dann wird es Nacht!«

In Brunsbüttel erneut »Schleusenmanöver« und Festmachen innerhalb der Schleusenkammer zur Wasserübernahme. Inzwischen war es schon Mittwoch, 4. Juli 1945, 07.00 Uhr. Um 09.00 Uhr öffnete sich das elbseitige Schleusentor. Die *Leipzig* fuhr in das Elbfahrwasser ein und ankerte um 09.57 Uhr auf Brunsbüttel-Reede. »Die Fahrt kann wegen Wetterlage nicht fortgesetzt werden« ist im Schiffbuch zu lesen.

Der Verfasser notierte: »Es wird von Warten auf Sperrbrecher und Minengeleit gemunkelt, aber auch von Windstärke 8-9 und Seegang 5 in der Nordsee.«

Auszug aus dem Schiffbuch; Eintrag vom Donnerstag, dem 5. Juli 1945:[5]

> 13.00 Uhr Seeklar.
> 14.10 Uhr Altenbruch-Reede geankert. Fahrt kann wegen Wetterlage nicht fortgesetzt werden.

Den weiteren Verlauf des Tages hielt der Verfasser fest:

> »Ich bin auf meiner Station V-Boot. Plötzlich ertönt der Pfiff «Das V-Boot klar»! Wir sollen nach Cuxhaven fahren. Mit dem Bootskran werden wir ausgesetzt. Der Seegang drückt unser Boot immer wieder gegen die Bordwand. Endlich sind die Tommys eingestiegen, und wir nehmen Kurs auf Cuxhaven. Nach einer halben Stunde Fahrt erreichen wir unser Ziel. Im Hafen liegen eine Menge britische Minensuchboote und Korvetten. Wir übernehmen Proviant für unsere Wachmannschaft, eine längere Prozedur. Als wir zum Schiff zurückkehren, hatte die *Leipzig* schon den Anker gehievt. Die Tommys gehen an Bord, und wir werden mit dem Boot vom Kran aufgepickt.«

An Bord der *Leipzig* war gegen 12.30 Uhr Seeklar, und nach 13.00 Uhr nahm das Schiff Fahrt auf Richtung Nordsee. Wönne hatte Wache im K 2:

> »Unheimlich donnert das Wasser gegen das Schott. Als ich abgelöst werde, ist Neuwerk und Scharhörn noch in Sicht. Dann ist nur noch

Wasser um uns. Zwei Schlepper folgen uns im Kielwasser. Mit Wind, Strom und unseren Motoren laufen wir 11 Knoten. Das E-Werk 3 fällt aus, die Brenner im Hilfskessel stehen, Feuer aus. Auch das E-Werk 1 macht nicht mehr mit. Aber jetzt ist das ja nicht mehr so schlimm, wir haben Zeit. Bald geht es weiter, gegen 18.00 Uhr ist Helgoland auszumachen. Gegen 22.00 Uhr passieren wir Wangerooge, Schillig. Hornumersiel ist gut zu erkennen, weil wir dicht an den roten Tonnen [Fahrwassertonnen] sind. Das Schiff hat plötzlich eine Ölspur, eine Zelle leckt im Heizölübernahmeraum. Meine Sicherheitsgruppe erhält vom L.I. eine »Zigarre«. Er vermißt auch den Posten vorn, den ich nicht aufgestellt hatte, da ja Seewache ging. Die Zelle wurde umgepumpt.

00.30 Uhr »Fallen Anker« vor Wilhelmshaven. (7.7.1945)«

Auszüge aus dem Schiffslogbuch vom 7. Juli 1945:[6]

> 00.01   Tonne V passiert
> 00.21   Fallen Anker. Mit B.B. Anker 80 m Kette auf 14 m Wasser. 53° 33,6'N 8° 12,1'O
> 05.55   Hafenlotse an Bord.
> 11.00   Anker kurz Stag hieven.
> 11.24   Anker hieven.
> 11.26   Anker aus dem Wasser. Es folgen weitere Fahrtmanöver.
> 12.17   Maschine stopp.
> 12.22   Schiff hat in der Nordschleuse der III. Einfahrt festgemacht.
> 12.30   2 Lotsen von Bord (weitere Einzelheiten siehe Seite...)

Über die Ereignisse des 7. Juli 1945 notierte Kadett Wönne:

> »Ich bin gerade im Bugspillraum, als es angestellt wird (Anker auf). Wie von Geisterhand werden Kräfte freigegeben und drehen die Räder. Unheimlich scheint der Ölverbrauch an der Schnecke. Die Ampèremeter zucken bis zur Marke 200! Wir laufen ein in die Schleuse, es darf niemand an Oberdeck. Die Besatzung des *Prinz Eugen* soll provoziert haben!... Wir passieren die große Drehbrücke. Am Ufer verheerende Bombeneinschläge (Krater). An Steuerbord das U-Boot-Begleitschiff *Saar* und fünf Zerstörer, an Backbord der Kreuzer *Nürnberg*, er pfeift friedensmäßig Front! Ein Schlepper zieht, doch unsere Schraube dreht mit. An Steuerbord ein großes Hafenbecken. Wir drehen und legen dort an.«

Nach den Aufzeichnungen des Verfassers vom gleichen Tage

> »...bot sich den Augen ein Bild der Zerstörung. Alle Hafengebäude waren größtenteils zerstört... Die *Nürnberg* lag beim Passagierschiff «Monte Pascoal» längsseits. Um 14.00 Uhr machten wir dann fest...«

---

[5] siehe Fußnote 1, Seite 132

[6] siehe Fußnote 1, Seite 147

Damit war der Leichte Kreuzer *Leipzig* an den Ausgangspunkt seines Marinedaseins zurückgekehrt. Hier, auf der Marinewerft Wilhelmshaven, wurde das Schiff als Bau-Nr. 117 begonnen, hier lief es am 18.10.1929 vom Stapel, hier wurde es am 8.10.1931 in Dienst gestellt.

Für die Besatzung sollte dies die »letzte Seefahrt« während der Kriegsmarine-Dienstzeit gewesen sein. »Was wird uns jetzt blühen?« fragte sich der Verfasser damals.

Die Antwort gibt das Logbuch des Schiffes. Es folgt ein Auszug vom Sonnabend, dem 7. Juli 1945:[7]

17.00	Alle Mann achteraus. Ansprache des Seekommandanten von Ostfriesland Kont. Admiral Weyer. [Weyher, d. Verf.]
17.10	Seekommandant Ostfriesland Kont. Admiral Weyer an Bord
17.30	
17.45	1 engl. Kaptlt. und 2 dänische Leutnants, sowie englisches Bewachungskommando von Bord. Englische Kriegsflagge niedergeholt und international »C« als Doppelstander gehißt. [»C« für Kapitulation an der Rahe gesetzt, d. Verf.]

Den Besuch des Seekommandanten kommentierte der Verfasser wie folgt:

»In seinen Worten sprach er nur von Unterwürfigkeit und Disziplin gegenüber den Alliierten. Seine Uniform glich der eines »Stenz und Tätowierers«.

Crewkamerad Wönne ergänzte:

»Er will nicht die Achtung und Ehre des deutschen Seemannes angreifen, doch die Bedingungen der Engländer müssen erfüllt werden, und er verlangt Disziplin. Ich habe gemischte Gefühle!«

8. Juli 1945, erster Sonntag in Wilhelmshaven. An Bord »Reinschiff«, anschließend Musterung in den Divisionen. Willi Schultz:

»Es geht schlimmer zu als in der Rekrutenkompanie...Der I.O. gibt Verhaltensregeln. Wir (Kadetten) müßten umschalten. Er müßte nicht umschalten, er wäre immer gegen den NS-Staat gewesen.«

Wönne notierte noch:

»Er redet von Sabotage durch Außenbordswerfen von Fotoapparaten. Diese sollten dem Engländer abgeliefert werden. Kadett (Ing.) Hammer erhält acht Tage verschärften Arrest, weil er die Linsen aus seinem Fotoapparat entfernte. Alkoholverbot für die Mannschaft.«

---

[7] ebenda

Jemand ruft »runter vom Podium!«, doch dies brachte für 30 Umstehende eine Ausgangssperre. Wir verstehen diesen Offizier nicht.«

Die folgenden Tage vergingen mit normalem Bordbetrieb, also Reinschiff, Maschinendienst (Konservierungsarbeiten), Unterricht, Ausmarsch, Sport und Landgang. Auch Wehrsold wurde ausbezahlt und zwar rückwirkend vom 1.6.1945. Die Bordverpflegung wurde bereichert durch »Sonderzuteilungen« aus Bordbeständen. Es gab Schokolade, Dextro-Energen, Zwieback und Zigaretten. Am 11. Juli wurden alle Besatzungsmitglieder unter 19 Jahren erfaßt, zonenweise, zum Zwecke der späteren Entlassung.

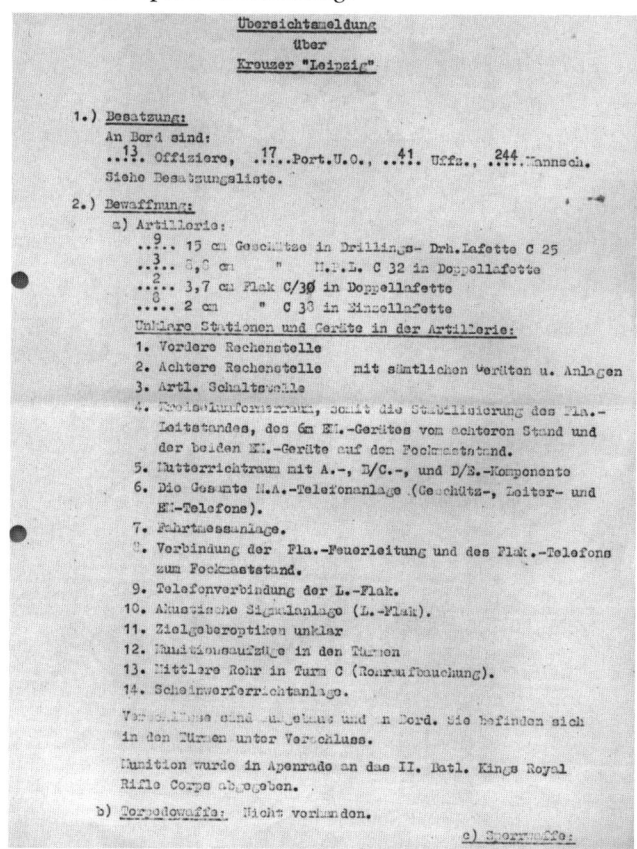

Übersichtsmeldung über Kreuzer *Leipzig*, die in deutscher und englischer Sprache vom Office of Naval Officer-in-Charge gemeinsam mit Offizieren der *Leipzig* am 11. Juli 1945 in Wilhelmshaven erstellt wurde. Die »englische« Ausgabe ist Teil des Schreibens No. 78/918 des FLAG OFFICER, WESTERN GERMANY vom 20. Juli 1945 an den Secretary of the Admirality. (Ministry of Defence)

Am 11. Juli wurde an Bord eine »Übersichtsmeldung« verfaßt, die den Zustand von Schiff und Besatzung darlegte. Die Titelseite dieser Meldung ist auf Seite 152 abgebildet.

Der 12. Juli, ein Donnerstag, brachte für die V-Boot-Gasten – und damit auch für den Verfasser – eine neue Aufgabe. Im Logbuch Schultz ist zu lesen:

> »... Der Läufer «Deck« kommt und meldet »Kadett Schultz zum V-Boot«, dort erfahre ich, daß sich das Verkehrsboot der *Leipzig* sofort auf der *Royal Rupert* (ehem. Tender *Weichsel)* beim Boat Officer melden soll. Ich würde auch als Dolmetscher gebraucht. Unsere Aufgabe war der Transport britischer Inspektoren zu den verschiedenen, im Hafen liegenden Schiffen. So kam ich u.a. an Bord der *Nürnberg* und des Zerstörers *Erich Steinbrinck*. Dort traf ich überraschend auf meinen Kompaniechef aus der Rekrutenkompanie in Heiligenhafen, Kptlt. (Ing.) Lückert. Auch der »Njassa«, als Admiralsschiff genutzt, statten wir einen Besuch ab. Am nächsten Tag mußten wir uns auf dem englischen Boot *ML 10* melden und wurden dort zu Vermessungsfahrten im Hafengebiet eingeteilt. Der Kommandant, ein Fregattenkapitän, sagte, wir sollten etwa eine Woche lang Vermessungs- und Lotungsaufgaben unter Aufsicht ausführen. Dazu mußten wir ein britisches Echolot und auch zusätzliche 12-Volt-Batterien behelfsmäßig installieren. So ausgerüstet fuhr das *Leipzig*-V-Boot jetzt täglich im Hafengebiet seine vorgegebenen Meßkurse. Wir kamen dabei auch in die Raederschleuse und in die Nähe des Liegeplatzes von *Prinz Eugen*. So vergingen die Tage, von morgens 8.00 bis 12.00 Uhr und von 13.30 bis 17.00 Uhr. Wir arbeiteten jeden Tag außer sonntags. Unsere »Engländer« versorgten uns mit »Navycut« und Dosenfleisch! Am 17. Juli endeten die Vermessungsfahrten des *Leipzig*-Verkehrsbootes.«

An Bord des Kreuzers ereignete sich zwischenzeitlich wenig, lediglich der Abmarsch der österreichischen Kadetten, die vorher noch zu Fähnrichen ernannt worden waren, löste Unruhe, Freude und Hoffnung aus. Das Wort »Entlassung« war in aller Munde. Doch vorerst nahm der Marinedienstbetrieb in gewohnter Weise seinen Fortgang. Überraschend kehrten die »Österreicher« zurück, das Lager sei hoffnungslos überfüllt! So hatten sie Gelegenheit, am Abschiedsessen des 18. Juli 1945 teilzunehmen.

Die Eindrücke eines Landganges am 19. Juli beschrieb der Verfasser wie folgt:

> »Heute will ich mir Wilhelmshaven ansehen. Mit der Fähre werden wir übergesetzt, der Tommy kontrolliert die Ausweise. In der Stadt ist viel zerstört. Es ist heiß, und wir suchen und finden ein Eiskaffee und bekommen auch deutsches Eis. Aber welch ein Unterschied zum dänischen Is! Der Stadtkern bietet einen erbarmungswürdigen Anblick, überall Schuttberge, Trümmer. Ein Bewohner sagt, daß die Besatzungsbehörden schon viel geschaffen und erreicht hätten.«

Am 20. Juli mußte die Besatzung in den Wohndecks antreten. Das war neu. In der Fähnrichsmesse war eingebrochen worden, es fehlten dort hinterlegte persönliche Sachen der abkommandierten Offiziere und Fähnriche. Eine gründliche Spindmusterung war die Folge. Offizierseigentum wurde nicht gefunden, dafür andere Dinge. Wolfgang Wönne: »Auf Befehl des I.O. wird uns alles Überzählige abgenommen, auch wenn es gekauft oder geschenkt war. Ob er dies den Engländern vormachen will?«

Am 21. Juli kam dann die lange erwartete, nun aber doch überraschende Nachricht »Besatzung verläßt das Schiff und geht in ein Lager«! Willi Schultz:

> »Am Montagmorgen ist es soweit. Also nur noch zwei Nächte an Bord. Nach dem Mittagessen wird vorsorglich gepackt. Alles geht in meinen kleinen Tornister. Allerdings fehlen noch einige zum Mitnehmen erlaubte Sachen, vor allem die zwei Oberhemden, die sind noch an Land beim Schneider.«

Montag, 23. Juli 1945. Die letzte Nacht an Bord der *Leipzig* war für den größten Teil der Besatzung vorüber, für viele die letzte Nacht in einer Hängematte. Gegen 9.00 Uhr fuhr ein Lastwagen vor das Schiff und übernahm das Gepäck. Zum letzten Mal wurde angetreten. Kommandant und I.I. verabschiedeten sich mit guten Wünschen für die Zukunft. Wönne erinnert sich:

> »Wir gehen von Bord. Von den Kadetten bleiben Wiese, Müller und Grunert an Bord... Mit 250 Mann marschieren wir durch die Stadt ins Lager (Epkeriege). Es heißt, hier sind nur besondere Verbände, wir kommen vorerst nicht wieder raus. Stubenweise Einteilung.«

Der damalige Kommandant, Korvettenkapitän a.D. Walter Bach, äußerte sich gegenüber dem Autor zur Zeit in Wilhelmshaven bis zur Abkommandierung des größten Teils der Besatzung am 23. Juli 1945:

> »Beim Einlaufen in Wilhelmshaven wurde uns als Liegeplatz ein Kai gegenüber der U-Boot-Kaserne zugewiesen. Die Besatzung wurde Ende Juli (23.7.) weiter reduziert, nachdem vorher schon die »Österreicher« das Schiff verlassen hatten. Zuerst kamen Be-

153

satzungsangehörige der Britischen Zone und danach der Amerikanischen Zone von Bord und in ein Auffang- bzw. Entlassungslager. An Bord verblieb eine Restmannschaft von etwas mehr als 80 Offizieren, Unteroffizieren und Mannschaften, darunter vor allem Besatzungsangehörige aus der Sowjetischen Zone. Dieses Personal war für Konservierungsarbeiten auf dem Schiff vorgesehen.«

Wie der damalige Schiffsadjutant und Leutnant zur See Klopp dem Verfasser schrieb, »wurde ab 23.7.1945 in Wilhelmshaven kein Logbuch mehr geführt!«

Am 25. Juli 1945 zog die sogenannte *Leipzig*-Besatzung ins Lager »Jachmann-Graf Spee« in der Jachmannkaserne und wurde dort unter die schon auf die Entlassung wartenden anderen Marineangehörigen aufgeteilt.

So endete die Dienstzeit auf der *Leipzig,* dem einzigen Leichten Kreuzer, der in der Danziger Bucht kämpfte, für den überwiegenden Teil der Besatzung und die Ingenieur-Kadetten.

Jetzt begann der teilweise lange Marsch durch die Entlassungsinstanzen, durch zahlreiche Lager, zurück in die Heimat.

Das Ende des
Leichten Kreuzers *Leipzig*

N ach dem Abmarsch des größten Teils der Besatzung wurde es ruhig auf der *Leipzig*. Die an Bord verbliebene Restbesatzung hatte nach Weisung der alliierten Behörden, vertreten durch den N.O.i.C., Instandhaltungs- und Konservierungsarbeiten an Schiff, Maschinen, Waffen, Geräten und Einrichtungen durchzuführen. Die Weisungen erhielt die Schiffsführung, der Kommandant befand sich an Bord, vom immer noch amtierenden Seekommandanten Ostfriesland, Konteradmiral Kurt Weyher.[1]

Die *Leipzig* lag noch immer im Scheerhafen, nahe der Grodenfähre. Die Restbesatzung konnte sich im Hafengebiet frei bewegen, die Zugänge aber wurden von britischem Militär streng bewacht. Für Landgang nach Wilhelmshaven war ein »Permit« erforderlich.

Nach den Erinnerungen des Schiffsadjutanten

> »...verlegte das Schiff im September/Oktober 1945 etwa eine Schiffslänge westlich in Richtung Navigationsgebäude, um Platz für einen britischen Zerstörer zu schaffen. Im Dezember (1945), nachdem am 16.12. (Sonntag) die Besatzungen aller Schiffe und Boote von Bord geholt worden waren, wurde das Schiff von der RN (Royal Navy) in den »Großen Hafen« verholt und dort längsseits der am Fliegerdeich liegenden, fast völlig ausgebrannten »Monte Pascoal« (13.870 BRT, Hamburg-Südamerikanische Dampfschiffahrtsgesellschaft) festgemacht«

---

[1] Weyher, Kurt, geb. 30.8.1901, in Graudenz. Crew 18. 1939 Kmdt. Segelschulschiff *Horst Wessel*, 12.1939 bis 10.1941 Kmdt. Hilfskreuzer *Orion*, 1.4.1940 Fkpt.. Am 21.8.1941 Ritterkreuz. 11.1941 bis 1.1944 1. Asto beim Admiral Ägäis, dann beim Gruppenkommando Süd. 1.6.1942 Kpt.z.S. 1.1944 bis 6.1944 Chef der 10. Sicherungsdivision und gleichzeitig Chef des deutschen Marinekommandos Konstanza, Geleitchef Schwarzes Meer und deutscher Chef des Stabes der rumänischen Marine. 6.1944 bis 10.1944 Seekommandant Kreta, dann Seekommandant Ostfriesland bis Kriegsende. 1.1.1945 KAdm.

Kommandant Walter Bach:

> »In Wilhelmshaven mußten wir auch unser Bordinventar »auf Vordermann« bringen. Ich erinnere mich, daß wir deshalb für jeden Abkommandierten eine Garnitur Bettzeug als »empfangen« eintrugen, weil sich Teile der Besatzung aus dem blau-weiß karierten Bettzeug Oberhemden anfertigen ließen oder es als Tauschobjekte verwendeten. Eine amtliche Auflösung des »Kommandos Kreuzer *Leipzig*« erfolgte insofern, als am 3. Adventssonntag 1945, es war der 16. Dezember, das Schiff auf alliierten Befehl, wie es hieß, vorübergehend geräumt werden mußte. Das Schiff wurde von einer alliierten Kommission besichtigt. Danach wurde uns das Betreten des Schiffes untersagt, angeblich wegen gefundener Führerbilder und Pistolen! Diese Erfahrung war für uns restliche *Leipzig*-Fahrer bitter. Vor allem deshalb, weil wir so keinen Zugriff mehr zu unseren sorgsam gehüteten Kantinenwaren hatten, die wir wegen des bevorstehenden Weihnachtsfestes in der Kantinenlast angesammelt hatten. Ich monierte bei Konteradmiral Weyher und wollte so die Erlaubnis zum Abholen der Vorräte erwirken. Es war vergebens. Daraufhin umgingen wir das Verbot dadurch, daß wir in »Arbeitskommandos«, die vom Lager Epkeriege aus zu verschiedenen Arbeiten an Bord der *Leipzig* eingeteilt wurden, unsere eigenen Leute einschleusten. So gelang es uns, die Kantinenwaren für die Weihnachtsfeier von Bord zu bringen.

> Die Weihnachtsfeier war in einer Bauernscheune in Ostfriesland geplant. Dorthin wurden unsere Schätze mit »organisierten« LKWs gebracht, auch die inzwischen gebackenen Christstollen... Als die letzte Fuhre mit mir, dem Schiffsarzt und dem L.I. an dem Bauernschuppen eintraf, machte man uns die traurige Mitteilung, daß der größte Teil der Kantinenwaren, vor allem die Seesäcke mit Zigarren und Zigaretten, gestohlen waren. Ich war darüber so enttäuscht und verzweifelt, daß mein altes Magenleiden wieder zum Ausbruch kam. Ich verkraftete es einfach nicht, daß die so sorgfältig vorbereitete Weihnachtsfeier für die Restmannschaft nicht wie geplant stattfinden konnte. Ich mußte schließlich ins Marinelazarett Wilhelmshaven eingeliefert werden. Dort wurde ich am 1. Januar 1946 durch ein »fliegendes Entlassungskommando« aus der Marine entlassen.«

Der ehem. Kadett Heinz Wiese berichtete 1993 dem Verfasser, daß er

»...bis zum 3. Advent 1945 an Bord der *Leipzig blieb. Wir waren zuletzt nur noch einige Achzig! Am 3. Adventssonntag kamen wir mit allen Besatzungen der in Wilhelmshaven zusammengezogenen Restflotte (des Dritten Reiches) in einen Kasernenkomplex. Die Schiffe wurden inzwischen unter Amis, Engländern und Russen aufgeteilt, und als die Besatzungen wieder an Bord gebracht wurden, war eine Gruppe der jeweiligen Siegermacht zur Aufsicht an Bord, zwecks Überführung in das entsprechende Land. Wir von der* Leipzig, *die wegen der Beschädigungen durch* Prinz Eugen *verschrottet werden sollte, und die Besatzung eines Sperrbrechers kamen nicht wieder an Bord. Wir wurden auf LKWs nach Ostfriesland gebracht. Als Unterkunft dienten uns zunächst die von Kriegsgefangenen und polnischen Zwangsarbeitern verlassenen sogenannten Nissen-Hütten, von denen es jeweils mindestens eine bei den für Ostfriesland typischen Einzelhöfen gab. Am Heiligabend kam ein »Fliegender Entlassungsstab« aus Munster-Lager nach Aurich, und wer eine Adresse in der englischen Besatzungszone angeben konnte, wurde dorthin entlassen.«*

Zu beiden Aussagen sei angemerkt, daß die Alliierten die als »nicht mehr verwendungsfähig eingestuften Schiffe« für deren Besatzungen sperrten, während die Besatzungen der unter den Siegermächten aufgeteilten Schiffe unter Bewachung wieder an Bord ihrer Schiffe zurückkehren durften.

Was geschah mit der *Leipzig?* In Kapitel V des Potsdamer Abkommens war Grundsätzliches über die Aufteilung der deutschen Schiffe beschlossen worden. In der danach gebildeten *Tripartite Naval Commission* hatten Marinevertreter der Siegermächte entsprechende Vorschläge erarbeitet. Danach sollte u.a. der größte Teil der U-Boote vernichtet, der Rest und die übrigen Kriegsschiffe unter den Alliierten verteilt werden. Die nicht mehr verwendungsfähigen Einheiten bzw. Schiffe, die innerhalb von sechs Monaten nicht mehr repariert werden konnten, wurden in die Gruppe »C« eingestuft. Sie sollten verschrottet werden. In diese Gruppe wurde auch der schwer angeschlagene, kurzfristig nicht mehr zu reparierende Kreuzer *Leipzig* eingereiht.

Der Vollzug der Beschlüsse der *Tripartite Naval Commission* setzte für die in Wilhelmshafen liegenden Überwasserschiffe am 16.12.1945 ein.

Die *Leipzig* wurde vorerst als Wohnschiff für den »Kleinfahrzeugverband Wilhelmshaven« (*German Minor Ship Group Wilhelmshaven*) genutzt.

In diesem Verband war der ehemalige Schiffsadjutant der *Leipzig* als Einsatzleiter der »Muni-Versenkungsgruppe« eingesetzt. Nach seiner Aussage

»...wurde die *Leipzig* in den ersten Januartagen 1946 in den Großen

Am 7. Juli 1945 lief die *Leipzig* in Wilhelmshaven ein und machte im Scheer-Hafen, gegenüber der U-Boot-Kaserne, fest. Im Januar 1946 wurde das Schiff an die Bonte-Brücke geschleppt. Das Bild zeigt den schon reichlich »vergammelten« Kreuzer.

Hafen an die Bonte-Brücke verholt. Dort, nahe der Kaiser-Wilhelm-Drehbrücke, lag das Schiff bis Ende Juni/Anfang Juli 1946... Die Seesäcke des in Apenrade von Bord gegangenen Landungskorps wurden m.W. in Wilhelmshaven, unter Beifügung von Namenslisten und Anschriften, der Standortverwaltung übergeben.«

Zur Frage, ob der Kreuzer *Leipzig* vor der Versenkung in der Nordsee mit Gasmunition beladen wurde, schrieb der ehem. Schiffsadjutant Klopp dem Verfasser:

»Aufzeichnungen über das Beladen des Schiffes mit Munition sind bei mir nicht vorhanden. Ich wehre mich nur dagegen, daß LE mit Gasgranaten beladen sein soll. Nach eigenem Augenschein wurde das Schiff in der III. Einfahrt (Nordkammer) mit normaler Sprengmunition, wobei das Anbordgeben von Granaten (Sprenggranaten) nicht auszuschließen ist, sprengfertig gemacht.
Wenn Gasmunition geladen worden sein sollte, dann
– wäre mir das als Einsatzleiter der Muni-Versenkungsgruppe des Kleinfahrzeugverbandes Wilhelmshaven bekannt gewesen bzw. nach einigen Tagen bekannt geworden,
– wären im Gebiet der III. Einfahrt umfangreiche Sicherungsmaßnahmen erfolgt,

– hätte man das Schiff aus Sicherheitsgründen nicht gesprengt, sondern durch Öffnen der Flutventile oder durch leichtes Ansprengen versenkt«.

Inzwischen (Anfang Juli 1946) lag die *Leipzig* in der Nordkammer der III. Einfahrt von Wilhelmshaven. An Bord herrschte noch einmal große Betriebsamkeit: der Kreuzer wurde zur Sprengung vorbereitet.
Dazu noch einmal der ehem. Schiffsadjutant:

»... Meiner Mutter zeigte ich in den Abendstunden des 2. oder 3.7.1946 das in der Nordkammer der III. Einfahrt liegende Schiff. Es lag danach zwei oder drei Tage dort. Dieser Daten bin ich mir ganz sicher, da meine Mutter am 1.7.46 aus Berlin kommend in Wilhelmshaven eintraf.«

Das Schiff war nun bereit zur letzten Fahrt. Nach Aufzeichnungen des damaligen Leutnant z.S. und späteren Fregattenkapitän der Bundesmarine Klopp »...wurde *Leipzig* von den Schleppern »Enak«, »Sturm« und »Wotan« in das Versen-

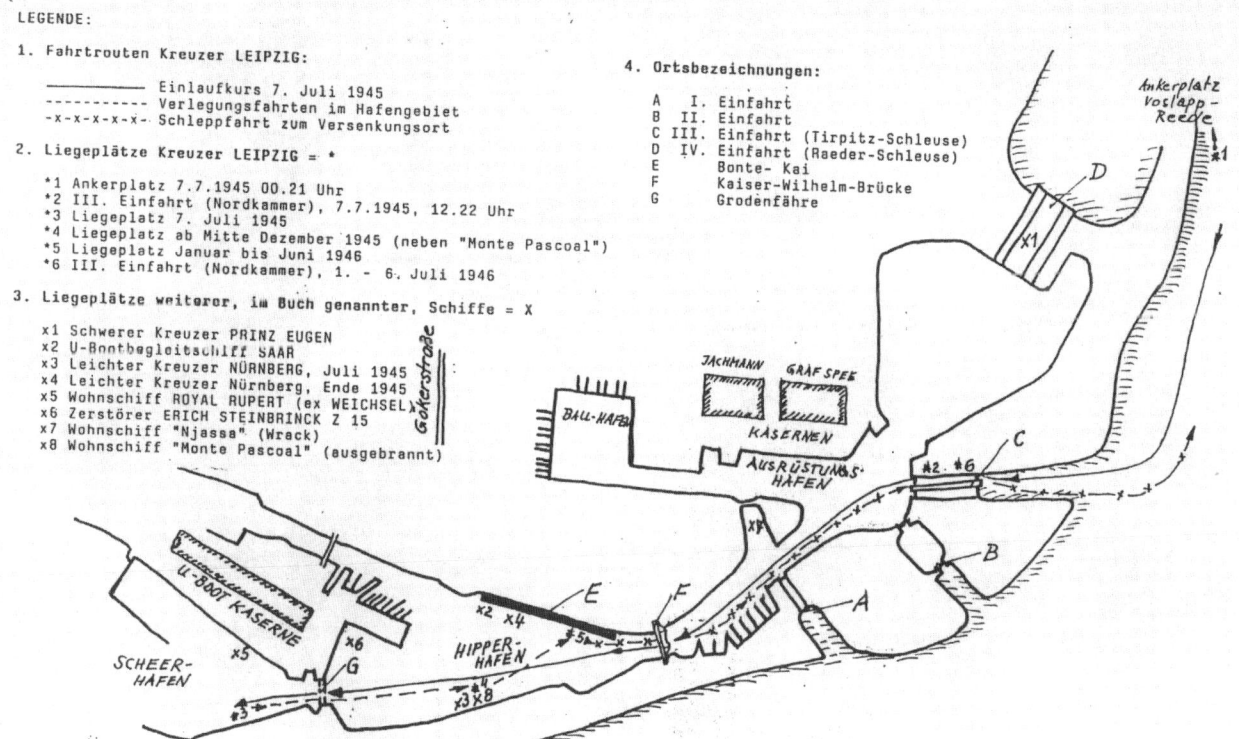

Lageplan-Skizze Hafengebiet Wilhelmshaven mit Fahrtrouten und Liegeplätzen des Leichten Kreuzers *Leipzig* 1945/1946.

Am 6. Juli 1946 nahmen Schlepper den Kreuzer *Leipzig* erneut auf den Haken, um ihn zu seiner letzten Fahrt in die Nordsee zu schleppen.

kungsgebiet geschleppt und am 10. oder 11. Juli 1946 auf Position 57° 43' Nord und 06° 13' Ost durch Sprengung versenkt.«[2]

M. J. Whitley schreibt in seinem Buch *Deutsche Kreuzer im 2. Weltkrieg:*[3]

>»Der roststreifige und stumme Leichte Kreuzer, dessen Kriegskarriere von Mißgeschick begleitet gewesen war, verließ am Morgen des 6. Juli 1946 im Schlepp Wilhelmshaven. An Bord befindet sich lediglich ein Schleppkommando. Die nach Norden durch die deutsche Bucht und entlang der Küste Dänemarks verlaufende Fahrt ging langsam vor sich. Am 11. Juli erreichte der Schleppzug schließlich die Position, wo der Kreuzer zur Selbstversenkung vorbereitet wurde, die Tiefwasserrinne südwestlich von Farsund in Südnorwegen.«

Dort, am Ausgang des Skagerrak, fielen zum letzten Mal die beiden Buganker auf der oben genannten nautischen Position. An Bord wurden die vorbereiteten Sprengladungen gezündet, Schlepper übernahmen die Männer des Schlepp- und Sprengkommandos, legten ab und gingen auf Distanz. Aus sicherer Entfernung erlebten die Beteiligten das schaurige Schauspiel. Am 11. Juli 1946 um 10.59 Uhr endete der Kreuzer *Leipzig* in einer gewaltigen Sprengwolke.

Nach einer dem Verfasser vorliegenden Kopie des *Ministry of Defence* wurde »*Leipzig* + successfully scuttled in position»A«. D.T.G. (Day Time Group) 111059 B/July
[11. Juli 10.59 Uhr, Beta-Zeit = Normalzeit]
REF: 06 1113 – Sailed tugs towing *Leipzig*.«[4]

In einem gesonderten Schreiben vom 2. Februar 1994[5] wurde außerdem mitgeteilt,

>»...daß der Kreuzer auf Position 57° 52,01' N und 06° 15,75' O versenkt wurde. Gasmunition war nicht, wie Gröner[6] behauptet, an Bord.«

Nach den vorliegenden Aufzeichnungen und Berichten kann das in vielen Veröffentlichungen angegebene Versenkungsdatum 20. Juli 1946 nicht mehr aufrecht erhalten werden, ebensowenig die Behauptung, die Leipzig hätte Gasmunition an Bord gehabt.

[2] Kopie der entsprechenden Aufzeichnung im Besitz des Verfassers.

[3] Whitley, Mike J.: *Deutsche Kreuzer im 2. Weltkrieg,* Übersetzung der e Ausgabe: *German Cruisers of World war Two,* Motorbuch Verlag Stuttg 1988, S. 191

[4] Ministry of Defence (Foreign Documents Section), A/1320 Headquart Royal Navy Berlin, Communications Office, Restrictet IN. IN from NOIC V helmshaven.

[5] Ministry of Defence, D/NHB/10/1/7P, 2. Februar 1994, unterzeichnet R Coppock.

[6] Gröner, Erich/Jung, Dieter/Maas, Martin: *Die deutschen Kriegssch. 1815-1945,* Bd. 1, S. 152, München 1982.

Hier liegt die *Leipzig* noch in der Schleusenkammer der 3. Einfahrt von Wilhelmshaven.

Am 11. Juli 1946 erreichte der *Leipzig*-Schleppzug die vorgesehene Versenkungsposition vor dem Skagerrak. Zum letzten Mal fielen die Anker. Der am Heck sichtbare Schlepper übernahm das Leinen- und Sprengkommando.

Der Schlepper »Enak« geht auf Distanz zur *Leipzig*.

Norwegenrinne, 11. Juli 1946, 10.59 Uhr. Auf der vorgesehenen Position erfolgt auf Befehl der Alliierten Kontrollkommission die Sprengung des Leichten Kreuzers *Leipzig*. Damit endet die Kreuzerepoche der deutschen Marine.

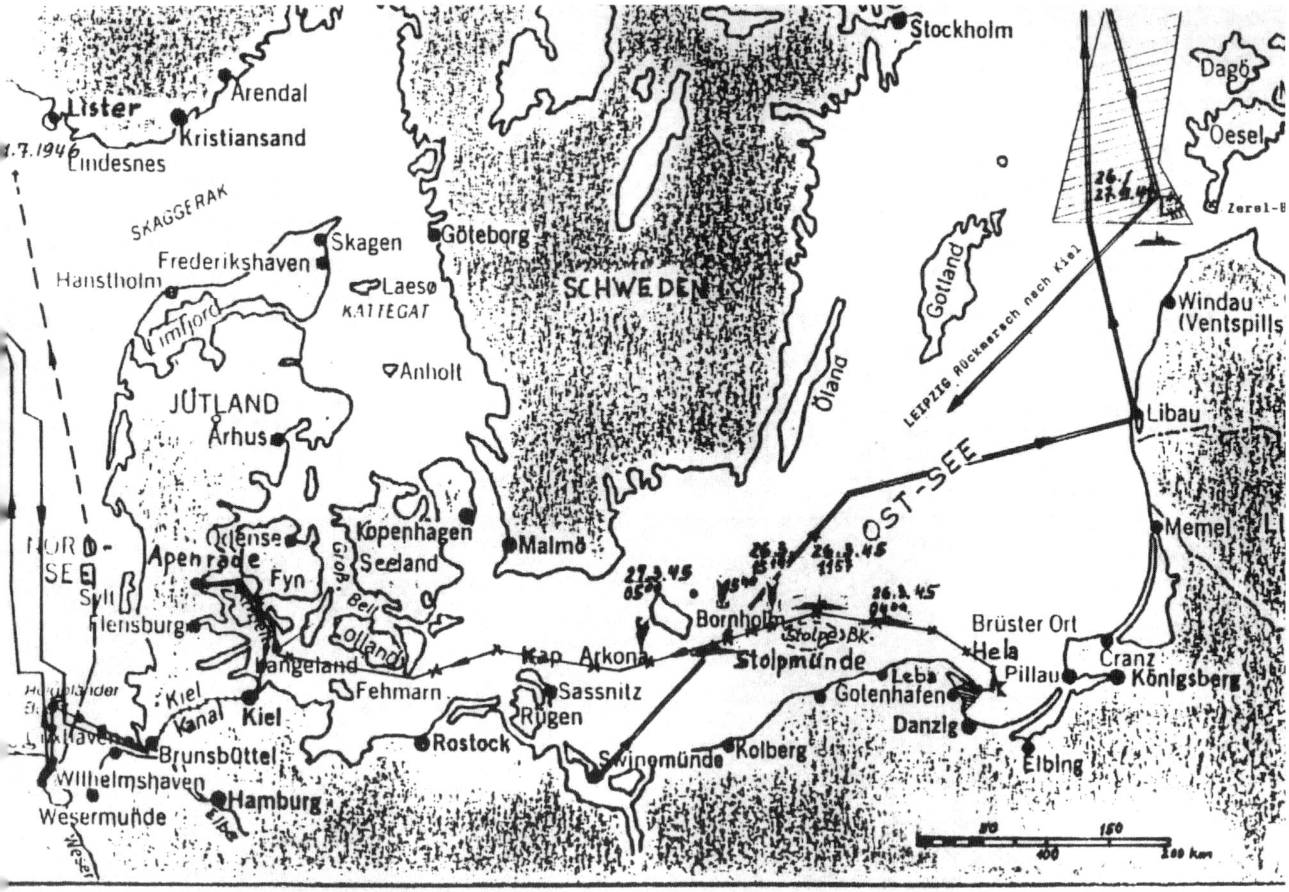

Leichter Kreuzer LEIPZIG

Kriegseinsätze 1939 - 1945 und Fahrten 1945/1946

Minen-Einsätze vom 3.9. - 20.9.1939
(Westwall-Minensperren).

Unternehmung zur Aufnahme von fünf rückkehrenden
Zerstörern (Minenunternehmen Newcastle).

Torpedotreffer brit. U-Boot SALMON 13.12.1939.

Unternehmen Weststurm I und II im Verband der
Baltenflotte Gruppe Süd.

Schießgebiet Weststurm I und II.

Kollision mit Schwerem Kreuzer PRINZ EUGEN.

Schießgebiet Kreuzer LEIPZIG beim Abwehrkampf um
Gotenhafen 7.3. bis 24.3.1945.

Kriegsmarsch Hela-Apenrade 25.3. bis 29.3.1945

Flugzeugangriffe mit Bomben und/oder Torpedos.

U-Boot-Angriffe.

Verlegungsfahrt Apenrade - Wilhelmshaven
29.6. bis 7.7.1945.

Schleppfahrt Wilhelmshaven - Versenkungspositi
6.7. bis 11.7.1946.

Versenkungsposition Leichter Kreuzer LEIPZIG
gesprengt am 11.7.1946 10.59 Uhr auf
57° 52,01' Nord und 6° 15,75' Ost.

Kartenskizze zu den Kriegseinsätzen und Fahrten des Kreuzers *Leipzig* 1939 bis 1946.(Schultz)

Was blieb vom Leichten Kreuzer *Leipzig?*

Der Verfasser ging der Frage nach, ob mit der Sprengung des Schiffes alle Spuren der *Leipzig* ausgelöscht wurden. Er kann sie heute mit gutem Gewissen mit »Nein« beantworten.

Es blieben nicht nur die Erinnerung an einen klangvollen deutschen Kreuzernamen, sondern auch greifbare Erinnerungsstücke, Dokumente und Zeitungsausschnitte, die hier

Die Schiffsglocke des Kreuzers *Leipzig* wurde gerettet. Diese Aufnahme entstand in den 30er Jahren.

Heute befindet sich die *Leipzig*-Glocke im Besitz der evangelischen Kirchengemeinde Telgte. Sie ist im Gemeindehaus der Petrus-Pfarrei zu sehen.

im Buch zum Teil Verwendung fanden. Stellvertretend sollen die »Storys« der Schiffsglocke und des Geschützturm-Schildes von Turm B mit dem Traditionsnamen *Leipzig* erzählt werden.

Damit müssen alle Bemühungen der Crew 44 und der Kreuzer *Leipzig*-Gemeinschaft, die eine Freigabe der Glocke zur Aufstellung im Marineehrenmal Laboe zum Ziele hatten, als gescheitert angesehen werden.

Von 1946 bis 1953 rief die Glocke in dieser Barackenkirche in Telgte zum Gottesdienst.

Zunächst zur Schiffsglocke. Nach Ansicht von Herrn Klopp wurde diese im Oktober 1945 von Bord geholt und in das *Royal Rupert Scool* Gelände im ehem. U-Bootskasernement am Scheerhafen, Eingang Grodenfähre, verbracht. Dort oder auf dem Glockenfriedhof Wilhelmshaven holte sie Major a.D. Rothert nach Telgte, wie Horst Liebeck aus Telgte dem Verfasser berichtete. Vom 8.12.1946 bis 1963 läutete die *Leipzig*-Glocke im Turm der Barackenkirche der Petrus-Gemeinde. Von 1963 bis zum 7.9.1991 hing die Glocke »schweigend« im Gemeindehaus der Petrus-Pfarrei zu Telgte. Dort versammelten sich am 29.10.1985 ehem. Offiziersanwärter der »Gemeinschaft Crew 44« und befestigten an der Glocke einen handgeknüpften Glockenbändsel. Seit 8.9.1991 erklingt erneut die Stimme der ehem. *Leipzig*-Glocke, und zwar im neuerbauten Maria-Magdalena-Haus in Westbevern.

Das Traditionssturmschild befindet sich dagegen im *Wehrgeschichtlichen Ausbildungszentrum der Marineschule Mürwik*

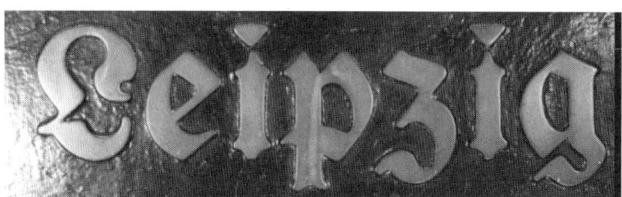

Ein weiteres Erinnerungsstück an den ersten Einschornsteinkreuzer der deutschen Marine verwahrt die Marineschule Mürwik. Im Wehrgeschichtlichem Ausbildungszentrum befindet sich das Turmschild des Geschützturmes B mit dem Traditionsnamen *Leipzig*.

(WGAZ). Dorthin verbrachte es der ehem. Leutnant z.S. und heutige Fregattenkapitän a.D. Klopp (Crew 41). Er hatte das Schild im Mai 1946, bei den Vorbereitungen zur Versenkung

Die *Leipzig*-Glocke erklingt im neuerbauten Maria-Magdalenen-Gemeindehaus in Westbevern bei Telgte.

des Schiffes, abgenommen und sichergestellt, zusammen mit einer Reihe schriftlicher Unterlagen, die hier ausgewertet wurden. Das Turmschild ist damit nicht nur Erinnerung an die vier Kreuzer, die in der deutschen Marine den Namen *Leipzig* trugen und an den letzten Leichten Kreuzer der Kriegsmarine, der 1945 bei den Kämpfen um die Danziger Bucht eingesetzt wurde. Es ist auch die Erinnerung an die Schiffsgattung der *Kleinen* oder *Leichten Kreuzer,* die von der seestrategischen und waffentechnischen Entwicklung überholt wurde. Heutige Marinen haben keine Leichten Kreuzer mehr im Dienst. Deren Aufgaben wurden ınzwischen von Lenkwaffen-Kreuzern oder -Zerstörern, bzw. -Fregatten, übernommen.

So kann der Leichte Kreuzer *Leipzig,* für sich in Anspruch nehmen, der letzte Kreuzer der Kriegsmarine gewesen zu sein. Gemäß den Bestimmungen des Alliierten Kontrollrates war die *Leipzig* in die Gruppe »C« als nicht verwendungsfähig eingestuft worden. Sie wurde im Unterschied zu den bereits seit Ende 1945/Anfang 1946 unter fremder Flagge fahrenden Kreuzern *Prinz Eugen* und *Nürnberg* erst Mitte 1946 unter

Auszug aus den Westfälischen Nachrichten, Nummer 251, über den Besuch von Besatzungsmitgliedern des Kreuzers *Leipzig* (Crew 44) in Telgte 1985. (Schultz)

---

[1] Zum Zeitpunkt der Sprengung des Kreuzers *Leipzig* fuhren der ehem. Leichte Kreuzer *Nürnberg* bereits unter sowjetrussischer Flagge als *Admiral Makarov,* der Schwere Kreuzer *Prinz Eugen* unter amerikanischer Flagge als U.S.S.IX-300 *Prinz Eugen.* Damit war *Leipzig* letzter Kreuzer der ehem. deutschen Kriegsmarine.

Die ehemalige Volksmarine der DDR taufte eines ihrer Minenleg- und Räumschiffe auf den Namen der »Bezirkshauptstadt *Leipzig*«. Das Schiff bei einer Übungsfahrt in der Ostsee.

Regie des Kontrollrates in Berlin ohne Flagge und Wimpel gesprengt und versenkt.[1]

Der Leichte Kreuzer *Leipzig* aber war nicht das letzte deutsche Kriegsschiff mit dem Namen der Messestadt an der Pleiße. Etwa zehn Jahre nach der Sprengung erhielt bei der »anderen deutschen Marine«, der Volksmarine der DDR, ein Minensuchboot der *Krake*-Klasse den Namen *Leipzig*. Einzelheiten dazu wurden bereits am Anfang dieses Buches genannt.

Damit endet vorerst die Geschichte des Leichten Kreuzers *Leipzig* und seiner anderen Namensträger in der deutschen Marine.

Die Kommandanten des Leichten Kreuzers *Leipzig*

Kapitän zur See Stobwasser, Hans Herbert	10.1931 bis 9.1933
Kapitän zur See Hormel, Otto	10.1933 bis 9.1935
Kapitän zur See Schenk, Otto	9.1935 bis 10.1937
Kapitän zur See Löwisch, Werner	10.1937 bis 4.1939
Kapitän zur See Nordmann, Heinz	4.1939 bis 2.1940
Kapitän zur See Stichling, Werner	12.1940 bis 8.1942
Kapitän zur See Schmidt, Friedrich-Traugott (i.V.)	8.1942 bis 9.1942
Kapitän zur See Winter, Waldemar	9.1942 bis 2.1943
Fregattenkapitän Asmus, Joachim (m.W.d.G.b. und zugleich I.O.)	2.1943 bis 3.1943
Kapitän zur See Hülsemann, Walter	7.1943 bis 8.1944
Kapitän zur See Spörel, Heinrich	8.1944 bis 11.1944
Korvettenkapitän Küster, Hagen (m.W.d.G.b. und zugleich I.O.)	11.1944 bis 12.1944
Korvettenkapitän Hinkeldeyn, Joachim (m.W.d.G.b. und zugleich I.O.)	1.1945
Korvettenkapitän Bach, Walter	2.1945 bis 12.1945

(M.W.d.G.b. = Mit der Wahrnehmung der Kommandantengeschäfte beauftragt.)

Stellenbesetzung 1939-1945

Kommandant:

KptzS	Nordmann, Heinz	04.39-02.40
KptzS	Stichling, Werner	12.40-08.42
KptzS	Schmidt, Fr.-Traugott iV	08.42-09.42
KptzS	Winther, Waldemar	09.42-02.43
KptzS	Hülsemann, Walter	07.43-08.44
KptzS	Spörel, Heinrich	08.44-11.44
KKpt	Küster, Hagen (M.W.d.G.b.)	11.44-12.45
KKpt	Bach, Walter	02.45-Ende

I.O.:

FKpt	Hachtmann, Hans-Joachim	10.38-02.40
FKpt	Asmus, Joachim	12.40-03.43
KKpt	Küster, Hagen	07.43-12.45
KKpt	Hinckeldeyn, Joachim	01.45-Ende

N.O.:

FKpt	Bloser, Wilhelm	10.37-04.40
KKpt	v. Oechelhaeuser, Helmut	11.40-11.41
KKpt	Köppe, Werner	11.41-03.42
KKpt	Prützmann, Robert	03.42-02.43
Dienstgeschäfte vom Kdt. wahrgenommen		07.43-02.44
KKpt	Hahn, Felix	02.44-10.44
KKpt	Reidenbach, Dr. Werner	03.45-Ende

1.A.O.:

KKpt	Kals, Ernst	04.30-12.39
Kptlt	Kriesel, Werner	12.40-11.41
Kptlt	Gierock, Peter	11.41-02.43
Kptlt	Plass, Sven	05.44-01.45
Kptlt	Scheffler, Arthur	01.45-Ende

L.I.:

KKptIng	Töllner Friedrich	04.39–11.42
KKptIng	Biederbick Bernhardt	11.42–02.43
KKptIng	Grundmann Erich	07.43–11.44
KptltIng	Bonnemeier Franz	11.44–Ende

Offiziere des Leichten Kreuzers *Leipzig* 1945

(31. März 1945)

Dienststellung	Dienstgrad	Name	Anmerkung
Kommandant	Kkpt.	Bach	
I.O.	Kkpt.	Hinkeldeyn	I. Offizier
N.O.	Kkpt.	Dr. Reidenbach	Navigat. Offizier nur zur Überfahrt an Bord.
A.O.	Kptlt.	Scheffler	I. Artillerie-Offizier
S.V.O.	Kptlt.V.	Vietig	Schiffsverwaltungsoffizier
D.O.I	OltzS	Munz	Divisionsoffizier
D.O.II	OltzS	Thorey	Fla-A.O. und Div.-Offiz
D.O.III	LtnzS	Bostelmann	Divisionsoffizier
D.O.IV	LtnzS	Schröder	Divisionsoffizier
L.I.	Kptlt.Ing.	Bonnemeier	Leitender Ingenieur
D.O.V	Oltn.Ing.	Kunz	Turbinen-Ing. (T.I.)
D.O.VI	Oltn.Ing.	Schmolke	Elektro-Ing. (E.I.)
D.O.VII	Oltn.Ing.	Lange	Sicherungs-Offz. (S.O.)
D.O.VIII	Oltn.Ing.	Vollmer	Kadetten-Offz. (K.O.)
D.O.IX	nicht besetzt		
R.O.	LtnzS	Becker	Rollenoffizier
O.d.D.	LtnzS	Morsch	Offizier der Decke
Schiffsarzt	Stbs.Arzt	Dr. Gäthje	
Adjutant	LtnzS	Klopp	
	LtnzS	Ostkamp	
	Ofähnr.zS	Frohnig	
	Ofähnr.zS	Stark	
	Fähnr.zS	Niemann	
	Fähnr.zS		
	Fähnr.zS		
	Fähnr.zS		

Ausbilder der Kadetten:

OMasch.Maat	Vorbeck	1. Gruppe
Masch.Maat	Rückriem	2. Gruppe
OMasch.Maat	Strohte	3. Gruppe
Masch.Maat	Hiescher	4. Gruppe
OMasch.Maat	Schlick	5. Gruppe

Umbauten und Änderungen des
Leichten Kreuzers *Leipzig* 1932 bis 1945

Zeitraum	Werft	Art der Umbauten/Änderungen
9.5.1932	Marinewerft Wilhelmshaven	Achteres Basisgerät (E-Meßgerät) montiert.
30.9. bis 11.12.1932	Marinewerft Wilhelmshaven	Flak-Leitstand SL 1 montiert.
13.11.1933 bis 12.2.1934	Marinewerft Wilhelmshaven	Aufstellung von 8 x 3,7 cm SK L/83 C/30 Doppellafette C/30 (dreiachsig), beidseitig Brückeninsel und Schornstein (sh. Skizze). Zusätzliche Kreiselanlage für dreiachs. Geschütze montiert. 2 x 8,8 cm L/45 aufgestellt auf Aufbaudeck, seitlich Flak-Leitstand SL 1. Aufstellung von zusätzlich 2 x 2 cm Flak L/65 C/30 auf Galerie hinter achteren BG-Stand. Zusätzliche Antennen-Gaffeln an Schornstein Achterkante (Skizze). Austausch Torpedorohre 50 cm Dmr. gegen 12 Torpedoausstoßrohre 53,3 cm Dmr. (Bestreichungswinkel Bb. = 205-335 Grad, Stb. = 25–155 Grad).
Herbst 1934	Marinewerft Wilhelmshaven	Zusätzliches Podest am Gefechtsmast, in Höhe Scheinwerferpodest, montiert (Laurin-Stand).
14. bis 17.12.1934	Deutsche Werke Kiel (Boje A5)	Katapult FL 22 mit zylindrigem Sockel montiert. Nutzbarer Schwenkbereich 75 bis 105 Grad und 225 bis 285 Grad. Schleuderlänge 14 m. (Ztw. demontiert, endgültig ab Mitte 1935).
22.12.34 bis 18.2.1935	Marinewerft Wilhelmshaven	Werftliegezeit. Austausch der 4 x 8,8 cm Einzellafetten gegen 6 x 8,8 cm SK C/32 L/76 in Doppellafetten C/32. (Rohrerhöhrung + 80 bis - 105, V_0 = 905 m/s, Rohrlänge = 6,69 m, Seelen lg. = 6,34 m, Gesamtgeschoßgewicht = 15 kg. Max. Schußweite = 192 hm, Schußhöhe = 124 hm. Schwenkbereich = 360 Grad.) Austausch Ladeposten Backbordseite gegen Auslegerkran. Antennengaffel am Schornstein entfernt, dafür Stenge mit Rah an Schornstein-Achterkante (Skizze). Flugzeuge Heinkel HE 60 C an Bord. (Doppeldecker mit zwei Schwimmern, einmotorig, zweisitzig, 225 km/h, 1 MG). Im Endzustand zwei Flugzeuge.
17.2. bis 14.4.1936	Marinewerft Wilhelmshaven	Werftliegezeit. Umgestaltung achterer Aufbau (Hütte). Änderungen am Diesel-E-Werk (E-Werk III) wie folgt: Austausch Dieselgeneratoren 90 KW gegen 3 x 180 KW-Dieselgeneratoren MWM. Maschinen III, IV innen, IV außen (sh. auch Bericht und Skizze E-Ing. Schildt im Bericht *Auswirkung des Torpedotreffers am 13. Dezember 1939*, in RM 92/48201 BA-MA). Übungskanone auf achteren Aufbau deck, hinter 8,8 cm Doppel-Flak montiert.
14.10.36 bis 20.2.1937	Marinewerft Wilhelmshaven	Umbau Marschmotorenanlage (Kolbenstangen, Treibstangen usw.)
20.5. bis 30.5.1937	Deutsche Werke Kiel	Beseitigung von Seeschäden.
17.12.38 bis 15.3.1939	Deutsche Werke Kiel	Werftliegezeit. Auslegekran durch Gitter-Auslegekran ersetzt. Podest am Röhrenmast (Laurin-Stand) entfernt. Mitdrehvorrichtung entfernt, dafür Verstellwelle eingebaut. Einbau eines E-Gefechtsstandes und zusätzlichen Umformer-Raumes an Stelle der Mitdrehvorrichtung.
8.11. bis 16.11.1939	Deutsche Werke Kiel	Ausbesserung der Kollisionsschäden, erhalten von Artillerieschulschiff *Bremse* vor Holtenau.
15.12.39 bis 8.2.1940	Blohm & Voß Hamburg	Notreparatur nach Torpedotreffer durch britisches U-Boot *Salmon*.
16.2. bis 27.3.1940	Deutsche Werke Kiel	Fortsetzung der Instandsetzungsarbeiten nach Torpedotreffer.

29.3. bis 30.11.1940	Schichau-Werft Danzig	Umbau zum Schulkreuzer. Ausbau Katapult. Einbau MES-Anlage. Kesselraum 1 und 2 zu Kadettwohn- und Schulungsräumen umgebaut.
4.3.1941	Swinemünde	Ausbau der beiden achteren Torpedorohr-Gruppen.
8.3. bis 28.3.1941	Deutsche Werke Kiel	Instandsetzung der durch Eisgang beschädigten Schrauben.
5.8.1941	Travemünde	Einbau Flugzeugkatapult.
14.8. bis 31.8.1941	Kopenhagen Werftbassin	Änderung der MES-Schleife.
28.9. bis 20.10.1941	Werft Kiel	Maschinenüberholung und Auspuff E-Diesel-Werk (E-Werk III) im Bereich Sanitätsabschnitt besser isoliert.
11.4. bis 8.5.42	Werft Stettin	Rohrwechsel 15 cm SK C25 (13% ausgeschossen) gegen Rohre von *Karlsruhe* (6% ausgeschossen)
30.12.42 bis 4.3.43	Libau Maureb	Ausbau vordere T-Rohrgruppe. Ausbau Flugzeugkatapult. Abgabe der Waffen und Außerdienststellung des Schiffes.
März 1943 bis 1.8.43	Libau Maureb	Scheinwerferpodeste unten an Ladepfosten Stb. und an Gitterkransäule Bb. entfernt. Achterer Art. Leitstand Plattform verändert zur Aufnahme weiterer Fla-Waffen. Bewaffnung ergänzt mit: 16 x 2 cm (2 x 2 cm-Vierl.-Lafette, 8 x 2 cm Einzellafette). Aufstellung: 2 cm Vierl. = 1 x Decke Brücke 1 x acht. Art.-Leitstand. 8 x 2 cm Einzellafetten = 2 x Back, 2 x Schanz, 2 x seitlich achterer Artillerieleitst, 2 x Hütte. Einbau neues GHG (Gruppenhorchgerät) und S-Gerät. (Suchgerät)
5.1. bis 41.1.1944	Deutsche Werke Gotenhafen	Werftliegezeit. Kabel MES-Netzschleife erneuert.
10.4. bis 15.7.1944	Werft Swinemünde	Einbau der Fu.M.O. und der Fu.M.B.-Anlagen in das Admiralskartenhaus. Einbau Admiral-Kartenhaus in die vordere Signalbrücke. (Arbeiten am Liegeplatz durch Werftpersonal ausgeführt.) Antenne für Fu.M.O. 22 (Seetakt) auf ehem. Scheinwerferplattform am Gefechtsmast, Antennengröße 1,9 m x 4 m. Darüber auf Konsole Antenne für Fu.M.B. 6 »Palau«, seitwärts am Vormars FuMB 4 »Sumatra«.
18.10. bis 30.12.1944	Deutsche Werke Gotenhafen Schwimmdock	Notreparatur nach Kollision mit Schwerem Kreuzer *Prinz Eugen*. Leck mit Profileisen 150 x 500 mm und 30 x 150 mm zur Stabilisierung überbrückt. Reduzierung der Bewaffnung. Entfernen der beiden 3,7 cm Zwillingslafetten seitlich vom Schornstein, der beiden 2 cm Vierlingslafetten auf Decke Brückeninsel und acht. Artillerie-Leitstand. Dafür montiert: 4 x 2 cm Einzellafetten (2 x Decke Brückeninsel, 2 x acht. Artillerieleitstand). Alle 2 cm Einzellafetten mit Schutzschilde ausgerüstet. Damit folgende Bewaffnung: 9 x 15 cm, 6 x 8,8 cm in 3 Doppellafetten, 4 x 3,7 cm in 2 Doppellafetten, 8 x 2 cm in Einzellafetten.
3.1. bis 28.2.45	Mit Bordmitteln	Leckabdichtung über der Wasserlinie mit weiteren Profileisen und durch Einlegen von Holzbohlen. MES-Anlage funktionsfähig ergänzt. Hilfs-Elektro-Aggregat (LKW-Dieselmotor und Generator) an Oberdeck montiert. Marschmotorenanlage überholt. BÜ-Mittel, E-Werke und Zuleitungen zwischen Vor- und Achterschiff instandgesetzt. Danach folgende Maschinenanlage: 3 Marschdiesel (Hauptdiesel) klar, 1 Marsch-diesel wegen fehlender Ersatzteile unklar. 1 Hilfsdiesel klar, 1 Hilfsdiesel zur Reparatur nach Kiel mit Dampfer »Lezenzia«. Elektro-Anlage: 1 MWM Dieseldynamo 180 KW klar, 2 MWM-Dieseldynamo nicht betriebsklar. 1 Turbodynamo 250 KW betriebsklar, Dampf vom Hilfskessel, damit max. 300 Amp. möglich. 1 Notstromaggregat mit 24 KW für Saake-Brenner des Hilfskessels und Notbeleuchtung.

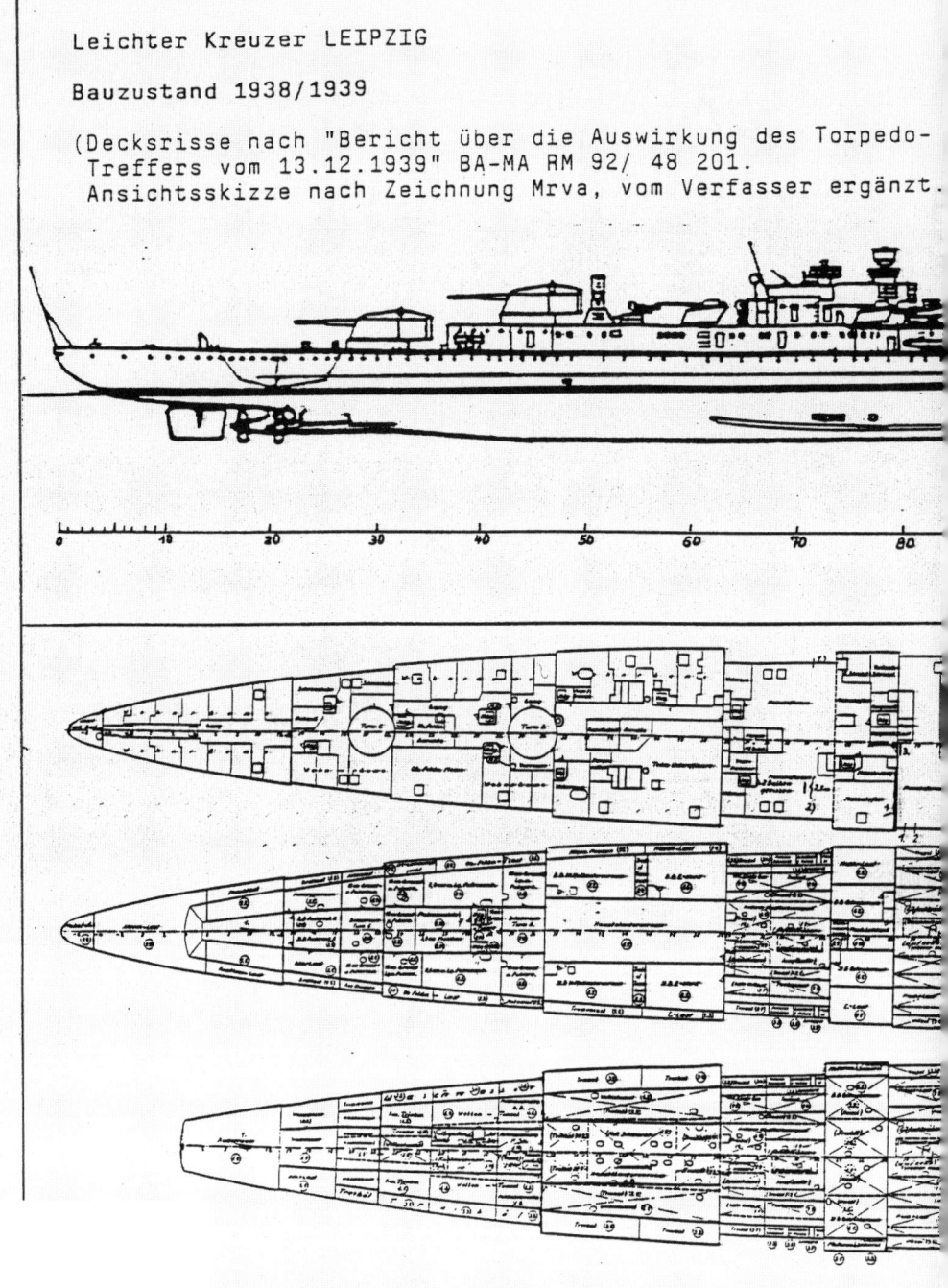

Leichter Kreuzer LEIPZIG

Bauzustand 1938/1939

(Decksrisse nach "Bericht über die Auswirkung des Torpedo-
Treffers vom 13.12.1939" BA-MA RM 92/ 48 201.
Ansichtsskizze nach Zeichnung Mrva, vom Verfasser ergänzt.

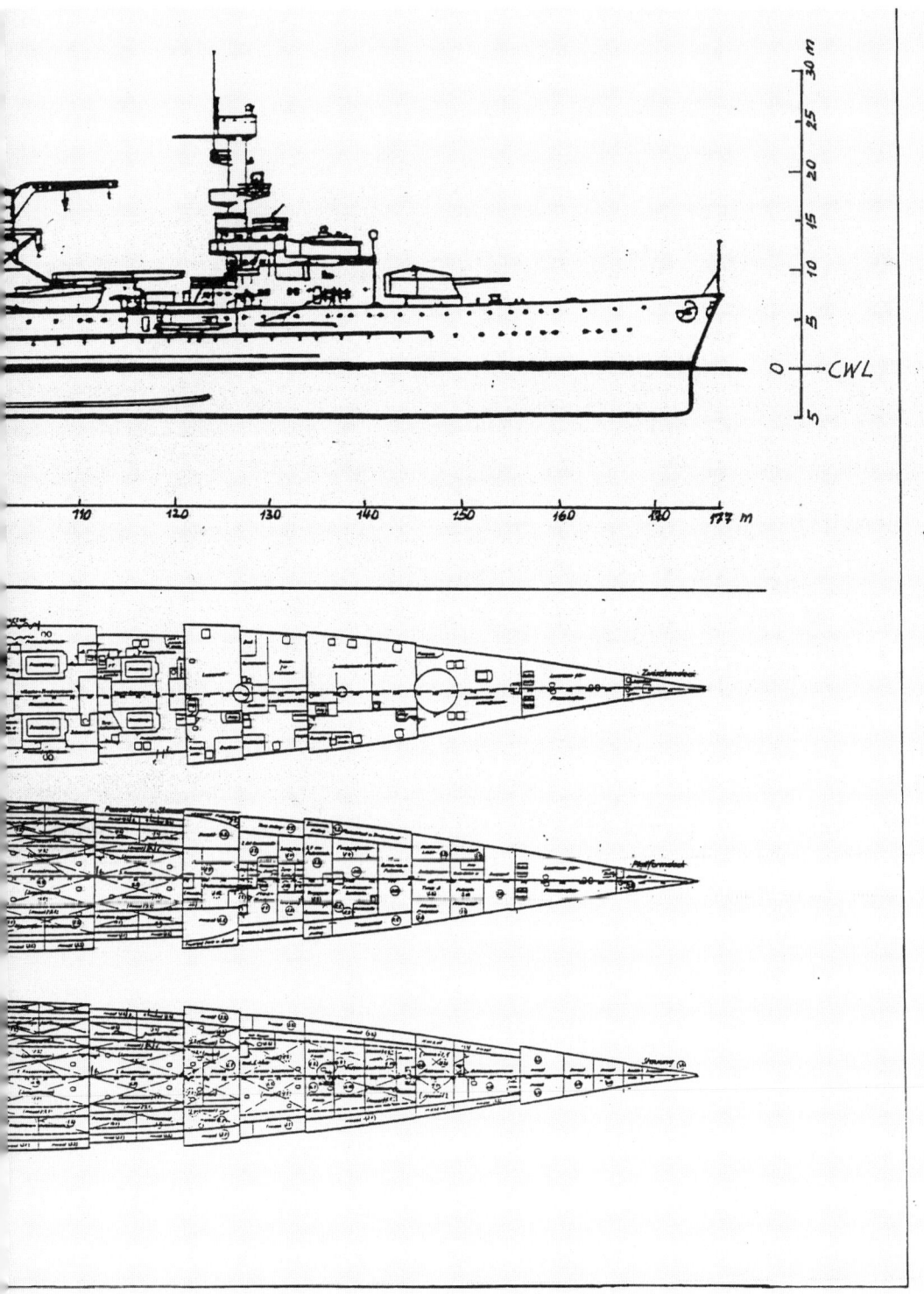

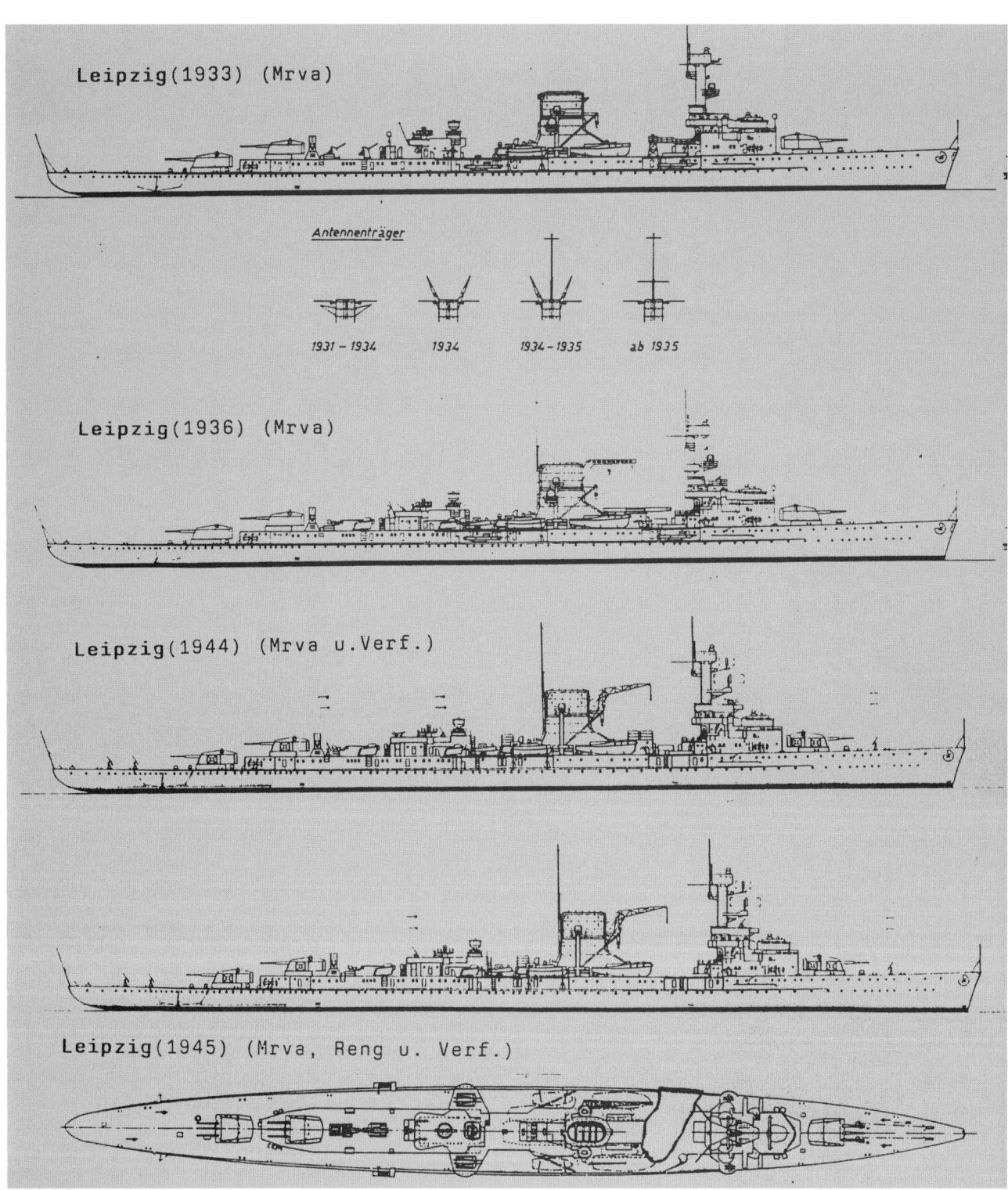

Leipzig(1933) (Mrva)

Antennenträger

1931 – 1934   1934   1934 – 1935   ab 1935

Leipzig(1936) (Mrva)

Leipzig(1944) (Mrva u.Verf.)

Leipzig(1945) (Mrva, Reng u. Verf.)

Skizzen zu den Umbauten und Änderungen von 1932 bis 1945.

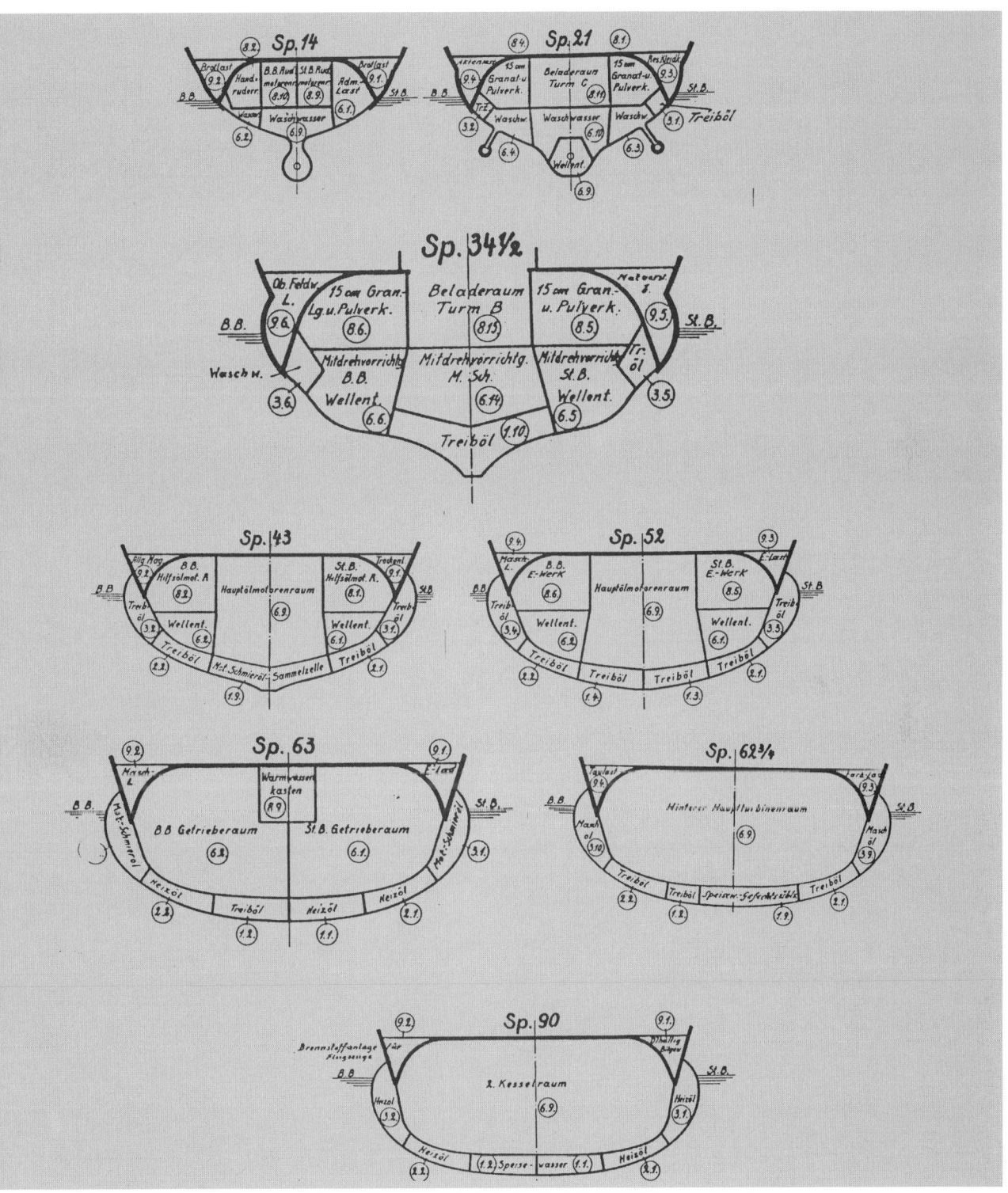

Spant-Querschnitte Kreuzer *Leipzig*, Stand 1939. (BA-MA RM 92/ 48201)

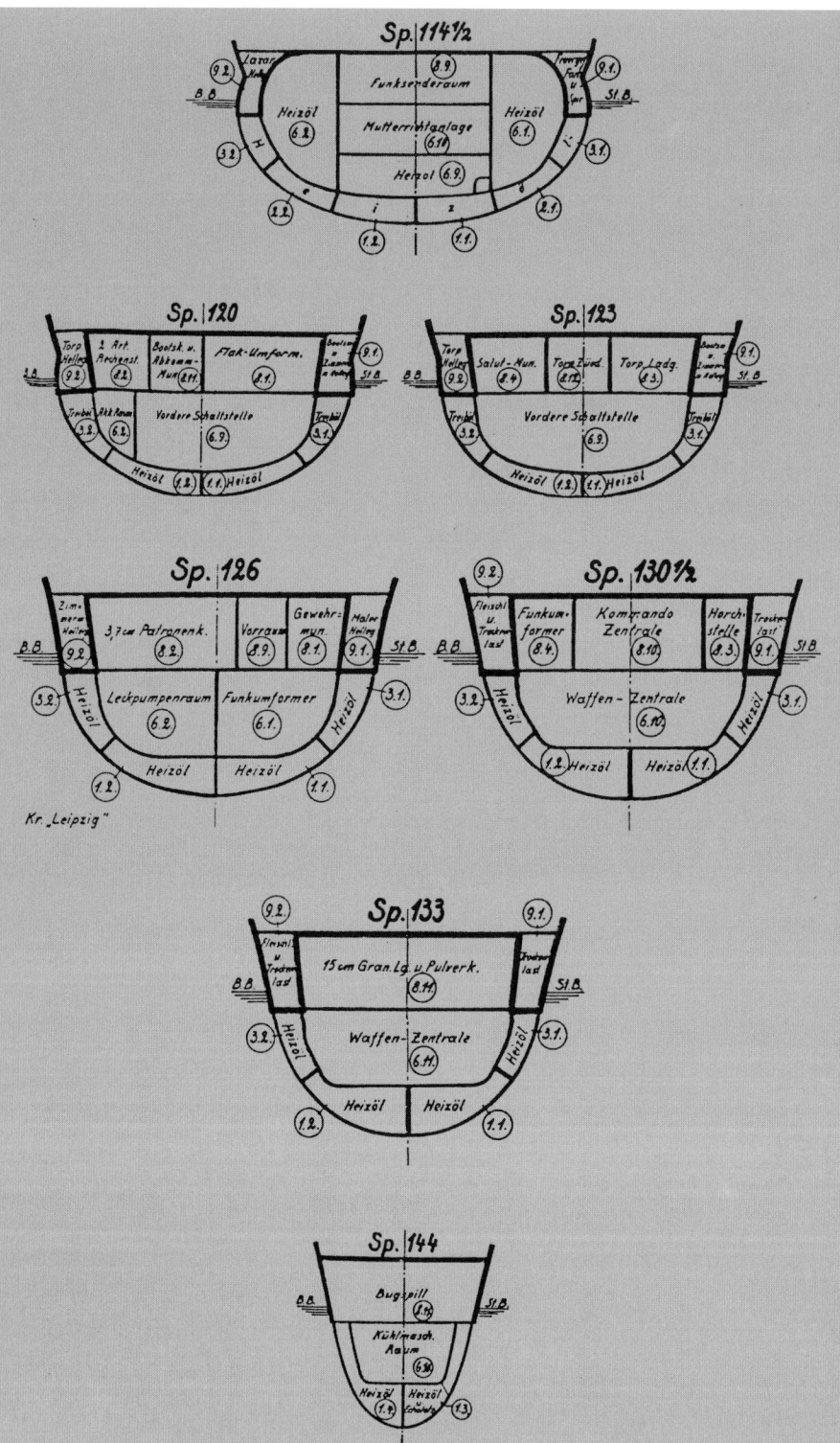

Kr. „Leipzig"

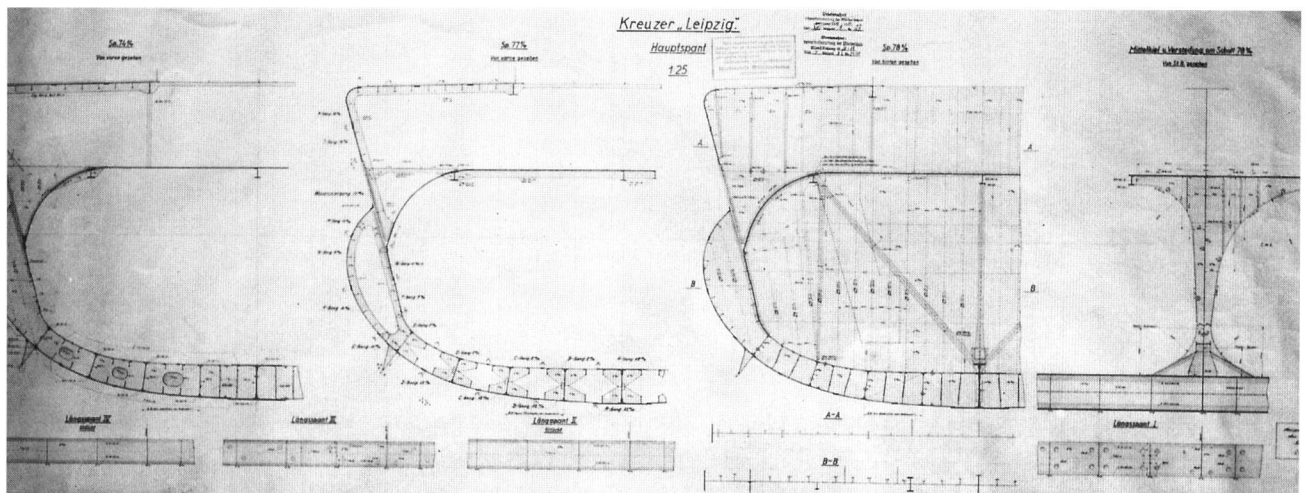

Schnitt durch den Hauptspant des Kreuzers Leipzig. Ungewöhnlich war die starke Rundung des Panzerdecks. Neu war auch der schräggestellte Seitenpanzer und seine teilweise Abdeckung durch die wulstförmige Außenhaut.

Leipzig an der Pier in Swinemünde 1944.

Blick auf die Steuerbordseite der Brücke 1944. V.l.n.r.: Oberleutnant zur See Umbeck, gefallen in Berlin im April 1945, Korvettenkapitän und I.O. Hagen Küster, Korvettenkapitän und N.O. Hahn, gefallen am 16.4.1945 auf MS »Goya«, Befehlsübermittler...

Blick vom Signaldeck der *Leipzig* in die Steuerbord-Brückennock mit Kapitän zur See und Kommandant Hülsemann (1944).

Kurzvita der Namensträger *Leipzig* in den deutschen Marinen

Gedeckte Korvette *Leipzig*, ab 1884 Kreuzerfregatte

Segelfläche: Als Vollschiff-Takelung = 2600 m≈, später 1580 m≈
Anmerkung: Größte Kreuzerfregatte der deutschen Marine.
September 1875 Stapellauf im Beisein Chef der Admiralität v. Stosch

1.6.1877	Provis. Indienststellung durch Kkpt. Zirzow im Beisein Generalfeldmarschall Prinz Friedrich Carl von Preußen und Oberbürgermeister von Leipzig, Dr. Georgi.
12.6.1877	Außerdienstgestellt zum weiteren Ausbau.
13.9.1877	2. Indienststellung durch Kkpt. Paschen. Erprobung westl. Ostsee. Grundberührung bei Bülk.
34.10.1877	Nach Wilhelmshaven verlegt, nachdem Crew 1876 in Kiel eingeschifft.
17.11.1877	1. Auslandsreise mit Segelorder an die Süd- und Westküste Mittelamerikas. Vor Nicaragua Einsatz im Verband von Kommodore v. Wickede im soge- nannten Nicaragua-Konflikt. Bei Ausreise vor Madeira Bb.-Anker und Kette verloren.
15.1.1878	Montevideo Richtung Maghellan-Str.
25.2.1878	Callao, Kohlenübernahme.
9.3.1878	Panama. Weiterreise nach Libertad (Ecuador) und San Jose de Guatemala
11.4.1878	Anlaufen versch. mexikanischer und kalifornischer Häfen.
25.5. bis 14.6.1878	Besuch von Honolulu, König Kalakauha an Bord.
5.7.1878	Ankern vor Yokohama (Japan), anschließend Aufenthalt in japanischen Gewässern.
April 1879	Heimreisebefehl.
04.1879	Aufenthalt in chinesischen Gewässern.
13.5.1879	Hongkong.
28.05.1879	Schanghai, anschließend Heimreise über Singapore, Anjer, Mauritius (8.7.), Kapstadt/Simonstown (25.7.-1.8.) und Plymouth (17.-23.9.)
27.9.1879	Kiel.
30.9.1879	Besichtigung durch Admiralität.
18.10.1879	Außerdienststellung. Bis Herbst 1880 Überho- lungsarbeiten. (Neue Ruderanlage und Versetzung der Kommandobrücke nach achtern. Torpedorohre und 2 x 8 cm Bootskanonen u. 4 x 3,7 cm Revolverkanonen eingebaut).
3.10.1882	erneute Indienststellung durch Kkpt. Herwig
19.10.1882	Crew 1881 eingeschifft, darunter der spätere Admiral Hipper. Segelorder vom Chef der Admiralität Stosch. Auslaufen Kiel. Anlaufen Yarmouth und Plymouth als Nothäfen wegen Sturm. Weiterreise Südamerika.
31.12.1882	Montevideo.
15.01.1883	Maghellan-Str. Weiterreise Valparaiso, Hawaii, Nagasaki.
06.1883	Unterstellung Ostasiatisches Kreuzergeschwader.
08.1883	Besuch Wladiwostok.
10.1883	Schanghai, Tschemulpo (Abschluß Deutsch- Koreanischer Handelsvertrag).
12.1883	Audienz Kdt., vier Offiziere und Bordmusikkorps beim koreanischen König Taiwen-kun in Seoul.
9.12.1883	Amoy. Einsatz im sogen. Pfannenkrieg.
03.1884	Heimreise Manila, Sulu-See, Borneo, Sandakan.
19.04.1884	Singapore, eingedockt zur Reparatur.
10.06.1884	Nach Fieberepidemie Auslaufen Richtung Südafrika.
12.07.1884	Simonstown, Befehl nach Südwestafrika segeln.
18.07.1884	Angra Pequena geankert.
6.08.1884	Offizielle Flaggenhissung und völkerrechtliche Besitzergreifung Schutzgebiet Deutsch- Südwestafrika.
30.08.1884	Insel Fernando Poo. Zusammentreffen mit Kano- nenboot *Möve* (Reichskommissar für Westafrika Dr. Nachtigal an Bord der *Möve*).
5.09.1884	Porto Seguro und Klein-Popo (später Schutzgebiet Togo) Deutsche Flagge gehißt. Weiterreise nach Kap Verden, Madeira, Plymouth. Wilhelmshaven.
9.10.1884	Klassifizierung als Kreuzerfregatte.
25.11.1884	Grundreparatur, vorgesehen als ständiges Flagg- schiff des Kreuzergeschwaders. (Neue Beplankung, Maschinen, 2. Schornstein).
18.02.1885	Erste Probefahrten.
09.1886	Erneuter Dockaufenthalt. Neuer Rudersteven und vollelektrische Beleuchtungsanlage montiert.
12.10. bis 12.11.1886	Zweite Probefahrt. Schraubenhavarie. Werftaufenthalt.
6.04.1888	Dritte Probefahrt.

06.1888	Schiff wieder voll verwendungsfähig.		auf Wusung-Reede vor Nanking aufgelaufen. Reparatur in Yokohama.
14.06.1888	Ausreise zur Ablösung Kreuzerfregatte *Bismarck*.		
16.07.1888	Ablösung vor Aden.	05.1891	Überfahrt durch den Pazifik nach San Francisco. Wegen ungünstiger Windverhältnisse und hohem Kohleverbrauch mußte die *Leipzig* geschleppt werden (1217 sm)!
2.08.1888	Vor Sansibar.		
31.08.1888	Geschwaderchef Konteradmiral Deinhard eingeschifft.		
8.09.1888	Ausschiffung Landungskorps vor Tanga wegen »Ostafrikanischem Aufstand« (1888-90).	6.07.1891	Ankern vor Valparaiso. (Einsatz vor Chile.)
		9.07.1891	Einlaufen Valparaiso.
22.09.1888	Gefecht bei Bogamoyo.	07.1891	Besuch Iquiqe in Chile.
5.12. bis 6.12.1888	Gefecht vor Bogamoyo.	08.1891	Besuch Coquimpo in Chile.
31.12.1888	Durch Geschützfeuer 4. Angriff auf Bogamoyo zum Scheitern gebracht.	20.08.1891	Einlaufen Valparaiso. Landungskorps ausgeschifft. Schutz der von Deutschen bewohnten Stadtteile. Deutsches Lazarett unter Leitung Schiffsarzt *Leipzig*.
11.01. bis 16.01.1889	Abwehr der Angriffe auf Daressalam gemeinsam mit *Möve*.		
		09.1891	Landungskorps zurück an Bord.
3.02.1889	Abwehr Angriffe gegen Bogamoyo.	12.1891	Weiterreise über Magellan-Straße nach Montevideo.
3.03.1889	Ausfallgefecht in Bogamoyo. *Leipzig*-Wache erobert zwei Geschütze.		
		6.01.1892	Ankern vor Montevideo. Neue Order zur Weiterreise nach Kapstadt, über südbrasilianische Häfen.
27.03.1889	Landungskorps *Leipzig* erstürmt Kondutschi.		
8.05.1889	Erstürmung Buschiri-Lager bei Bogamoyo durch Landungskorps *Leipzig, Carola* und *Schwalbe*.	21.02.1892	Kapstadt. Dockaufenthalt zur Reparatur.
		22.03.1892	Delagoa-Bucht. Besuch Präsident Krüger. Weiterreise über Ostafrika, Colombo nach Hongkong und andere Häfen im Chinesischen Meer.
10.05.1889	Unternehmen Landungskorps *Leipzig* gegen Mbegani und Mwangotini.		
6.06.1889	Beschießung von Saadani (Landungskorps).		
8.07.1889	Eroberung von Pangani unter Beteiligung Landungskorps *Leipzig*.	16.11.1982	Von Hongkong aus Marsch nach Sansibar.
		5.01.1893	Sansibar.
10.07.1889	Einnahme von Tanga unter Beteiligung Landungskorps *Leipzig*.	3.03.1893	Kapstadt, Teil-Überholung. Rückruf wegen schwerer Mängel, die eine Grundüberholung bedingten.
13.08.1889	Erholungs- und Reparaturaufenthalt in Kapstadt.		
4.09.1889	Dockaufenthalt in Kapstadt.	6.04.1893	Kapstadt ausgelaufen zur Heimreise über St. Helena, Kap Verden, Madeira, Nieuwediep nach Schilligreede. Dort Begrüßung und anschließend Außerdienststellung. Weiterverwendung als Wohn- und Maschinenhulk. In dieser Eigenschaft wurde u.a. die erste Funktelegraphie-Schule an Bord eingerichtet.
28.10.1889	Suez.		
1.11.1889	Insel Mytilene (Lesbos). Zusammentreffen mit Übungsgeschwader (KAdm. Hollmann).		
12.11.1889	Venedig. Dockaufenthalt.		
15.12.1889	Ausdocken Venedig. Auslaufen nach Ostafrika über Malta, Port Said, Aden. Hier neue Segelorder nach Ostasien.		
		5.11.1919	Schiff sackt ohne äußere Einwirkung ab in Wilhelmshaven.
20.3.1890	Hongkong. Anschließend verschiedene chinesische und japanische Häfen angelaufen.	1921	Wrack gehoben und abgebrochen.
20.5.1890	Nagasaki. Neuer Geschwaderchef, KAdm. Valois. Fahrt nach Hongkong, Manila und Singapore.		
21.07. bis 16.09.1890	Fahrt nach Indonesien, Bismarck-Archipel, Sidney. Dort Instandsetzungsarbeiten durchgeführt.		
11.1890	Fahrt Neuseeland, Samoa, Marschall-Inseln.		
14.02.1891	Hongkong.		
03.1891	Besuche verschiedener chinesischer Häfen, dabei		

Gedeckte Korvette *Leipzig*

Bauwerft:	AG Vulkan, Stettin
Bau-Nr.:	72
Stapellauf.	13.9.1875
Bauwerft:	Kaiserliche Werft, Kiel (Weiter- und Fertigbau)
Indienststellung:	1.6.1877
Umbau:	Kaiserliche Werft, Wilhelmshaven 1885–1888
Größe:	4626 t
Länge:	87,50 m
Breite:	14 m
Tiefe:	6,90 m
PS:	6050 mit 2 Schrauben
	1 Schraube 2-Flügel 6 m Durchmesser heißbar, 1 Schraube 4-Flügel 5,8 m Durchmesser
Geschwindigkeit:	15,8 kn
Fahrbereich:	2330 sm bei 10 kn
Besatzung:	39/386 Mann
Bewaffnung:	12 RK 17 cm, 4 TR 35 cm (2 Seiten- und 2 Bug-ÜTR), 10 Torpedos, nach Umbau zusätzlich 4 Revolverkanonen

Kleiner Kreuzer *Leipzig* I

8.09.1906	Ausreise von Wilhelmshaven.
6.01.1907	Hongkong eingetroffen. Zugehörigkeit zum Ostasiengeschwader.
25.01. bis 10.03.1907	Wachtschiff in Tsingtau, danach Teilnahme an verschiedenen Geschwaderfahrten.
17.11.1907	Teilnahme an japanischer Flottenparade vor Kobe als Vertreterin des Deutschen Reiches.
01.1909	Instandsetzungsarbeiten in Hongkong, anschließend Auslaufen nach Samoa-Inseln.
26.02.1909	Manila, Geschwaderchef VAdm. Coerper an Bord.
19.03.1909	Apia. (Opposition eines Häuptlings).
14.05. bis 17.05.1909	Suva, VAdm. Coerper ausgeschifft, Rückreise nach Apia.
21.05.1909	Auslaufen Apia über Pago Pago, Ponape und Manila nach Tsingtau.
29.06.1909	Tsingtau. Von hier aus Kreuzfahrten durch das nördliche Stationsgebiet.
1910	Fahrten nach Siam und in den ostindischen Inselbereich.

04. bis 05.1910	Besuch Japans.
07.1910	Besuch Hankau (Jangtsekiang-Fluß).
31.01.1911	Kalkutta. Begleitung Kronprinzenpaar. Reise wegen dort herrschender Pest abgebrochen.
03.1911	Tokio. Besuch beim japanischen Kaiser.
15.08. bis 18.08.1911	Wladiwostok.
15.09.1911	Tsingtau.
10.10.1911	Hankau, wegen Unruhen. Internationale Streitmacht unter Leitung japanischen KAdm. Kawashima. Landungskorps unter Führung I.O. *Leipzig*.
11.1911	Rückmarsch nach Schanghai. Anschließend Fahrten im Gelben Meer. Besuch Wladiwostok. Teilnahme an Trauerfeier für verstorbenen japanischen Kaiser Mutsuhito.
12.1912	Schanghai.
07. bis 08.1913	Raum Nanking. Dort Zeuge der Kämpfe zwischen chinesischen kaiserlichen und republikanischen Truppen.
09. bis 10.1913	Tsingtau. Grundreparatur. Anschließend Besuch südliches Stationsgebiet einschließlich Philippinen.
05.1914	Befehl zur Ablösung Kl. Krz. *Nürnberg* an der Westküste Mittelamerikas.
7.07.1914	Mazatlan eintreffen, nach Reise über Honululu. Teinahme an Evakuierung deutscher Staatsangehöriger während der Revolution in Mexiko.
31.07.1914	Nachricht über politische Spannungen in Europa.
2.08.1914	Abgabe der Flüchtlinge an US-Panzerkreuzer *California*.
5.08.1914	Magdalenen-Bucht. Nachricht vom Kriegsausbruch gegen Großbritannien. Handelskrieg vor nordamerikanischer Küste.
17.08.1914	San Francisco. Kohlenübernahme.
10.09.1914	Guaymas. Kohlenübernahme. Marsch zur Osterinsel mit Dampfer »Anasis«, »Karnak« und »Anubis«.
14.10.1914	Osterinsel. In der Cook-Bucht Vereinigung mit Kreuzergeschwader.
18.10.1914	Auslaufen mit Ziel Inselgruppe Juan Fernandez im Verband des Kreuzergeschwaders. Liegeplatz Bucht Insel Mas el Fuera. Kohlenübernahme. Weiterreise Richtung Valparaiso. Nach Meldung über Aufenthalt britischen Kreuzers *Glasgow* in Coronel Kursänderung.

1.11.1914 04.	17 Uhr nachmittags, Sichtungsmeldung von drei Schiffen. (Panzerkreuzer *Monmouth*, Kleiner Kreuzer *Glasgow*, Hilfskreuzer *Otranto*, später noch Panzerkreuzer *Good Hope*).
1.11.1914	06.34 Uhr Signal Feuer eröffnen von *Scharnhorst*. *Leipzig* eröffnet Feuer auf *Glasgow*. 07.30 Uhr, *Glasgow* läuft nach Treffern ab. Inzwischen *Good Hope* gesunken, *Monmouth* schwer beschädigt außer Sicht gekommen, später 08.58 Uhr durch Torpedoschuß. Kreuzer *Nürnberg* versenkt.
4.11.1914	Wartestellung vor Valparaiso.
13.11.1914	Valparaiso. Kohlen- und Proviantübernahme. Anschließend Sammeln mit Kreuzergeschwader und Marsch nach Süden zur St. Quentin-Bucht und Kap Hoorn.
2.12.1914	Kap Hoorn passiert. Aufbringung Vollschiff »Drummuir« mit 2750 t Kohle. Kohlen vor Picton-Insel.
7.12.1914	Befehl vom Flaggschiff für Falkland-Unternehmung.
8.12.1914	Ostseite Falkland-Inseln. Geplantes Landungsunternehmen von *Gneisenau* und *Nürnberg* wegen unvermuteter Anwesenheit britischer Seestreitkräfte abgebrochen.
8.12.1914	Sammeln im Geschwaderverband gegen 11.00 vormittags. 12.50 Uhr Feuereröffnung durch *Inflexible* auf *Leipzig*. 01.15 Uhr nachm. Signal von Flaggschiff »Entlassen, versuchen zu entkommen«. Ablaufen mit südlichem Kurs. Verfolgung durch die Kreuzer *Kent*, *Cornwall* und *Glasgow*. *Leipzig* und *Nürnberg* steuern südöstlich,
Dresden	südlich.
8.12.1914	02.35 Uhr Beschuß durch *Glasgow*, später auch *Cornwall*. 07.20 Uhr Befehl Kommandant »Schiff verlassen« (Nach Aufbruch der Munition). Schiff brennt. 07.50 Uhr erneuter Beschuß.
8.12.1914	09.23 Uhr nachm. gesunken auf 53°55' s.Br., 55° 55' w.L. mit 315 Mann, darunter der Kommandant. 18 Mann von britischen Kriegsschiffen gerettet.

Kleiner Kreuzer *Leipzig* I

Bauwerft:	AG Weser, Bremen
Bau-Nr.:	143
Stapellauf:	21.3.1905
Indienststellung:	20.4.1906
Größe:	3816 t
Länge:	111 m
Breite:	13,3 m
Tiefe:	5,61 m
PS:	12.205 2 Schrauben 4-Flügel 3,9 m Durchmesser
Geschwindigkeit:	22 kn
Fahrtbereich:	4690 sm bei 12 kn
Besatzung:	19/313 Mann
Bewaffnung:	10 SK 10,5 cm, 10 Schnellfeuer-Maschinen-kanonen 3,7 cm, 4 MG, 2 Breidseits-ÜTR 45 cm

Kleiner Kreuzer *Leipzig* II

Bauwerft:	AG Weser, Bremen
Bau-Nr.:	*235*
Stapellauf:	28.1.1918
Indienststellung:	–
Größe:	7486 t
Länge:	155,5 m
Breite:	14,3 m
Tiefe:	6,43 m
PS:	49.428 2 Schrauben 3-Flügel 3,5 m Durchmesser
Geschwindigkeit:	27,5 kn
Fahrbereich:	5400 sm bei 12 kn
Besatzung:	17/542 Mann
Bewaffnung:	*8 SK 15 cm, 3 Flak 8,8 cm, 4 Decks-TR 50 cm, 200 Minen*

Kleiner Kreuzer *Leipzig II* gemeinsam mit *Emden II* auf der Helling der Bauwerft AG Weser. Beide Schiffe waren Ersatzbauten für die gesunkenen Kleinen geschützten Kreuzer gleichen Namens. Während die *Emden* 1916 fertiggestellt und 1918 in Scapa Flow interniert wurde, kam der nicht mehr fertiggestellte Kreuzer *Leipzig* 1919 zum Verkauf und wurde 1921 in Hamburg abgebrochen.

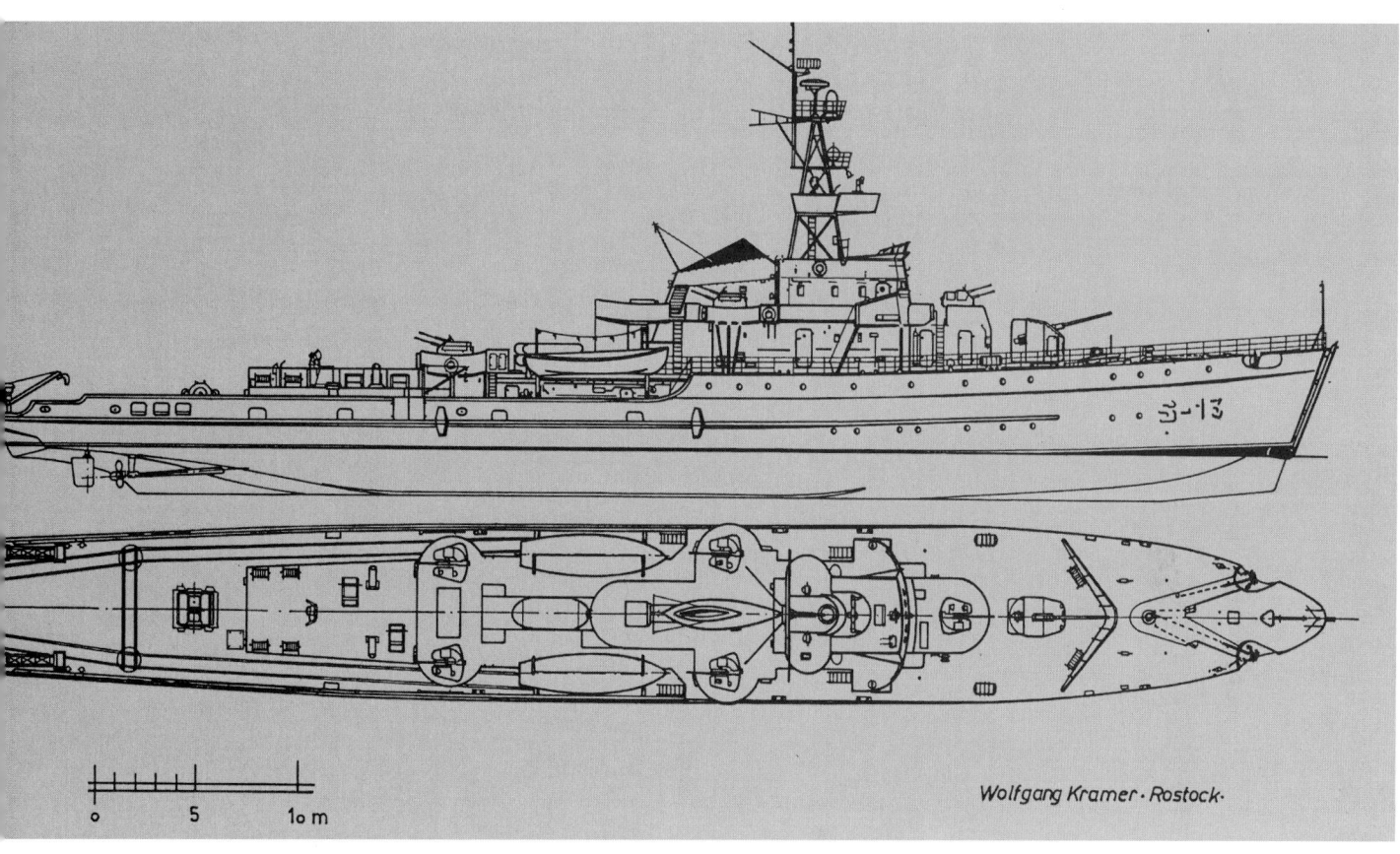

Wolfgang Kramer · Rostock.

Minenleg- und Räumschiff *Leipzig (Krake-*Klasse)

Bauwerft:	Peene-Werft, Wolgast	Geschwindigkeit:	16 kn
Bau-Nr.	3002 3010	Fahrbereich:	2460 sm
Stapellauf: ?	?	Besatzung:	38
Indienststellung:	21.9.1957 21.10.1958	Bewaffnung:	1- 85 mm L/52, Modell 90 K
Größe:	642 t		10-25 mm L/40, Modell 2-M-3
Länge:	66,1 m		Doppellafette
Breite:	8,4 m		Wasserbomben
Tiefe:	2,52 m	Außerdienststellung:	14.10.1972 1.10.1976
PS/KW:	2400 / 1765		danach abgebrochen

Anmerkungen: Umbenennung in ex *Gera = Halle*
Weitere Einzelheiten siehe Hans Mehl, Kurt Schäfer: *Die andere Deutsche Marine*, Berlin 1992.

Quellen und Literaturverzeichnis
I. Archivalien und private Aufzeichnungen

1. Bundesarchiv-Militärarchiv Freiburg/Brsg.

RM 6/49	Marinekommandoamt. Handmaterial des ObdM. Spanienkrieg.	33-16	Turmunterbauten
		33-18	Geschützstände der leichten Artillerie
RM 7/87	1. Skl KTB Teil B II und IIa, Entwicklung der Lage in der Nordsee, 25.9.39-31.12.43	33-19	Unterbauten für 4 Stück 3,7 cm Doppelflak
		33-22	Querschnitte
RM 7/88	1. Skl Teil B IIa Lageübersicht Mar. Gruppenkdo. Nord 1.1.44-31.5.44	33-23	Oberdeck und obere Ansicht
		33-26	Innenboden, Stauung, Plattformdeck
RM 7/162	1. Skl KTB Teil C III Ostsee (Bd. 4) 2. Juli 1944 bis 19. Oktober 1944	33-28	Panzerdeck, Zwischendeck
		RM 35I/133	KTB Marinegruppenkommando Nord
RM 7/163	1. Skl KTB Teil C III Ostsee (Bd. 4) Juli 1944 bis Oktober 1944 (2.7.-19.10.44) Seite 2		1.10.-31.12.1940
		134	1.1.-28.2.1941
RM 7/291	1. Skl KTB Teil D 16 Lagebericht Ostsee-Norwegen 1.1.44 bis 31.12.1944 (Bl. 979, 980) Lage Ostsee am 19. Dezember 1944, 08.00 Uhr	135	1.3.-31.5.1941
		RM 35I/136	KTB Marinegruppenkommando Nord
			1.6.-31.7.1941 S. 23 (Bl. 15)
RM 7/292	1. Skl KTB 1.1.-13.5.1945	137	1.8.-30.9.1941 S. 37 (Bl. 26)
RM 7/852	1. Skl KTB Teil D Lageberichte Ostsee-Norwegen, Teil I, 14.3.45 bis 30.4.1945. Lage Ostsee 15.3.45 (Bl. 17), 16.3 (Bl. 29), 19.3. (Bl. 56), 22.3. (Bl. 86), 23.3. (Bl. 96797), 24.3. (Bl. 107/108), 25.3. (Bl. 115/116), 26.3. (Bl. 125/126), 27.3. (Bl.133/134), 28./29.3. (Bl....), 30.3. (Bl....)	138	1.10.-31.12.1941
		139	1.1.-28.2.1942
		140	1.3.-30.4.1942
		141	1.5.-31.5.1942
		142	1.6.-31.7.1942
		143	1.8.-30.9.1942
RM 7/1059	Bereitschaft und Zuteilung der Überwasserstreitkräfte 16.6.1942 bis 29.7.1944, hier Bl. 226	144	1.10.-31.12.1942
		145	3.1.-28.2.1943
RM 12II/133	Besuch Portsmouth Juli 1934, Fotos, Zeitungsausschnitte	146	1.3.-30.4.1943
		148	1.8.-31.10.1943
RM 20/932	Herbstmanöver 1932, insbes. Bl. 5, 6, 19, 20 und 22	150	16.1.-31.3.1944
		151	1.4.-31.8.1944
RM 25/33	Baupläne Leichter Kreuzer Leipzig, Marinewerft Wilhelmshaven 8.10.1931	152	KTB Gruppenkommando Nord und Flottenkommando15.4.-30.4.1943, S. 44 Lagebetrachtung
33-2	Längsschnitt	153	1.5.-15.5.1943
33-3	Panzerdeck	154	16.5.-31.7.1943
33-5	Wegerungsplan, Längs- und Querschnitte	155	1.8.-15.8.1943, S. 2 (Bl. 59)
33-6	Wegerungsplan	156	16.8.-31.8.1943 Lagebetrachtung Aug. 1943, Anlage 16
33-7	Gefechtsmast Zusammenstellung		
33-13	Geschützstand Turm A	157	1.9.-15.9.1943
33-14	Geschützstand Turm B	158	1.10.-27.12.1943
33-15	Geschützstand Turm C	159	16.11.-30.11.1943

162	30.12.43-31.1.1944
163	1.12.-15.12.1943, Lagebetrachtung Nov. 1943, Ausbildungsverband S. 35/36
164	16.12.- 27.12.1943, Lagebetrachtung
165	28.12.43-29.2.1944 Lagebetrachtung Jan. 1944, Ausbildungsverband S. 14
166	Lagebetrachtung März 1944, Ausbildungsverband S. 12
RM 45/102	KTB Kommandierender Admiral Norwegen 1.10.-31.12.1940
103	1.1.-31.3.1941
104	1.4.-30.6.1941
RM 48/14	KTB Flottenkommando insbes. Heft 12 und Heft 17 S. 147 (6) 1.9.44-Januar 1945
RM 92/5069	KTB des Kreuzers Leipzig 12.3.37-26.3.1937 und 29.4.37-15.5.1937
RM 92/5070	KTB des Kreuzers Leipzig 1.6.37-24.6.1937
RM 92/48182	KTB des Kreuzers Leipzig Bd. I 24.8.39-27.9.1939
48183	28.9.39-1.10.1939
48184	2.10.39-13.10.1939
48185	16.10.39-29.10.1939
48186	1.11.39-15.11.1939
48187	16.11.39-30.11.1939
48188	1.12.39-15.12.1939
RM 32/48189	KTB des Kreuzers Leipzig Bd. II 16.12.39-30.12.1939
48190	1.1.40-15.1.1940
RM 92/48191	KTB des Kreuzers Leipzig Bd. II 16.1.40-31.1.1940
48192	1.2.40-15.2.1940 und 16.2.40-30.11.1940
48193	1.12.40-31.12.1940
48194	1.1.41-15.1.1941
48195	15.1.41-31.1.1941
48196	1.2.41-4.3.1943, mit Schrb. Kd.Marinestation Ostsee an MOK Nord über die »Entbindung« von der Führung eines KTB.
48197	KTB des Kreuzers Leipzig Bd. II 11.6.41-30.6.1941
48198	1.7.41-7.7.1941
48199	23.9.41-28.9.1941, mit Hinweis auf »Baltenflotte«
48200	KTB des Kreuzers Leipzig Bd. II 1.8.43-4.9.1944
48201	Bericht über die Auswirkungen des Torpedotreffers vom 13.12.1939, einschl. Auszug KTB des L.I. vom 12.-15.12.1939 und Bericht des E.I. Schildt
48202	Fotos zu den Berichten
48204	Bericht des BdA über das Gefecht mit britischen U-Booten und Fliegern am 13. Dezember 1939 mit namentl. Verlustmeldung und Zustand der Maschinen-Anlage (Anl. 8)
M 519/38 633 u. 38634	KTB der Kriegsmarinedienststelle Danzig vom 1.1.45 bis 28.2.1945
III M 101775	1. Skl Ib 497/43 gKdos. Chefs. Plan zur Außerdienststellung der deutschen Schlachtschiffe, Kreuzer u.a. vom 2.2.1943
TS 297 M3 (PG 57412/MP)	Schiffbuch II Kreuzer Leipzig mit den Abschnitten I = Entstehungsgeschichte S. 1-18 II = Bewaffnung, Ausrüstungen S. 19-46 III = Eigenschaften S. 47-102 IV = Lebensgeschichte des Schiffes S. 103-108 (Endet 20.4.1944) V = Maschinenanlagen S. 109-114

2. Material aus privater Hand

2.1. Marineschule Mürwik, Wehrgeschichtliches Ausbildungszentrum

3603, 5803 L 16/DOK 1	Schiffsmeßbrief des Leichten Kreuzers Leipzig vom Oktober 1931
3607, 5804 L 16/DOK 1	dto.
4075, 15413 L 16/DOK 1	Torpedoangriffe auf den Leichten Kreuzer Leipzig im Spanischen Bürgerkrieg am 15. und 18. Juni1937 (Zeitungsausschnitte)
8284, 18507 L 16/DOK 2	Akte zum Stapellauf des Leichten Kreuzers Leipzig am 18. Oktober 1929 (Zeitungsausschnitte und andere Dokumente)
2.2	Ministry of Defence, 3-5 Great Scotland Yard London SW1A2HW Directorate of Naval Staff Duties (Foreign Documents Section)
A/1320	Registrierte Schriftstücke, Eingänge, Headquarters Royal Navy Berlin, Communications Office, In from NOIC Wilhelmshaven 11. Juli 1946
S590/1945	Schreiben von Office of Flag Officer Denmark Vesterport Copenhagen vom 23. Mai 1945 No.

7/24 an Allied Naval Commander-in-Chief, Expeditionary Force. Admirality, Whitehall, Lonson S.W.1 Angeheftet: Report of casualty German Cruiser Leipzig in Abenraa Harbour vom 22.5.1945 von Lieut. C.I. Qwist R.N.R., Admirality Salvage Officer

7/D2186 Schreiben von Office of Flag Officer Denmark Vesterport Copenhagen vom 11. August 1945 an British Naval Commander-in-Chief, Germany. Letter of proceedings 21st May-31st July.

ID/1533 (1672/2) Office of Naval Officer-in-Charge Wilhelmshaven 28th August, 1945 to: Flag Officer, Western Germany, mit Progress Report July, 1945. Darin Ankunft Leipzig in Wilhelmshaven.

ohne Signum Appendix (Page 4/5) zum Report of Proceedings, 1st to 15th August 1945 (Enclosure to Flag Officer, Western Germany's Nr. 1672/2 of 1st September, 1945)

ohne Signum War Diary, Home Commands, 12.5.1945 Saturday (Fernschreib- und Funkspruch-Sammlung) 20.5.1945 Sunday (Bl. 516) 24.5.1945 Thursday (Bl. 599) 30.6.1945 Saturday (Bl. 601)

ohne Signum Post war Diary, Allied Naval Commander-in-Chief, Expeditionary Force vom 1st to 13th July, 1945, Bl. vom 3rd July, 1945

886/A/1104 Schreiben British Naval Commander-in-Chief, Germany an Secretary of the Admirality, Report on Cruiser »Leipzig« vom 19th August 1945

5/2/2 Schreiben Office of Flag Officer, Western Germany, at Buxtehude, Nr. Hamburg, Germany vom 7th August, 1945 an British Naval Commander-in-Chief, Germany, Reports on Cruiser »Leipzig«.

Dazu folgende Anhänge:

5&2&2 Encl.No.1 Report on »Leipzig« by Staff Constructor Officer dated 24th July, 1945

5/2/2 Encl.No.2 General Report about Cruiser »Leipzig«, 20th July, 1945 als Brief No. 78/918 von Naval Officer-in-Charge, Wilhelmshaven

2.3 Bibiliothek der Firma Rheinmetall, Düsseldorf

EDV-Nr. 6480 WB 125

Bl. 1-36 Entwicklung des Drillingsturmes C 15 cm S.K. C/25 in Drh.L. C/25)

H 0184 (7 Blätter) Liste der von Rheinmetall bzw. Rheinmetall-Borsig gelieferten bzw. im Auftrag befindlichen Geschütze (Rohre und Lafetten) für die deutsche Kriegsmarine, Stand 13.1.37.

2.4 Sonstige

Bach, Walter: Erinnerungen an meine Kommandantenzeit auf dem Leichten Kreuzer Leipzig 1945.

Herzog, Paul: Kriegseinsätze des Leichten Kreuzers Leipzig, Schriftwechsel.

Hummel, Roland: Meine Bordzeit auf Kreuzer Leipzig als Mechaniker-Obermaat 1943-1945.

Huxmann, Reinhard: Kreuzer Leipzig 1931-1946, Schriftwechsel.

Kiesel, Kurt: Erinnerungen an meine Bordzeit auf dem Kreuzer Leipzig 1945.

Klopp, Karl-Ludwig: Schriftwechsel zu den Themen »Bordzeit auf Kreuzer Leipzig als Adjutant 1945« und »Bordzeit auf Leipzig 1945/46«.

ders.: Logbuch Kreuzer Leipzig vom 4.5. bis 22.7.1945.

ders.: Schiffbuch II, Leichter Kreuzer Leipzig Abschnitte I-IV, insbes. Lebensgeschichte des Schiffes vom 23.1.-7.7.1945.

ders.: Schiffskunde Kreuzer Leipzig (vermutl. Stand 1943).

Kopal, Franz: Bordzeit auf Kreuzer Leipzig 1945 als Oberbootsmannsmaat.

Kramer, Reinhard: Schriftwechsel zum Thema »Kreuzer Leipzig« einschl. Zeitungsausschnitt aus einer britischen Truppenzeitschrift vom Juli 45.

Kubera, Siegfried: Bordzeit auf Kreuzer Leipzig 1945 als Feuerwerkerhauptgefreiter in Turm C.

Liebeck, Horst: Verbleib der Schiffsglocke des Kreuzers Leipzig und deren Verwendung in der Petrus-Gemeinde zu Telgte.

Neuerburg, Otto: Menschenwerk im Mahlstrom der Macht, die Deutschen Werke. Aufstieg und Untergang einer Großwerft. Manuskript im Bestand der Stadtbücherei Kiel.

Niemann, Karl-Otto: Auszüge aus der persönlichen Erinnerungsschrift über die Bordzeit auf dem Kreuzer Leipzig 1945.

Petri, Karl: Logbuchauszüge des Kadetten Petri 14.5.-15.10.1944.

Prager, Hans-Georg: Textnotiz der Aussage des ehem. Luftwaffen-Oberfeldwebels Walter Müller, Flugzeugführer auf Kreuzer Leipzig 1939.

Pranger, Herbert: Auszug aus meinem Logbuch als Seekadett auf dem Leichten Kreuzer Leipzig 1944.

Schmolke, Alfred: Schriftwechsel über die Bordzeit als E-Ingenieur auf Kreuzer Leipzig 1945.

Schultz, Willi: Logbuch über meine Bordzeit als Kadett (Ing.) auf dem Leichten Kreuzer Leipzig vom 3.1.-23.7.1945.

Simon, Elisabeth: Erinnerungen an meinen Mann, Stabsoberstückmeister Kurt Simon, auf dem Kreuzer Leipzig und an den Fronteinsatz auf der Marienburg 1945.

Dr. Thorey, Werner: Erinnerungen an meine Bordzeit auf Kreuzer Leipzig 1945 als Fla-Artillerieoffizier.

Tödt, Dieterich: Erinnerungen an meine Kadettenzeit auf Kreuzer Leipzig 1945 und den Einsatz des Landungskorps.

Dr. Tölle, Karl-Heinz: Erinnerung an das Crewtreffen der Crew 44 in Telgte 1985.

Dr. Vollmer, Wilfried: Erinnerungen an meine Bordzeit auf dem Kreuzer Leipzig 1943 und 1945.

Dr. Wehe, Hildegard: Erinnerungen an den Besuch des Kreuzers Leipzig in der Freien Stadt Danzig 1936.

Dr. Wiese, Heinz: Erinnerungen an meine Kadettenzeit auf Kreuzer Leipzig 1945.

Wittneben, Karl-Heinz: Erinnerungen an meine Bordzeit auf Kreuzer Leipzig und die Landeinsätze im Raum Marienburg 1945.

Woenne, Wolfgang: Logbuch über meine Bordzeit als Kadett (Ing.) auf dem Leichten Kreuzer Leipzig 1945.

II. Gedruckte Quellen

1. Aktenpublikationen

Die Wehrmachtsberichte 1939-1945, Bd. 1, 2 und 3, Hrsg. Gesellschaft für Literatur und Bildung mbH, Köln 1989.

Hitlers Weisungen für die Kriegsführung 1939-1945. Dokumente des Oberkommandos der Wehrmacht, hrsg. von Walter Hubatsch, 2. Auflage Koblenz 1983.

Kriegstagebuch der Seekriegsleitung 1939-1945, im Auftrag d. Militärgeschichtl. Forschungsamtes in Verbindung mit d. Bundesarchiv-Militärarchiv und d. Marine-Offizier-Vereinigung hrsg. von Werner Rahn und Gerhard Schreiber unter Mitw. von Hansjoseph Maierhöfer, Bd. 1 (August/September 1939) bis Bd. 28 (Dezember 1941), Herford, Bonn 1988-92.

Lagevorträge des Oberbefehlshabers der Kriegsmarine vor Hitler 1939-1945. Im Auftrag des Arbeitskreises für Wehrforschung hrsg. von Gerhard Wagner, München 1972.

Salewski, Michael: Die deutsche Seekriegsleitung 1935-1945, Bd. 3. Denkschriften und Lagebetrachtungen 1938-1944, Frankfurt/M. 1973.

ders.: Von Raeder zu Dönitz. Der Wechsel im Oberbefehl der Kriegsmarine 1943, in: Militärgeschichtliche Mitteilungen Nr. 2/1972, S. 101-146.

2. Periodika und zeitgenössisches Schrifttum

Bach, Walter: Leipzig – Der letzte deutsche Kreuzer. Die Seekiste 1952, S. 438 – 444, Kiel 1952.

ders.: Leipzig – Letzte Fahrt und Untergang. Zeitschrift »Marine« Heft 3/79, S. 6f., Koblenz 1979.

Barthel,...: Deutsche Schiffsartillerie 1918-1945, Soldat und Technik 1990, Heft 10, S. 740f., 1990.

Both, Gerhard H.: Erinnerungen eines Fähnrichs (Ing.) an seine Ausbildung 1943/44. Zeitschrift »Marine Forum« MOV/MOH/DMI Nachrichten, Hefte 12/87 bis 7-8/88, Herford 1987/88.

Brennecke, Jochen/ Schefbeck, Günter: Hitlers »glücklichster Tag« 1935: Das deutsch-britische Flottenabkommen am 18. Juni unterzeichnet. Schiff und Zeit, Heft 21, S. 38f. Herford 1989.

Dirre, Horst/ Krumsieg, Klaus: Die republikanische Flotte im Freiheitskampf des spanischen Volkes von 1936-1939. Marinekalender der DDR 1976, S. 59f., Berlin 1975.

Donath, Günter: Zur Geschichte des polnischen Zerstörers Burza. Deutscher Marinekalender 1969, S. 128f., Berlin 1968.

Gießler, Helmut: Radar für Marine und Schiffahrt. Schiff und Zeit Heft 6, S. 37f., Herford 1977.

Güth, Rolf: Von den »Großen Perspektiven« zur Defensive. Schiff und Zeit, Heft 32, S. 20f., Herford 1990.

ders.: Von Raeders Rücktritt bis zu Dönitz' Kapitulation. Schiff und Zeit, Heft 37, S. 17f., Herford 1993.

ders.: Karl Dönitz nahm es auf seine Schultern. Schiff und Zeit, Heft 13, S. 4f., Herford 1981.

Hanemann, Ludwig C. R.: Die Kollision der Kreuzer Prinz Eugen und Leipzig, ihre Ursache und ihre kriegsgerichtliche Ahndung. Schiff und Zeit Heft 41, S. 29 bis S. 34. Hamburg 1995.

Heinsius, Paul: Der Verbleib des Aktenmaterials der deutschen Kriegsmarine. Der Archivar, Heft 2, S. 75f. 1955.

Henningsen, Henning: Wachsysteme an Bord von Seeschiffen. Schiff und Zeit, Heft 23, S. 21f., Herford 1986.

Hubatsch, Walter: Großadmiral Karl Dönitz und die Nemesis der Geschichte. Schiff und Zeit, Heft 13, S. 1f., Herford 1981.

Lottmann, Hermann/
Küchler, P./Burkhardt, H.:Heute weiß ich, daß der Versuch scheitern mußte. Drei Originalberichte aus den Anfängen der Lichtbogenschweißtechnik in der deutschen Kriegsmarine und der Handelsschiffahrt. Schiff und Zeit, Heft 13, S. 45f., Herford 1981.

Muscheid, Günter: Die technischen Daten deutscher Schiffsgeschütze. Schiff und Zeit, Heft 34, S. 35f., Herford 1991.

Rentsch, Eberhard: Die Deutschen haben Unmögliches möglich gemacht. Der dieselmotorische Antrieb von Panzerschiff Deutschland – eine optimale Leistung der M.A.N.. Vorläufer der Deutschland-Motoren. Schiff und Zeit, Heft 20, S. 38f., Herford 1984.

Prager, Hans-Georg: Unternehmung Rettung. Koehlers Flottenkalender 1985, S. 217, Herford 1984.

Rhades, Dr. Jürgen: Die deutsche Marine in Vergangenheit und Gegenwart. Reichsmarine und Kriegsmarine. Koehlers Flottenkalender 1968, S. 63f., Minden 1967.

Schultz, Willi: Kreuzer Leipzig – Pechvogel der Flotte. Koehlers Flottenkalender 1980, S. 181f., Herford 1979.

Steinmetz, H. O.: Das Porträt, General und Admiral von Stosch 1818-1898. Schiff und Zeit, Heft 6, S. 79, Herford 1977.

Uschdraweit, Paul: Der Untergang der »Wilhelm Gustloff«. Schiff und Zeit, Heft 5, S. 26f., Herford 1977.

wa.: Heimatvertriebene danken der Kriegs- und Handelsmarine. Köhlers Flottenkalender 1957, S. 105f., Minden 1956.

N.N.: Vor 100 Jahren. 1875 Gedeckte Korvette Leipzig vom Stapel. Schiff und Zeit, Heft 2, S. 71, Herford 1975

N.N.: Sieg und Untergang des Kreuzergeschwaders. Koehlers Flottenkalender 1969, S. 25, Herford 1968.

N.N.: Das Potsdamer Abkommen und die deutschen Schiffe. Köhlers Flottenkalender 1995, S. 215, Herford 1994.

3. Memoiren

Churchill, Winston: The Second World War. Bern 1948 bis 1954.

Dönitz, Karl: Zehn Jahre und zwanzig Tage. Bonn 1958.

Raeder, Erich: Mein Leben. Bd. 1 und 2. Tübingen 1956/57.

III. Handbücher und allgemeine Nachschlagewerke

Bredt, Alexander: Weyers Taschenbuch der Kriegsflotten XXXIV. Jahrg. 1940, München/Berlin 1940, Neuauflage 1973.

ders.: Weyers Taschenbuch der Kriegsflotten XXXVI. Jahrg. 1943/1944, München/Berlin 1944. Neuauflage 1974.

DUDEN-Lexikon 7. neu bearbeitete Auflage in 3 Bänden. Hrsg. Lexikon-Redaktion d. Bibliographischen Institutes. Mannheim/Wien/Zürich 1983.

Gröner, Erich: Die deutschen Kriegsschiffe 1815-1936. München/Berlin 1937.

ders.: Die Schiffe der deutschen Kriegsmarine und Luftwaffe 1939-45 und ihr Verbleib. München 1954.

Gröner, Erich/Jung, Dieter/Maas, Martin: Die deutschen Kriegsschiffe 1815-1945 Bd. 1. München 1982.

Hildebrand, Hans H./Röhr, Albert/Steinmetz, Hans-Otto: Die deutschen Kriegsschiffe, Bd. 1, S. 68-78, Ratingen 1994 (Sonderausgabe).

N. N Jane's Fighting Ships 1939. London 1939.

Dr. Kreutzer, Karl/Dr. Müller, Heinrich/Friedrich, Artur: Physik in der Kriegsmarine. Ein Beitrag zur Wehrphysik, Band 1 und 2. Berlin 1942.

Lohmann, Walter und Hans H. Hildebrand: Die deutsche Kriegsmarine 1939-1945. Gliederung – Einsatz – Stellenbesetzung. Bad Nauheim 1957-1964.

Militärgeschichtliches Forschungsamt (Hrsg.): Handbuch zur deutschen Militärgeschichte 1648 bis 1939, Bd. 1-4, München 1979.

Weyer, Bruno: Taschenbuch der deutschen Kriegsflotte 1990 I. Jahrg. 1900. München 1899, Reprint 1977.

ders.: Taschenbuch der Kriegsflotten, XV. Jahrg. 1914 München 1914, Reprint 1969.

Witthöft: Lexikon zur deutschen Marinegeschichte. Bd. 1, Herford 1977 und Bd. 2, Herford 1978.

Schiffsmaschinen-Inspektion Wilhelmshaven (Hrsg.): Leitfaden für den U.O. Fachlehrgang Lfb. II an den Marineschulen im Bereich der Schiffsmaschinen-Inspektion Wilhelmshaven. 2. Auflage. Kiel 1940.

ders.: Leitfaden für die Mot. II und Mot. III Sonderlehrgänge und die Fachlehrgänge der U.O. Lfb. II an

den Marineschulen im Bereich der Schiffsmaschinen-Inspektion Wilhelmshaven. 2. Auflage.
Kiel 1941.

IV. Darstellungen

Alman, Karl: Großadmiral Dönitz, vom U-Bootkommandanten zum Staatsoberhaupt. Berg am See 1983.

Bekker, Cajus: Verdammte See. Ein Kriegstagebuch der deutschen Marine. Herford 1978.

ders.: Die deutsche Kriegsmarine 1939-1945. Augsburg 1991.

Bräckow, Werner: Die Geschichte des deutschen Marine-Ingenieuroffizierkorps, Oldenburg/Hamburg 1974

Breyer, Siegfried/
Koop, Gerhard: Von der Emden zur Tirpitz. Bd. 1 und 2. Koblenz/Bonn 1981

ders.: Die deutsche Kriegsmarine 1935 bis 1945 Bd. 3 und 4, Friedberg 1987 und 1988.

Brustat-Naval, Fritz: Unternehmung Rettung. Herford 1985, Herford 1970.

Busch, Fritz Otto: Mit Kreuzer Leipzig in See. Berlin/Leipzig und Wien 1938.

DMI und MgF: Die deutsche Flotte im Spannungsfeld der Politik 1948-1985, Schriftenreihe des Deutschen Marineinstituts Bd. 9, Herford 1985.

DMI: Die deutsche Marine. Historisches Selbstverständnis und Standortbestimmung. Hrsg. Deutsches Marine Institut und Deutsche Marineakademie, Schriftenreihe Bd. 4, Herford und Bonn 1983.

Dollinger, Hans (Hrsg.): Die letzten hundert Tage. Das Ende des II. Weltkrieges. München/Wien/Basel 1965.

Fieguth, Gustav: Marienburg 1945. München 1985.

Gerdau, Kurt: Albatros, Rettung über See. Herford 1984.

Güth, Rolf: Die Marine des Deutschen Reiches 1919 bis 1939. München 1972.

Hadeler, Wilhelm: Kriegsschiffbau Teil A und B. Darmstadt 1968.

Herzog, Paul: Leichter Kreuzer Leipzig (IV), Rheinbrohl 1987.

Heye, August W./
Jacks, Heinrich: Blaue Jungs an Kessel und Maschinen. Berlin 1940.

Hubatsch, Walther: Der Admiralstab und die oberste Marinebehörde in Deutschland 1938 bis 1945. Frankfurt 1958.

Kähler, Wolfgang: Schlachtschiff Gneisenau, Bd. 4 Männer – Schiffe – Schicksale. Hrsg. Jochen Brennecke, Herford 1979.

Kieser, Egbert: Danziger Bucht 1945. Dokumentation einer Katastrophe. Esslingen am Neckar 1987.

Koop, Gerhard/
Mulitze, Erich: Die Marine in Wilhelmshaven. Koblenz 1987.

Koop, Gerhard/
Schmolke, Klaus-Peter: Die Leichten Kreuzer der Königsberg-Klasse – Leipzig und Nürnberg. Bonn 1994.

Lehmann, Hans: Die Weimarer Republik. Darstellung und Dokumente. München 1960.

Macintire, Donald/
Bathe, Basil W.: Kriegsschiffe in 5000 Jahren. Bielefeld 1974.

Mehl, Hans/
Schäfer, Knut: Die andere deutsche Marine. Berlin 1992.

Mielke, Otto: Leichter Kreuzer Leipzig. Der letzte Kreuzer der Kriegsmarine. Schicksal deutscher Schiffe... SOS-Heft Nr. 95. München 1956.

Nagel, Alfred: Vier Kreuzer Leipzig. Berlin-Lichterfelde 1933.

Prager, Hans Georg: Panzerschiff Deutschland/Schwerer Kreuzer Lützow. Herford 1981.

Rössler, Eberhard: Die Torpedos der deutschen U-Boote. Herford 1984.

Ruge, Friedrich O.: Der Seekrieg 1939 bis 1945. Stuttgart 1962.

ders.: Die Sowjetflotte als Gegner im Seekrieg 1941 bis 1945. Stuttgart 1981.

Salewski, Michael: Die deutsche Seekriegsleitung 1935 bis 1945. Bd. 1 1935-1941. Frankfurt 1970. Bd. 2 1942-1945. München 1975.

Schmalenbach, Paul: Die Geschichte der deutschen Schiffsartillerie. Herford 1968.

ders.: Schwerer Kreuzer Prinz Eugen – Unter drei Flaggen. Herford 1978.

Schön, Heinz: Ostsee 45. Menschen – Schiffe – Schicksale. 4. Aufl., Stuttgart 1992.

ders.: Die letzten Kriegstage. Ostseehäfen 1945. Stuttgart 1995.

Schultz, Willi: Linienschiff Schleswig-Holstein, Flottendienst in drei Marinen. 2. Aufl. Herford 1992.

Trenkle, Fritz: Die deutschen Funknachrichtenanlagen bis 1945. Heer, Marine, Luftfahrt. Bd. 1: Die ersten 40 Jahre. Ulm 1989; und Bd. 2: Der Zweite Weltkrieg; Ulm/Heidelberg 1990.

Werth, Alexander: Rußland im Kriege. München/Zürich 1965.

Whitley, Mike: Deutsche Kreuzer im 2. Weltkrieg. Stuttgart 1989.

Schiffsnamen- und Personenregister

I. Schiffe *

A

Admiral Graf Spee, Panzerschiff 51, 52, 59, 60
Admiral Hipper, Schwerer Kreuzer 65, 82, 86, 100, 137, 148
Admiral Makarov, sowjet. Kreuzer (ex Nürnberg) 165
Admiral Scheer, Panzerschiff 45, 48, 51, 54, 56, 59, 60, 79, 80, 81, 82, 86
Albatros, Torpedoboot 54
Albert Leo Schlageter, Segelschulschiff 147
Alvise da Mosto, italienischer Zerstörer 152
Amazone, Kleiner Kreuzer 6, 8
Anasis, Dampfer 178
Antonio Delfino, Passagierschiff 147
Anubis, Dampfer 178
Aquila, italienischer Zerstörer 52
Arethusa, englischer Kreuzer 52

B

Barletta, italienischer Hilfskreuzer 54
Beagle, englischer Zerstörer 51
Berlin, KDF-Schiff 59
Bernd von Arnim = Z 11, Zerstörer 66
Bianca, Dampfer 51
Bismarck, Kreuzerfregatte 176
Blyscawica, polnischer Zerstörer 63
Bremen, Schnelldampfer 61, 73
Bremse, Artillerie-Schulschiff 65
Brilliant, englischer Zerstörer 51
Bruno Dreyer, Schlepper 127, 128, 144, 147
Bruno Heinemann = Z 8, Zerstörer 68
Burza, polnischer Zerstörer 63

C

California, amerikanischer Panzerkreuzer 178
Canarias, spanischer Kreuzer 51
Cap Arkona, Schnelldampfer 85, 94, 96, 100
Carl Peters, Schnellboot-Mutterschiff 80
Carnarvon, englischer Kreuzer 14
Carola, Kreuzerfregatte 176

Cervantes, englischer Dampfer 52
Charkov, russischer Dampfer 67, 70
Cid, englischer Dampfer 54
Cobra, Minenschiff 80
Cöln, Kleiner Kreuzer 14
Cormulato, spanischer Dampfer 54
Cornwall, englischer Kreuzer 14, 178

D

Daniele Manin, italienischer Zerstörer 52
Der Deutsche, KdF-Dampfer 45, 59, 148
Deutschland, Panzerschiff 43, 45, 48, 56, 59, 60, 78
Diethmarschen, Tanker 64
Dorrid, dänischer Dampfer 51, 52
Dresden, Kleiner geschützter Kreuzer 14, 19, 178
Drummuir, Vollschiff 178

E

Edith, dänischer Dampfer 52
Enden, Kleiner Kreuzer 180
Emden, Leichter Kreuzer 26, 39, 64, 78, 79, 80, 81, 82, 85, 119, 147
Emile Bertin, französischer Kreuzer 61
Erich Steinbrinck = Z 15, Zerstörer 66, 153
Espana, spanisches Linienschiff 51

F

F7, Flottenbegleiter 69
F 9, Flottenbegleiter 69, 77
Franken, Dampfer 115, 120
Friedrich Eckoldt = Z 16, Zerstörer 66
Friedrich Ihn = Z 14, Zerstörer 69
Furious, englischer Flugzeugträger 51

G

Gallia, schwedischer Dampfer 54
Gazelle, Flottentender 115
Georg Thiele = Z 2, Zerstörer 64
Gera, DDR Minenleg- und Räumschiff 15
Glasgow, englischer Kreuzer 14, 178

* Hinweis auf Nationalität nur bei ausländischen Schiffen

Personen

Köhler, Wolf-Dietrich, Oberfähnrich (B) 92
König, Kapitänleutnant 91
Kolbe, Konteradmiral 39, 43
Kopal, Franz Oberbootsmaat 124
Kramer, Reinhard 150
Kriesel, Werner Kapitänleutnant 166
Krüger, Paulus, Präsident Transvaal 176
Kubera, Siegfried, Feuerwerker-Hauptgefreiter 98, 116
Küster, Hagen, Korvettenkapitän 86, 166
Kummetz, Oskar, Generaladmiral 116
Kunz, Oberleutnant (Ing.)133, 134, 135, 167
Kawashima, jap. Konteradmiral 170

L

Lange, Kadett (Ing.) 134
Lange, Oberleutnant (Ing.) 116, 134, 167
Lehmann, Hans 36
Lehr, Kadett (Ing.) 93
Leiske, Dr. Stadtrat 18
Liebeck, Horst 163
Lindemann, Generaloberst 137
Lipowski, Kadett (Ing.) 134
Litzmann, Joachim, Konteradmiral (Vizeadmiral) 82
Löwisch, Werner, Kapitän zur See 158, 166
Lohmann, Korvettenkapitän 39
Loycke, Korvettenkapitän 18, 39
Lückert, Kapitänleutnant (Ing.) 153
Lüdde-Neurath 143
Lührs, Stabsobermaschinist 72
Lütjens, Günther, Vizeadmiral (Admiral) 65, 66, 73

M

Maas, Martin 158
Maierhöfer, Dr., Archivdirektor 7, 64
Marschall, Wilhelm, Admiral 66
Matsuhito, jap. Kaiser 178
Mayer, Kadett (Ing.) 134
Meendsen-Bohlken, Wilhelm, Vizeadmiral 86, 102, 141
Merbet, Artill. Mech.-Maat 98
Mochow, sowjetischer Kapitänleutnant 81
Mogilevskij, sowj. Kapitän 3. Ranges 128
Montgomery, Bernard Law, britischer Feldmarschall 137,139
Morsch, Leutnant zur See 134, 167
Müller, Kadett (Ing.) 153

Müller, Walter, Luftwaffen-Oberfeldwebel 72
Munthe, Seekadett 86
Munz, Oberleutnant zur See 134, 135, 167
Mussolini, Benito, italienischer Ministerpräsident 59

N

Nachtigal, Dr. Gustav, Afrikaforscher 175
Nätzold, Signalobermaat 98
Neuerburg, Otto 119
Niemann, Karl-Otto, Fähnrich zur See 118, 124, 134, 135, 167
Nordmann, Heinz, Kapitän zur See 60, 61, 69, 166

O

Ortner, Kadett (Ing.) 116
Ostkamp, Leutnant zur See 134, 135, 167
Oechelhauser, Helmut, Korvettenkapitän 166

P

Papen, Franz von, Reichskanzler 36, 41
Parsche, Artill.-Mech.-Maat 98
Paschen, Korvettenkapitän 13,175
Petri, Karl, Kadett (Ing.) 89, 92, 93
Phillips, britischer Lieutenant Commander 69
Plaß, Kapitänleutnant 91, 166
Pöhnert, Oberleutnant zur See 97
Prager, Hans-Georg 50, 56
Pranger, Herbert, Seekadett 86, 89
von Preußen, Prinz Friedrich Karl, Generalfeldmarschall 13, 175
Prützmann, Robert, Korvettenkapitän 166

Q

Quist, britischer Lieutenant R.N. 143

R

Raeder, Dr. h.c. Erich, Admiral (Großadmiral) 9, 10, 35, 36, 41, 43, 50, 60, 77, 82